高等学校通信系列

数字电子技术实践教程

主编　施齐云　潘大鹏　黄湘松
主审　赵旦峰

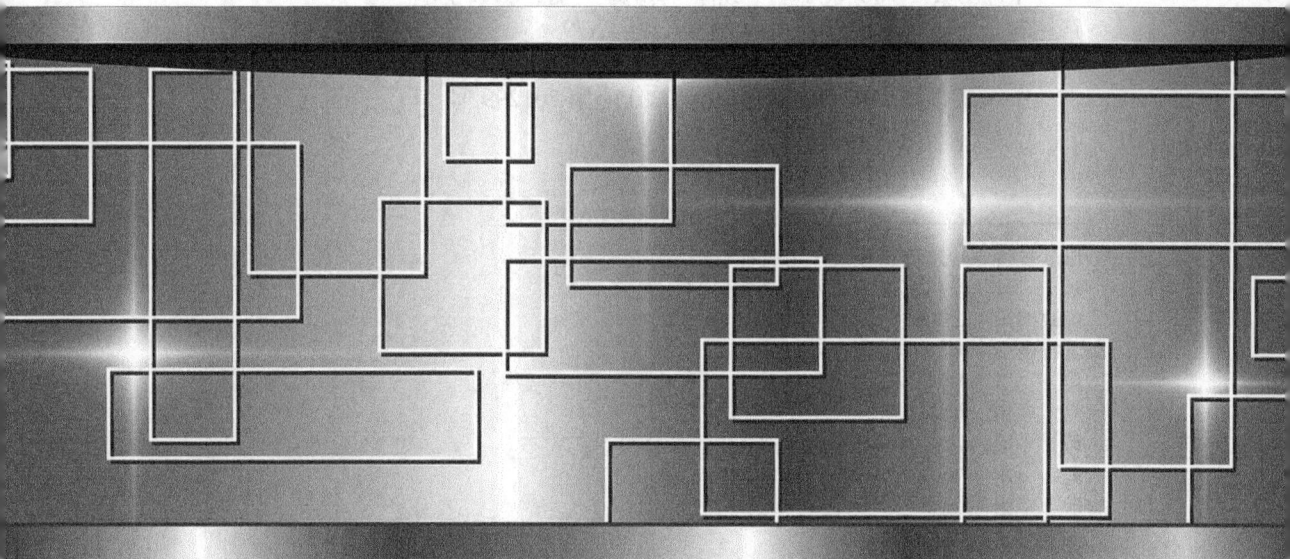

哈尔滨工程大学出版社
Harbin Engineering University Press

内 容 简 介

本书是为了适应近年来电子技术的飞速发展,满足当前教学改革的需要,根据哈尔滨工程大学09版教学大纲的要求,在以往的实验教材基础上,结合多年的教学改革成果和教学经验编写而成的。全书共分7章,包括数字集成电路器件、EDA 设计软件 Quartus Ⅱ 和仿真软件 Multisim 操作基础、硬件描述语言、数字电路实验技术、基础实验、进阶实验设计实例等内容。附录部分介绍了 FPGA 实验平台中的数字电路教学实验箱,给出了数字集成电路资料和实验报告样本,以供学生参考。

本书与理论教学紧密结合,在介绍了数字电路主要知识的同时,列举了较多的基础实验和进阶实验设计实例,易于学习、掌握,使学生更快地提高设计能力。基础实验以设计性实验为主,做到了设计选题的多样化,拓展了独立思考、自主学习、自主研究和创新的空间。进阶实验的硬件描述语言实例,可以拓展学生的设计思路,帮助他们提高工程实践能力。本书将 EDA 软件、PLD 器件及 HDL 引入实验,有利于学生对先进技术的了解和掌握,为今后的学习、适应技术发展和社会的需要打下良好的基础。

本书可作为高等学校通信、电子信息等专业的"数字电子技术"、"数字电路"、"数字电路与逻辑电路"等课程的实验教材,也可供教师及工程技术人员参考。

图书在版编目(CIP)数据

数字电子技术实践教程 / 施齐云,潘大鹏,黄湘松
主编. -- 哈尔滨 : 哈尔滨工程大学出版社,2011.10(2020.3 重印)
ISBN 978 - 7 - 5661 - 0264 - 5

Ⅰ. ①数… Ⅱ. ①施… ②潘… ③黄… Ⅲ. ①数字电
路 - 电子技术 - 高等学校 - 教材 Ⅳ. ①TN79

中国版本图书馆 CIP 数据核字(2011)第 201299 号

出版发行	哈尔滨工程大学出版社
社　　址	哈尔滨市南岗区南通大街 145 号
邮政编码	150001
发行电话	0451 - 82519328
传　　真	0451 - 82519699
经　　销	新华书店
印　　刷	北京中石油彩色印刷有限责任公司
开　　本	787 mm × 1 092 mm　1/16
印　　张	16.25
字　　数	406 千字
版　　次	2011 年 10 月第 1 版
印　　次	2020 年 3 月第 11 次印刷
定　　价	34.00 元

http://www.hrbeupress.com
E-mail:heupress@ hrbeu.edu.cn

编审委员会成员

出 版 说 明

《国家中长期教育改革和发展规划纲要(2010－2020 年)》明确提出"提高质量是高等教育发展的核心任务"。要认真贯彻落实教育发展规划纲要,高等学校应根据自身的定位,在培养高素质人才和提高质量上进行教学研究与改革。目前,高等学校的课程改革和建设的总体目标是以适应人才培养的需要,培养专业基础扎实、知识面宽、工程实践能力强、具有创新意识和创新能力的综合型科技人才,实现人才培养过程的总体优化。

哈尔滨工程大学电工电子教学团队将紧紧围绕国家中长期教育改革和发展规划纲要以及我校办高水平研究型大学的中远期目标,依托"信息与通信工程"国家一级学科博士点和"国家电工电子教学基地"、"国家电工电子实验教学示范中心"以及"NC 网络与通信实践平台",通过国家级教学团队的建设,明确了电子电气信息类专业的基础课程的改革和建设的总体目标是培养专业基础扎实、知识面宽、工程实践能力强、具有创新意识和创新能力的综合型科技人才。在课程教学体系和内容上保持自己特色的同时,逐步强调学生的主体性地位、注重工程应用背景、面向未来,紧跟最新技术的发展。通过不断深化教学内容和教学方法的改革,充分开发教学资源,促进教学研讨和经验交流,形成了理论教学、实验教学和课外科技创新实践相融合的教学模式。同时完成了课程的配套教材和实验装置的创新研制。

本系列教材包括电工基础、模拟电子技术、数字电子技术和高频电子线路各门课程的理论教材和实验教材。本系列教材的特点是:

(1)本系列教材是根据教育部高等学校电子电气基础课程教学指导分委员会在 2010 年最新制定的"电子电气基础课程教学基本要求",并考虑到科学技术的飞速发展及新器件、新技术、新方法不断更新的实际情况,结合多年的教学实践,并参考了国内外有关教材,在原有自编教材的基础上改编而成。既注重科学性、学术性,也重视可读性,力求深入浅出,便于学生自学。

(2)实验教材的内容是经过教师多年的教学改革研究形成的,强调设计型、研究型和综合应用型。并增加了 SPICE 分析设计电子电路以及 EDA 工具软件使用的内容。

(3)与实验教材配套的实验装置是由教师综合十多年的实验实践的利弊,经过反复研究与实践而研制完成。实验装置既含基础内容,也含系统内容;既有基础实验,也有设计性和综合性实验;既有动手自制能力培训,也有测试方法设计与技术指标测试实践。能使学生的实践、思维与创新得到充分发挥。

(4)本系列教材体现了理论与实践相结合的教学理念,强调工程应用能力的培训,加强学生的设计能力和系统论证能力的培训。

哈尔滨工程大学出版社

前　言

本书是为了适应近年来电子技术的飞速发展,满足当前教学改革的需要,根据教育部高等学校电子电气基础课程教学指导分委员会制定的"数字电子技术课程教学基本要求",在以往的实验教材基础上,结合多年的教学改革成果和教学经验编写而成的。本书可作为高等工科院校通信类、电子类以及自控等专业的实验教材。

本书在编写过程中,本着巩固和加深对理论知识的理解、掌握数字电子技术方面的基本实践技能、提高学生灵活应用所学理论知识分析和解决实际问题能力的原则,与理论教学紧密结合,在介绍了基本知识的同时,列举了较多的设计实例,以便使学生能更好地学习数字电路的设计方法,提高其设计能力。另外,在电子和计算机技术飞速发展、可编程器件(PLD)广泛应用于电子设计领域的今天,为了使学生能够掌握新的先进技术以满足社会的需要,本书对 EDA 设计软件 Quartus Ⅱ、仿真软件 Multisim 以及目前最流行的两种硬件描述语言 VHDL 和 Verilog HDL 分别给予了介绍,并与设计实例相结合,以利于学生更快地熟悉和掌握。

本书的实验指导思想是以设计性实验为主,从单元实验到综合实验,由易到难,由简单的逻辑电路到复杂的小型数字系统,在介绍逻辑电路设计方法的基础上,通过设计、仿真实例,逐步学习和掌握各种逻辑电路的设计方法和测试方法,着重培养学生的设计能力和实践技能。本书在编写的过程中,对于每个逻辑电路实验都给出了不同难易程度的多个设计选题,做到了设计选题多样化,学生可以根据自己的实际情况自己选择,这为他们独立思考、自主学习、自主研究和创新提供了空间,旨在鼓励学生广开思路,充分调动和发挥他们的积极性和主动性;同时,这些设计选题大都可用 FPGA 或者中、小规模集成电路实现,还可用 EDA 软件仿真,适用性更强。

本书共分 7 章。第 1 章是数字集成电路简介,介绍了数字集成电路的分类、主要性能和特点;第 2 章以图形法设计一个八进制计数器为例,对 Altera 公司的 EDA 设计软件 Quartus Ⅱ7.2 的输入方法、编译方法、仿真方法和器件编程方法等整个设计流程和基本操作进行了较为详尽的介绍;第 3 章在多个实例的基础上介绍了 Interactive Image Technologies(Electronics Workbench)公司的仿真软件 Multisim 10 的主要功能和操作方法;第 4 章分别介绍了 VHDL、Verilog HDL 的要素、规则、结构,并提供了几个应用较多、具有代表性的设计实例;第 5 章为数字电路实验基本知识,较全面地介绍了顺利完成数字电路实验应具备的基本知识;第 6 章是实验部分,共有七个实验,前六个实验为单元实验,最后一个实验为综合逻辑电路实验;第 7 章给出了 10 个数字系统典型应用模块设计实例,这些实例均在 FPGA 实验平台上进行了实验和验证,其目的是为了拓展学生的知识和设计思路,帮助他们提高工程设计和实践能力,为今后的学习和科研打下良好的基础。附录部分介绍了 FPGA 实验平台中的数字电路教学实验箱,并给出了数字集成电路资料和实验报告样本,以供学生参考。

本书第 2 章,附录 C 由施齐云编写;第 3 章,第 4 章,附录 A,附录 B 由黄湘松编写;第 6 章由施齐云和潘大鹏共同编写,其余各章均由潘大鹏编写。本书在编写过程中,参考了部分本校和兄弟院校的教材内容,在硬件描述语言例程的编写和整理时参考了部分网络上的编程实例,在此表示感谢。

　　本书由赵旦峰教授担任主审,在编写的过程中赵旦峰和阳昌汉两位教授给予了极大的关心和支持,并提出了许多宝贵的意见和建议,在此表示诚挚的谢意。

　　由于编者水平有限,书中难免出现不妥之处,望广大读者批评指正。

编　者
2011 年 7 月

目　　录

第1章

数字集成电路简介

1.1 概　　述

　　数字集成电路是将元器件和连线集成于同一半导体芯片上而制成的数字逻辑电路或系统。数字逻辑集成电路的发展与半导体工艺是紧密相连的,因而有必要介绍一下半导体工艺的历史、现状和发展趋势。

　　1947年12月23日,世界上第一个晶体管在美国贝尔(Bell)实验室问世,标志着人类开始进入半导体时代。其发明者因此获得了1956年的诺贝尔奖金。由于发明工程器件而获得诺贝尔奖金,这还是历史上第一次。20世纪50年代,晶体管在各个领域上得到全面发展,功能越来越强,尺寸和功耗则越来越小。1958年,德州仪器公司(Texas Instruments)制造出第一块集成电路(Integrated Circuit,IC),虽然它仍然很原始,但却是半导体工业发展的一个重要里程碑。1960年,第一个场效应管在贝尔实验室研制成功。1971年,英特尔公司(Intel)发明了第一个微处理器4004。第二年,Intel公司又推出了第一个八位微处理器8008,随之出现了个人计算机。20世纪90年代初,在一片硅芯片上已可做出四百万个晶体管。目前集成度比较高的FPGA也是数字集成电路的一种,其内部可集成七万多个逻辑单元,由数百万个晶体管构成。

1.2 通用数字集成电路

　　数字集成电路的制造工艺主要分为两大类:双极型(Bipolar)和单极型(Unipolar)半导体器件。双极型半导体器件的特点是速度快、功耗大、集成度相对较小。普遍使用的TTL型数字逻辑集成电路和速度很快的ECL型数字逻辑集成电路都是双极型的。单极型半导体器件的特点是电路制作比较简单,因而集成度较高,同时功耗也小,其不足之处是速度上不如双极型半导体器件快。

　　数字集成电路从结构工艺上可以分为厚膜集成电路、薄膜集成电路、混合集成电路、半导体集成电路四大类。

　　数字集成电路从集成电路的规模上来分通常可以分为小规模集成电路(SSI)、中规模集成电路(MSI)、大规模集成电路(LSI)、超大规模集成电路(VLSI)和特大规模集成电路(UL-SI)。小规模集成电路包含的门电路在 10 个以内,或元器件数不超过 10 个;中规模集成电路包含的门电路在 10~100 个之间,或元器件数在 100~1 000 个之间;大规模集成电路包含的门电路在 100 个以上,或元器件数在 1 000~10 000 个之间;超大规模集成电路包含的门电路在 10 000 个以上,或元器件数在 100 000~1 000 000 之间;特大规模集成电路包含的门电路在 100 000 个以上,或元器件数在 1 000 000~10 000 000 之间。

1.2.1 TTL 数字集成电路

TTL 数字逻辑集成电路属于双极型半导体器件,是第一代成熟的数字逻辑集成电路,目前已成为门类齐全、庞大的数字逻辑集成电路系列。从最早的 74/54 系列,到速度最快的 74/54F 系列和 74/54ALS 系列,应用极其广泛,遍及电子学的所有领域。几种常见的 74 系列 TTL 数字集成电路参数如表 1.1 所示。

表 1.1 TTL 电路参数比较表

参数名称与符号	系列					
	74	74S	74LS	74AS	74ALS	74F
输入低电平电压最大值 $V_{IL(max)}$/V	0.8	0.8	0.8	0.8	0.8	0.8
输出低电平电压最大值 $V_{OL(max)}$/V	0.4	0.5	0.5	0.5	0.5	0.5
输入高电平电压最小值 $V_{IH(min)}$/V	2.0	2.0	2.0	2.0	2.0	2.0
输出高电平电压最小值 $V_{OH(min)}$/V	2.4	2.7	2.7	2.7	2.7	2.7
低电平输入电流最大值 $I_{IL(max)}$/mA	-1.0	-2.0	-0.4	-0.5	-0.2	-0.6
低电平输出电流最大值 $I_{OL(max)}$/mA	16	20	8	20	8	20
高电平输入电流最大值 $I_{IH(max)}$/μA	40	50	20	20	20	20
高电平输出电流最大值 $I_{OH(max)}$/mA	-0.4	-1.0	-0.4	-2.0	-0.4	-1.0
传输延迟时间 t_{pd}/ns	9	3	9.5	1.7	4	3
每个门的功耗/mW	10	19	2	8	1.2	4
延迟–功耗积 pd/pJ	90	57	19	13.6	4.8	12

1. 74LS 系列(简称 LS 或 LSTTL)

这是现代 TTL 类型的主要应用产品系列,也是逻辑集成电路的重要产品之一。其主要特点是功耗低、品种多、价格便宜。

2. 74S 系列(简称 S 或 STTL)

这是 TTL 的高速型,也是目前应用较多的产品之一。其特点是速度较高,但功耗比 74LS 系列大得多。

3. 74ALS 系列(简称 ALS 或 ALSTTL)

这是 74LS 系列的先进产品,其速度比 74LS 系列提高了一倍以上,功耗降低了 1/2 倍左右。其特性和 LS 系列近似,所以成为 LS 系列的更新换代产品。

4. 74AS 系列(简称 AS 或 ASTTL)

这是 74S 系列(抗饱和 TTL)的先进型,速度比 74S 系列提高近一倍,功耗比 74S 系列降低 1/2 倍以上,与 74ALS 系列合并起来成为 TTL 类型的新的主要标准产品。

5. 74F 系列(简称 F,FTTL 或 FAST)

这是美国仙童公司开发的近似于 74ALS 系列和 74AS 系列的高速类 TTL 产品,性能介于 74ALS 和 74AS 系列之间,已成为 TTL 的主流产品之一。

1.2.2　CMOS 数字集成电路

直到 20 世纪 80 年代初期,双极型数字逻辑集成电路仍然是高速数据采集系统设计的唯一选择。CMOS 数字逻辑集成电路虽然功耗极低,双极型电路的速度比它快 10 倍,因而只能应用于功耗要求非常优先,速度要求不高的场合。然而随着高性能、短沟道的 CMOS 技术的发展,情况开始发生变化。1982 年,国家半导体公司(National Semiconductor)的前身仙童公司(Fairchild Semiconductor)开始开发新型的 CMOS 器件,经过三年时间的研究,于 1985 年正式推出了新型的 FACT(Fairchild Advanced CMOS Technology)系列。FACT 是一个高速、低功耗的 CMOS 数字逻辑集成电路系列。除了低功耗以外,早期的 FACT 逻辑系列与 74F 系列极其相似。

CMOS 电路的产品主要有 4000B(包括 4500B),40H,74HC 系列。

1. 4000B 系列

这是国际上流行的 CMOS 通用标准系列,例如,美国无线电公司(RCA)的 CD4000B,摩托罗拉(MOTA)的 4500B 和 MC4000 系列,国家半导体(NS)公司的 MM74C000 系列和 CD4000 系列,德克萨斯公司(TI)的 TP4000 系列,仙童(FS)公司的 F4000 系列,日本东芝公司的 TC4000 系列,日立公司的 HD14000 系列。国内采用 CC4000 标准,这个标准与 CD4000B 系列完全一致,从而使国产 CMOS 电路与国际上的 CMOS 电路兼容。4000B 系列的主要特点是速度低、功耗小、价格低且品种多。

2. 40H 系列

这是日本东芝公司初创的较高速铝栅 CMOS,以后由夏普公司生产,分别用 TC40H -,LR40H -表示型号,我国生产的定为 CC40 系列。40H 系列的速度和 NTTL 相当,但不及 LSTTL。此系列品种不太多,其优点是引脚可与 TTL 类的同序号产品兼容,功耗、价格比较适中。

3. 74HC 系列(简称 HS 或 H - CMOS)

这一系列首先由美国 NS,MOTA 公司生产,随后许多厂家相继成为第二生产源,品种丰富,且其引脚可与 TTL 兼容。此系列的突出优点是功耗低、速度高。

国内外 74HC 系列产品各对应品种的功能和引脚排列相同,性能指标相似,一般都可方便地直接互换及混用。国内产品的型号前缀一般用国标代号 CC,即 CC74HC。74HC 系列产品参数如表 1.2 所示。

表 1.2　74HC 系列产品参数比较表

参数名称与符号	系列					
	74HC04	74HCT04	74AHC04	74AHCT04	74LVC04	74ALVC04
电源电压范围 V_{DD}/V	2~6	4.5~5.5	2~5.5	4.5~5.5	1.65~3.6	1.65~3.6
输入高电平最小值 $V_{IH(min)}$/V	3.15	2	3.15	2	2	2
输入低电平最大值 $V_{IL(max)}$/V	1.35	0.8	1.35	0.8	0.8	0.8
输出高电平最小值 $V_{OH(min)}$/V	4.4	4.4	4.4	4.4	2.2	2.0
输出低电平最大值 $V_{OL(max)}$/V	0.33	0.33	0.44	0.44	0.55	0.55
高电平输出电流最大值 $I_{OH(max)}$/mA	−4	−4	−8	−8	−24	−24
低电平输出电流最大值 $I_{OL(max)}$/mA	4	4	8	8	24	24
高电平输入电流最大值 $I_{IH(max)}$/μA	0.1	0.1	0.1	0.1	5	5
低电平输入电流最大值 $I_{IL(max)}$/μA	−0.1	−0.1	−0.1	−0.1	−5	−5
平均传输延迟时间 t_{pd}/ns	9	14	5.3	5.5	3.8	2
输入电容最大值 C_1/pF	10	10	10	10	5	3.5
功耗电容 C_{pd}/pF	20	20	12	14	8	27.5

1.3　可编程逻辑器件

可编程逻辑器件(Programmable Logic Device,PLD)起源于 20 世纪 70 年代,是在专用集成电路(ASIC)的基础上发展起来的一种新型逻辑器件,是当今数字系统设计的主要硬件平台,其主要特点就是完全由用户通过软件进行配置和编程,从而完成某种特定的功能,且可以反复擦写。在修改和升级时,PLD 不需额外地改变 PCB 电路板,只在计算机上修改和更新程序,使硬件设计工作成为软件开发工作,缩短了系统设计的周期,提高了实现的灵活性并降低了成本,因此获得了广大硬件工程师的青睐,形成了巨大的 PLD 产业规模。

1.3.1　可编程逻辑器件的分类

目前常见的 PLD 产品有:可编程只读存储器(Programmable Read Only Memory,PROM),现场可编程逻辑阵列(Field Programmable Logic Array,FPLA),可编程阵列逻辑(Programmable Array Logic,PAL),通用阵列逻辑(Generic Array Logic,GAL),可擦除的可编程逻辑阵列(Erasable Programmable Logic Array,EPLA),复杂可编程逻辑器件(Complex Programmable Logic Device,CPLD),现场可编程门阵列(Field Programmable Gate Array,FPGA)等。

PLD 器件从规模上又可以细分为简单 PLD(SPLD)、复杂 PLD(CPLD)以及 FPGA。

PLD 器件内部结构的实现方法各不相同。PLD 器件按照颗粒度可以分为三类:小颗粒度、中等颗粒度和大颗粒度。

PLD 器件按照编程工艺可以分为熔丝(Fuse)和反熔丝(Antifuse)编程器件,可擦除的可编程只读存储器(如 UVEPROM)编程器件,电信号可擦除的可编程只读存储器(EEPROM)编程器件(如 CPLD),SRAM 编程器件(如 FPGA)。前三类为非易失性器件,编程后配置数据保留在器件上;第四类为易失性器件,掉电后配置数据会丢失,因此在每次上电后须要重新进行数据配置。

1.3.2　复杂的可编程逻辑器件(CPLD)

CPLD 是从 PAL 和 GAL 器件发展出来的器件,相对而言,规模大,结构复杂,属于大规模集成电路范围,是一种用户根据各自需要而自行构造逻辑功能的数字集成电路。其基本设计方法是借助集成开发软件平台,用原理图、硬件描述语言等方法,生成相应的目标文件,通过下载电缆将代码传送到目标芯片中,实现设计的数字系统。

CPLD 主要是由可编程逻辑宏单元(MC,Macro Cell)围绕中心的可编程互连矩阵单元组成。其中,MC 结构较复杂并具有复杂的 I/O 单元互连结构,可由用户根据需要生成特定的电路结构,完成一定的功能。因为 CPLD 内部采用固定长度的金属线进行各逻辑块的互连,所以设计的逻辑电路具有时间可预测性,避免了分段式互连结构时序不可完全预测的缺点。

20 世纪 70 年代,最早的可编程逻辑器件诞生了。其输出结构是可编程的逻辑宏单元,硬件结构设计可由软件完成,因此其设计过程比纯硬件的数字电路具有更强的灵活性,但只能实现规模较小的电路。为弥补这一缺陷,20 世纪 80 年代中期,复杂可编程逻辑器件 CPLD 应运而生。目前 CPLD 的应用已深入网络、仪器仪表、汽车电子、数控机床、航天测控设备等方面。

复杂可编程逻辑器件具有编程灵活、集成度高、设计开发周期短、适用范围宽、开发工具先进、设计制造成本低、对设计者的硬件经验要求低、标准产品无须测试、保密性强、价格大众化等优点,可实现较大规模的电路设计,因此被广泛应用于产品的原型设计和产品生产之中。几乎所有应用中小规模通用数字集成电路的场合均可应用 CPLD 器件。CPLD 器件已成为电子产品不可缺少的组成部分,它的设计和应用成为电子工程师必备的一种技能。

Altera 公司的 MAX Ⅱ系列 CPLD 是有史以来功耗最低、成本最低的 CPLD。课内实验平台采用 Altera MAX Ⅱ系列的 EPM240T100C5N,拥有逻辑单元(LE)240 个、典型等效宏单元 192 个、最大用户 I/O 管脚 80 个、用户 Flash 存储量 8 192 bit。

1.3.3　现场可编程门阵列(FPGA)

FPGA 是英文 Field Programmable Gate Array 的缩写,即现场可编程门阵列,它是在 PAL, GAL,CPLD 等可编程器件的基础上进一步发展的产物。它是作为专用集成电路(ASIC)领域中的一种半定制电路而出现的,既解决了定制电路的不足,又克服了原有可编程器件门电路数有限的缺点。

FPGA 采用了逻辑单元阵列 LCA(Logic Cell Array)这样一个新概念,内部包括可配置逻辑模块 CLB(Configurable Logic Block)、输出输入模块 IOB(Input Output Block)和内部连线(Interconnect)三个部分。FPGA 的基本特点主要有:

(1) 采用 FPGA 设计 ASIC 电路,用户不需要投片生产,就能得到适合的芯片;

(2) FPGA 可做其他全定制或半定制 ASIC 电路中的试样片;

(3) FPGA 内部有丰富的触发器和 I/O 引脚;

(4) FPGA 是 ASIC 电路中设计周期最短、开发费用最低、风险最小的器件之一;

(5) FPGA 采用高速 CHMOS 工艺,功耗低,可以与 CMOS、TTL 电平兼容。

可以说,FPGA 芯片是小批量生产系统提高集成度、可靠性的最佳选择之一。

FPGA 是由存放在片内 RAM 中的程序来设置其工作状态的,因此工作时须要对片内的 RAM 进行编程。用户可以根据不同的配置模式,采用不同的编程方式。加电时,FPGA 芯片将 EPROM 中数据读入片内编程 RAM 中,配置完成后,FPGA 进入工作状态。断电后,FPGA 恢复成白片,内部逻辑关系消失,因此,FPGA 能够反复使用。同一片 FPGA,不同的编程数据,可以产生不同的电路功能。因此 FPGA 的使用非常灵活。

Altera 公司 2004 年推出了新款 Cyclone Ⅱ 系列 FPGA 器件。Cyclone Ⅱ FPGA 的成本比第一代 Cyclone 器件低 30% ,逻辑容量大了三倍多,可满足低成本大批量应用需求。Altera 公司推出的 Nios Ⅱ 系列软核处理器支持 Cyclone Ⅱ FPGA 系列。

Altera 公司也为 Cyclone Ⅱ 器件客户提供了 40 多个可定制 IP 核,包括 Nios Ⅱ 嵌入式处理器,DDR SDRAM 控制器,FFT/IFFT,PCI 编译器,FIR 编译器,NCO 编译器,POS – PHY 编译器,Reed Solomon 编译器,Viterbi 编译器等。

Cyclone Ⅱ 系列器件在电信、计算机外设、工业和汽车市场上获得了巨大的进步。Cyclone Ⅱ 器件包含了许多新的特性,如嵌入存储器、嵌入乘法器、PLL 和低成本的封装,这些都为诸如视频显示、数字电视(DTV)、机顶盒(STB)、DVD 播放器、DSL 调制解调器、家用网关和中低端路由器等批量应用进行了优化。

课内实验平台采用 Altera Cyclone Ⅱ 系列的 EP2C5Q208C8N,拥有逻辑单元(LE)4 608 个、26 个 4k 的 RAM、13 个嵌入式乘法器、2 个锁相环、最大用户 I/O 管脚 142 个。

第2章

Quartus Ⅱ 软件操作基础

随着 FPGA 和 CPLD 越来越广泛的使用,各种相应的开发工具软件被不断地研发和升级,Quartus Ⅱ就是 Altera 公司近几年推出的新一代功能强大的可编程逻辑器件开发软件,用户可以通过 Quartus Ⅱ完成从设计输入、编译、仿真、适配到编程下载等整个 EDA 设计过程,大大提高了设计效率。与 Quartus Ⅱ相类似的软件还有 MAX + plus Ⅱ,它是 Altera 公司早期的 EDA 开发平台,两者相比 Quartus Ⅱ延续了 MAX + plus Ⅱ的优点,并在支持原有器件的基础上增加了对新器件系列的支持,功能更多、更强大。

2.1 Quartus Ⅱ 软件安装与基本设计流程

Quartus Ⅱ有多个版本,其安装方法基本相同,可在多种操作系统下运行,这里介绍基于 Microsoft Windows XP 操作系统上 Quartus Ⅱ7.2 版本的安装过程。

2.1.1 Quartus Ⅱ 软件安装

1. 安装操作说明

插入 Quartus Ⅱ安装光盘,自动运行或打开 Quartus Ⅱ7.2 开发软件,在 72_quartus_windows. exe \ quartus 中找到 setup. exe 文件,双击打开安装界面,按照提示一步一步操作即可完成安装。

2. 设置 License

Quartus Ⅱ的 License 设置与 MAX + plus Ⅱ类似,必须指定 license. dat 才能使用,用网卡号或硬盘序列号免费申请 License。

2.1.2 Quartus Ⅱ 基本设计流程

Quartus Ⅱ的设计流程与 MAX + plus Ⅱ大体相同,主要包括创建工程、设计输入、设计编译、设计仿真、引脚分配、编程下载等,其基本设计流程如图 2.1 所示。

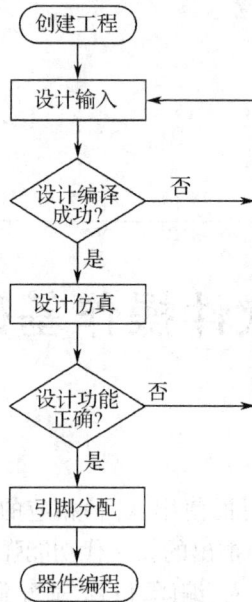

图 2.1　**Quartus Ⅱ 的基本设计流程**

2.2　Quartus Ⅱ 基本设计操作

2.2.1　创建工程(项目)

使用 Quartus Ⅱ 设计的电路称为项目或工程。Quartus Ⅱ 每次只进行一个项目,并将该项目的所有信息保存在同一个文件夹中。Quartus Ⅱ 在开始新的电路设计前,首先要创建项目,其具体步骤如下。

1. 打开 Quartus Ⅱ

双击桌面上的 Quartus Ⅱ 图标,打开图 2.2 所示的 Quartus Ⅱ 主界面。

2. 设置项目名称

在 Quartus Ⅱ 主界面中选择"File→New Project Wizard"命令,弹出如图 2.3 所示的新建项目对话框的第一页面即项目基本信息对话框(新建项目对话框共五个页面)。此页面中的三个输入文本框分别用于设置设计项目的地址(文件夹)、设计项

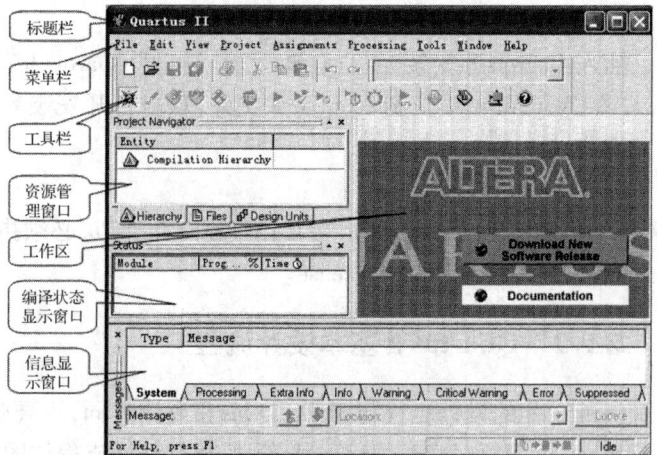

图 2.2　**Quartus Ⅱ 主界面**

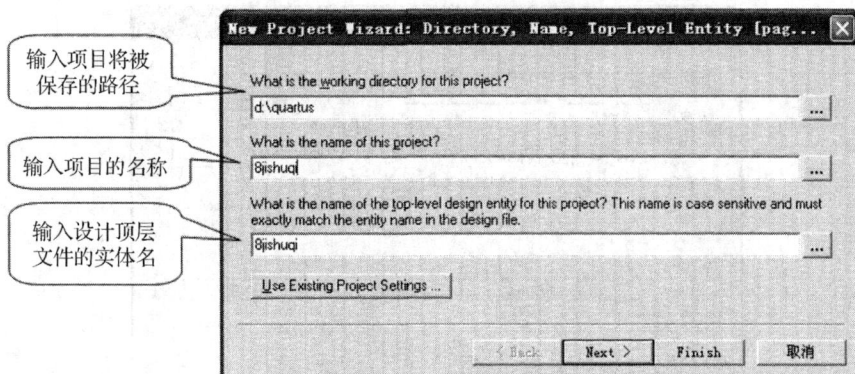

输入项目将被保存的路径

输入项目的名称

输入设计顶层文件的实体名

图 2.3　项目基本信息对话框

目的名称和顶层文件实体名,一般在多层次系统设计中,设计项目的名称和顶层文件实体名应一致。

3. 选择要添加的文件

输入完毕后单击下方的"Next"按钮,弹出询问框,根据用户需要选择"Yes"或"No",进入如图 2.4 所示的新建项目对话框的第二页面即添加项目文件对话框。此页面用于增加设计文件,如果顶层设计文件和其他底层设计文件已经包含在工程文件夹中,则在此页中将这些文件增加到新建项目中。当然,如果无需将已经设计好的文件增加到新建项目中,则可直接单击下方的"Next"按钮进入如图 2.5 所示的新建项目对话框的第三页面即下载芯片选择对话框。

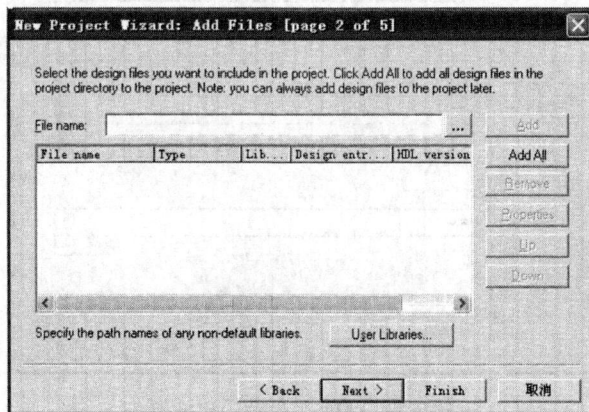

图 2.4　添加项目文件对话框

4. 选择下载的目标器件

在图 2.5 所示对话框的"Family"和"Available devices"窗口中分别选择编程下载的目标芯片的系列和型号,下载的目标芯片的选择要根据硬件开发系统来确定。例如采用附录 A 中介绍的实验箱,则下载的目标芯片应选择 CycloneⅡ系列 EP2C5Q208C8 型号的可编程器件。

5. 选择第三方 EDA 工具

单击图 2.5 下方的"Next"按钮进入如图 2.6 所示的新建项目对话框的第四页面即 EDA 工具选择对话框。此页面用于选择第三方 EDA 工具软件的使用,如果不需要选择那么文本框中即为默认值〈None〉。

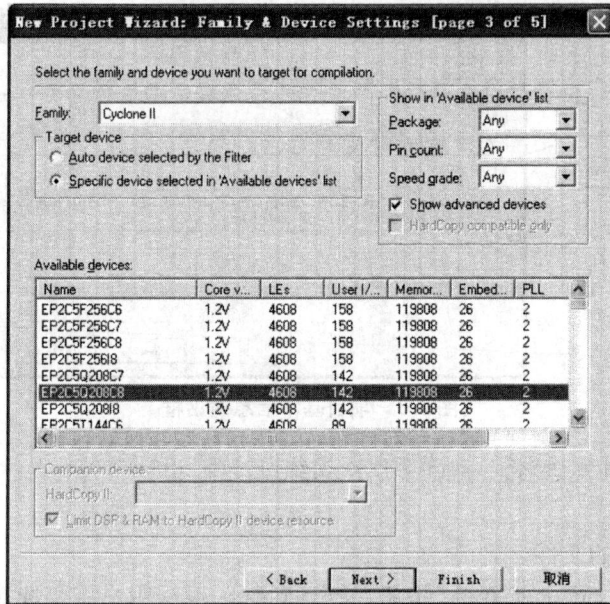

图 2.5　下载芯片选择对话框

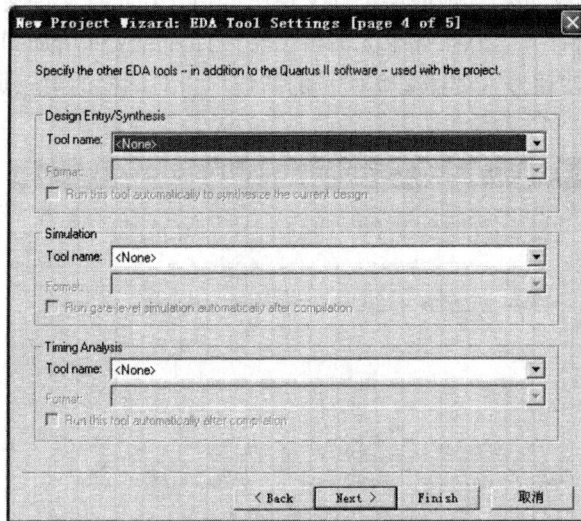

图 2.6　EDA 工具选择对话框

6. 结束新项目的建立

单击图 2.6 中的"Next"按钮进入如图 2.7 所示的新建项目对话框的第五页面即显示生成项目的信息摘要,从图中可看到新建项目的名称、选择的器件和选择的第三方工具等信息,如果无误的话,单击下方的"Finish"按钮,出现如图 2.8 所示的窗口,完成新项目的建立。从图 2.8 可看出新建项目的名称为 8jishuqi。

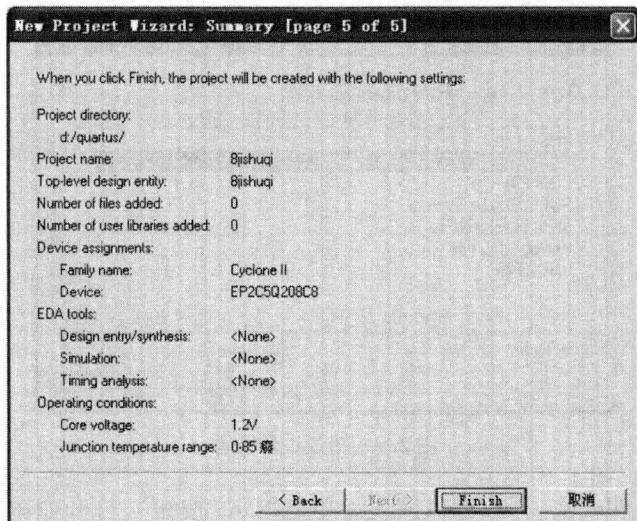

图 2.7　生成项目的信息摘要

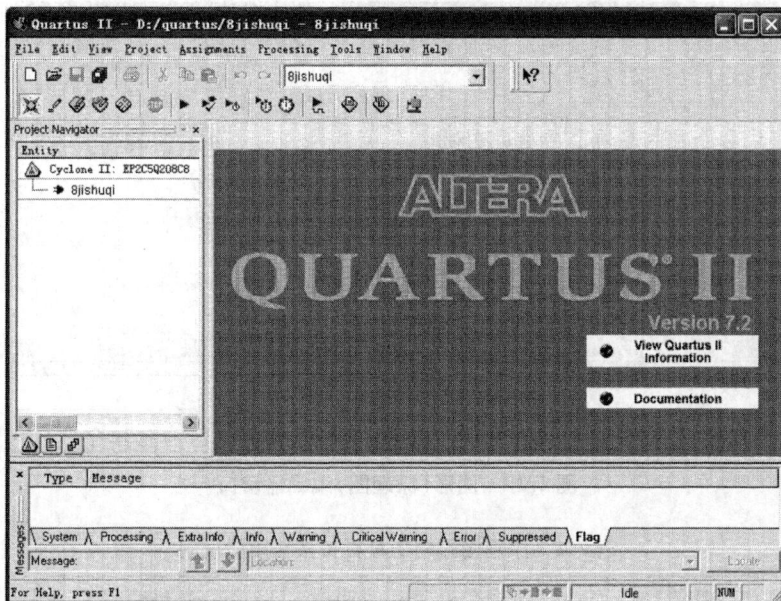

图 2.8　新项目建立完成后

2.2.2　设计输入

新项目建立后,便可进行设计的输入。Quartus Ⅱ具有多种设计输入方法,比 MAX+
plus Ⅱ更为丰富。常用的两种设计输入法是图形(原理图)输入法和文本输入法。下面以图
形输入法为例介绍设计输入的具体步骤。

1. 建立设计文件

选择"File→New"命令(或在工具栏中单击□按钮),弹出如图 2.9 所示的新建设计文
件对话框,在"Device Design Files"标签页中共有七种输入编辑方式,本例中选择双击"Block

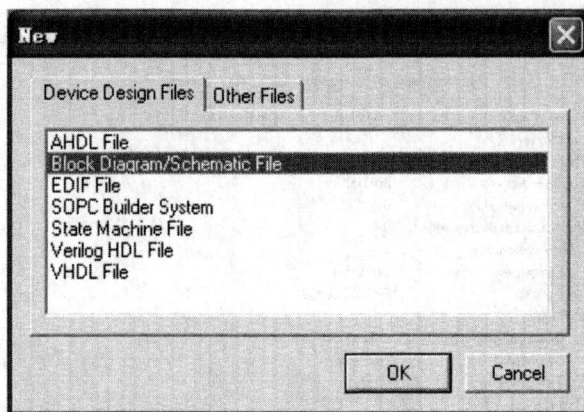

图 2.9　新建设计文件

Diagram/Schematic File"选项(或选中该项后单击"OK"按钮),打开如图 2.10 所示的原理图/图表模块编辑器窗口。原理图编辑工具栏各按钮的功能如表 2.1 所示。

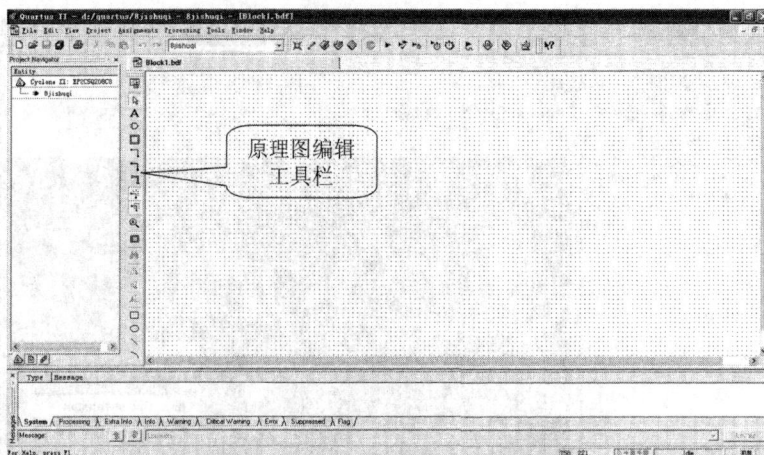

图 2.10　图形(原理图)编辑器窗口

表 2.1　原理图编辑工具栏各按钮功能说明

图标	功能	图标	功能
	选择工具		文本工具
	输入符号		放大缩小
	单条连线		数组连线
	部分连线		橡皮筋功能
	全屏显示		90 度翻转
	水平翻转		垂直翻转

2. 放置元件符号

(1) 在原理图编辑器窗口的空白处双击鼠标左键(或在工具栏中单击 ⤵ 按钮),弹出如图 2.11 所示的元件符号选择对话框。

（2）可直接在"Name"文本栏中输入所需元件名（或者在 Libraries 列表框中首先选择元件库名，然后再在该库中选择元件名），单击"OK"按钮。此时，光标上黏着被选中的符号，将其移动到合适位置后单击鼠标左键，则元件符号就放置到了图形编辑器窗口中。

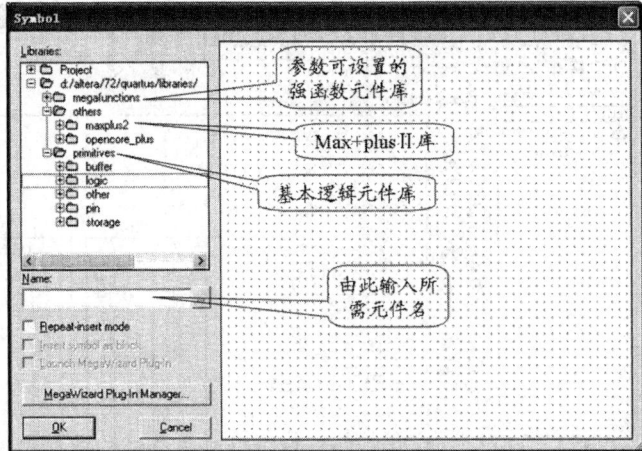

图 2.11　选择元件符号

Libraries 列表框中的主要元件库如下。

① megafunctions：是参数可设置的强函数元件库（也称作参数化宏功能模块库），它包括算术组件、门电路组件、I/O 组件和存储组件。

② others：主要是 Max + plus Ⅱ宏函数库，它包括门电路、译码器、数据选择器、加法器、触发器、计数器、移位寄存器等 74 系列器件。

③ primitives：是基本元件库，它包括缓冲器、基本门电路、电源、输入输出引脚和各种触发器。

（3）对符号可进行移动、复制、旋转、删除等操作，其具体方法是：在符号上单击左键则符号被选中，选中符号后按住左键拖动可移动符号将其放置到合适的位置；选中符号后也可通过按住"Ctrl + 鼠标左键"来实现符号的复制；选中符号后再按下翻转工具按钮（或者选择"Edit→Rotate by Degress"命令）可实现符号放置方向的变化；用鼠标选中元件后再按"Delete"键也可将其删除。

本例是设计一个八进制计数器，用到的元件符号有计数器 74160、三输入与非门 AND3、固定输入的高电平 VCC、低电平 GND、输入引脚 INPUT 和输出引脚 OUPUT，将这些元件符号按上述步骤一一放置到图形编辑窗口中，并利用移动、复制、旋转等功能将符号放置好，如图 2.12 所示。

3. 输入、输出引脚符号的命名

对输入、输出引脚符号命名的方法是：单击鼠标左键将引脚符号选中，再用同样方法选中"pin_name"，然后双击"pin_name"使其衬底变色，输入引脚名；或双击引脚符号，弹出"Pin Properties"对话框，在"Pin name"文本栏中填上引脚名称。本例中的时钟输入和进位输出分别命名为 CP 和 CO，而计数器 74160 的四个状态输出 QD，QC，QB，QA 以总线的形式输出，对应一个"output"引脚符号，将其命名为 q[3..0]数组的形式。

4. 连接线的画法和命名

（1）利用选择工具 的画线方法

在图 2.12 中，如果要把输入引脚符号 CP 与计数器符号中的时钟引脚"CLK"连接起来，先将鼠标移到"CP"端口处（连线的起始位置），待光标变成十字形时按下鼠标左键，再

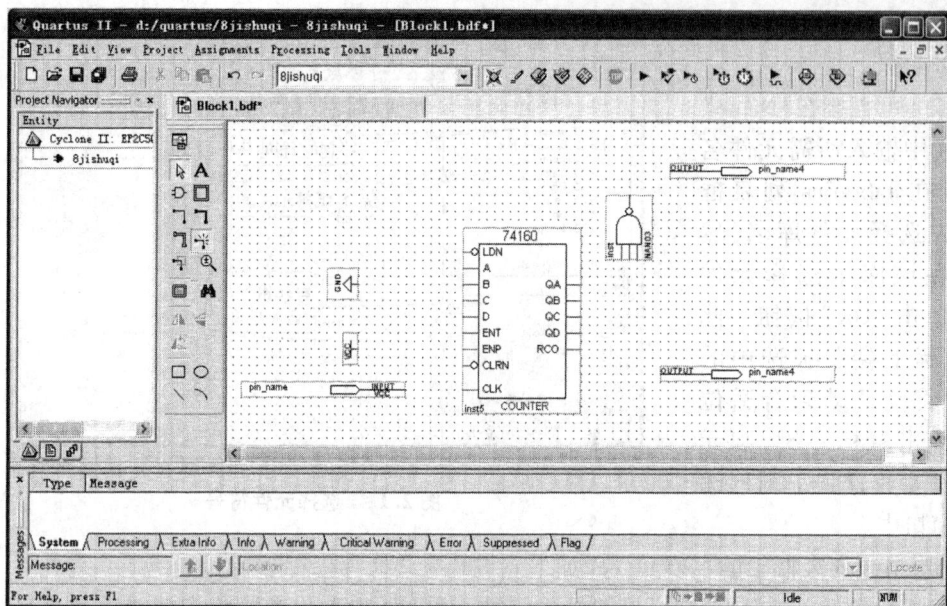

图 2.12　放置元件符号

将鼠标移动到"CLK"端口处(连线的结束位置),待连接点上出现小方块后释放鼠标左键,即可看到"CP"和"CLK"之间有一条连线生成,用此方法将所有连接线画好。

(2) 利用画线工具 ⌐ 的画线方法

选择画线工具后,将鼠标移动到连线的起点处,按下鼠标左键将其拖动到连线的终点处松开,起点与终点间即出现一条连线。

(3) 连线的命名

连线命名的方法是:单击要命名的连线将其选中,此时导线边有光标闪烁,输入连线的名称即可。当要修改连线的名称时,只要双击连线的名称,使它变色后直接输入新的名称即可。

(4) 总线的画法和命名

总线的一种画法是利用总线画线工具 ⌐ 直接画出总线形式的连接线;另外一种画法是用鼠标左键点击连接线将其选中,然后在原位置点击右键弹出快捷菜单,选择"Bus Line"命令,则原来的较细的单线就变成了较粗的总线。

对于 n 位总线,命名时可采用 $A[n-1..0]$ 的数组形式。如将本例中计数器 74160 的四个状态输出 QD,QC,QB,QA 以总线的形式输出,命名为 $q[3..0]$,那么就必须将每个单线输出 QD,QC,QB,QA 对应命名为 $q[3],q[2],q[1],q[0]$,其具体的连接和命名如图 2.13 所示。另外,还可以将单线和总线一一对应命名,而不需要将其直接相连。因为在软件中,如果不相连的连线具有相同的命名,那么它们的逻辑连接就已经存在了,即本设计软件认为相同名称的连线都是物理连接的。

本例进行完图形设计输入后的完整逻辑电路图如图 2.13 所示。

图 2.13　八进制计数器的逻辑电路图

5. 保存文件

设计文件输入完成后选择"File→ Save"命令（或在工具栏中单击 ▣ 按钮），弹出如图2.14所示的对话框，在默认的情况下，文件名为项目名"8jishuqi"，单击保存按钮即可保存图形设计文件（文件类型是 * . bdf）。

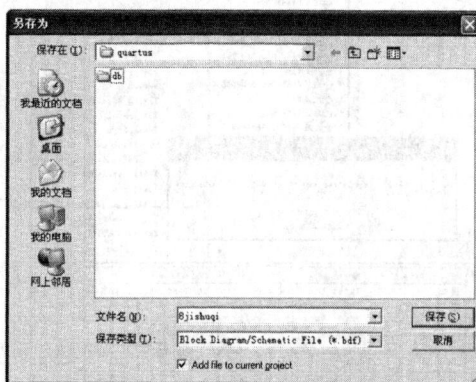

2.2.3　编译项目

设计文件输入并保存后，选择"Processing →Start Compilation"命令（或者在工具栏中单击 ▶ 按钮），即开始对"8jishuqi. bdf"文件进行编译。

图 2.14　保存设计文件

编译全过程包括分析与综合、适配、装配和时序分析四个环节。通过选择"Processing → Compiler Tool"命令就可在如图 2.15 所示的编译器工具界面显示出这四个编译环节，在此界面编译器可单独运行某一个环节，也可通过按下"Start"按钮来依次运行图中的各个环节。

编译的各个环节的主要作用如下。

1. 分析与综合（Analysis & Synthesis）

对设计文件进行分析和检查，如设计文件中有错误，则在信息栏中显示并标出错误的位置；如果设计文件中无错误，则可接着进行综合，产生用目标芯片的逻辑元件实现的电路，并生成网表文件。

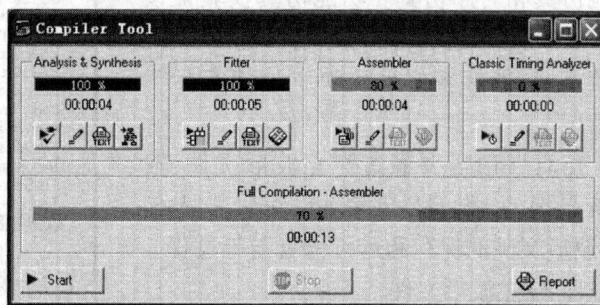

图 2.15　编译器工具界面

2. 适配(Fitter)

将综合后确定的电路在目标芯片上分配精确的位置。

3. 装配(Assembler)

生成下载文件。

4. 时序分析(Timing Analyzer)

计算给定设计与器件上的延时,完成设计分析的时序分析和所有逻辑的性能分析。

编译完成后,出现如图 2.16 所示的界面。在信息栏和编译报告(Compilation Report)窗口显示出了编译的相关信息,包括警告和错误、下载目标芯片的型号和占用资源情况等内容。用户可根据错误提示对设计进行修改,修改后要重新编译,直到没有错误、编译成功为止。

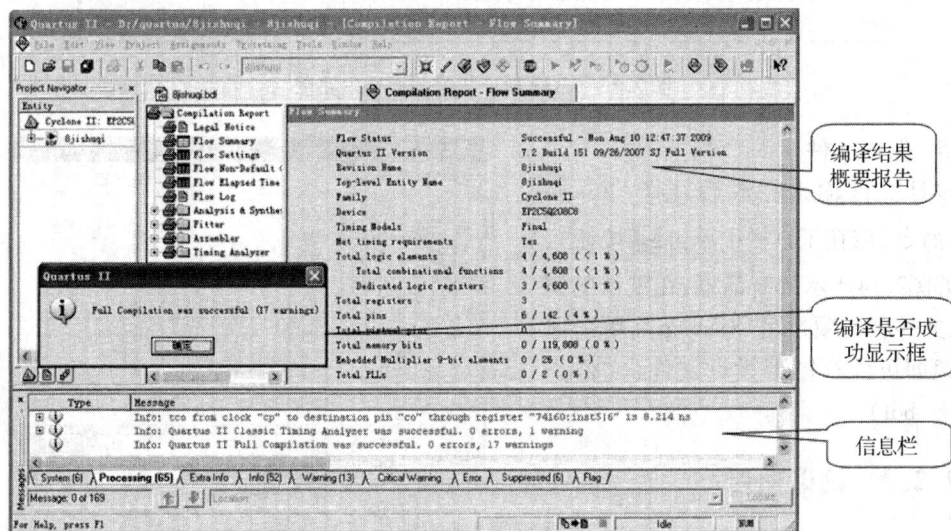

图 2.16　编译完成

2.2.4　设计文件的仿真

完成了设计项目的编辑、编译等步骤后,可以用 Quartus Ⅱ 的仿真器对设计进行功能仿真和时序仿真。功能仿真仅验证设计的逻辑是否正确,而时序仿真包含了延时信息,它能够较好地反映芯片的实际工作情况。

仿真一般需要经过建立波形文件、输入信号节点、设置波形参量、编辑输入信号、波形文件的保存和运行仿真器等过程。

1. 建立波形文件

选择"File →New"命令,弹出新建文件对话框,在该对话框中选择"Other Files"标签页,如图 2.17 所示,从中选择"Vector

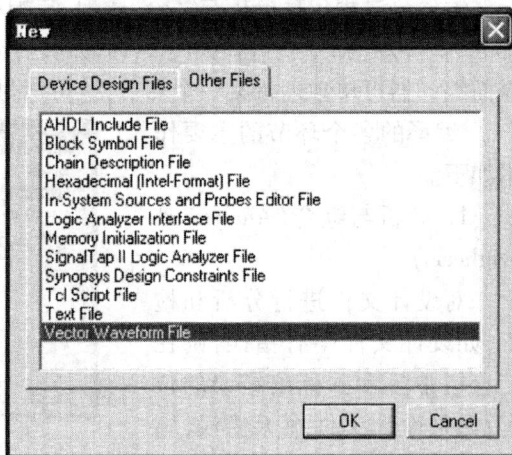

图 2.17　新建波形文件对话框

Waveform File"后单击"OK"按钮,打开如图 2.18 所示的波形编辑器窗口。

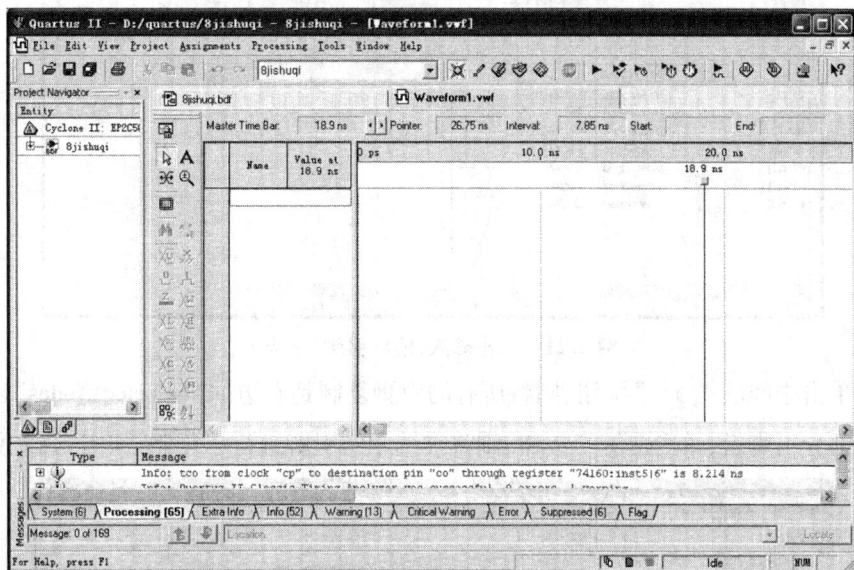

图 2.18　波形编辑器窗口

2. 添加输入、输出节点(引脚)

(1) 在图 2.18 中双击"Name"下方空白处,弹出"Insert Node or Bus"对话框,如图 2.19 所示。

(2) 单击"Node Finder..."按钮,弹出如图 2.20 所示的"Node Finder"对话框。

(3) 在"Filter"下拉列表中选择"Pins:all",然后单击"List"按钮,则在左侧的"Nodes Found"窗口中列出设计的所有输入、输出节点,如图 2.21 所示。

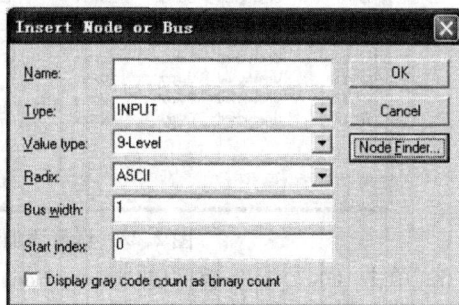

图 2.19　输入节点或总线对话框

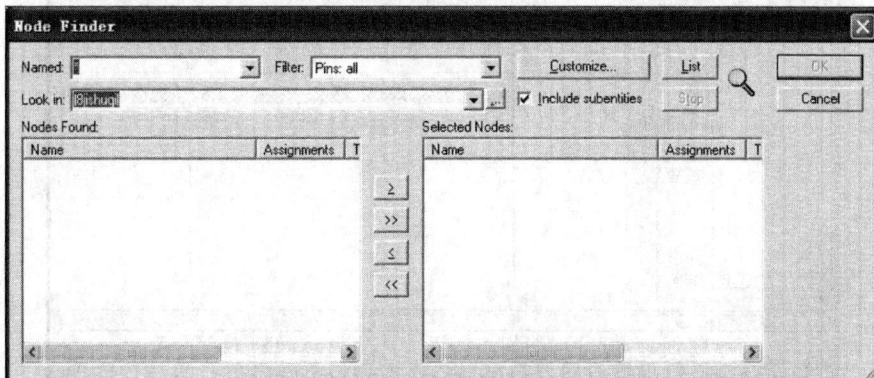

图 2.20　节点查找器对话框

· 17 ·

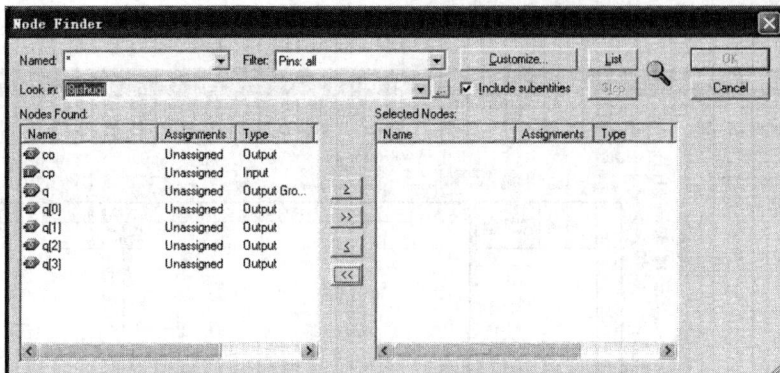

图 2.21　列出输入、输出引脚(节点)

（4）单击中间的"　>>　"按钮，则将所有的引脚复制到右边的"Selected Nodes"窗口。也可以选中部分引脚后，单击"　≥　"按钮，则将被选中的引脚进行了复制，如图 2.22 所示。

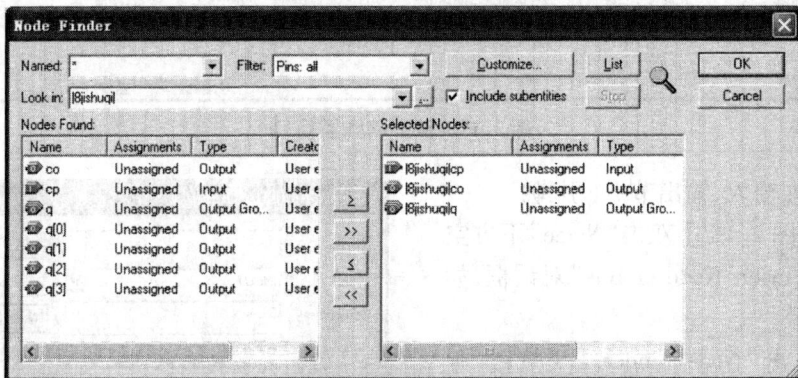

图 2.22　选择添加到波形编辑器的节点

（5）单击"OK"按钮，返回到"Insert Node or Bus"对话框，再单击"OK"按钮，则选中的输入、输出被添加到了波形编辑器中，如图 2.23 所示。

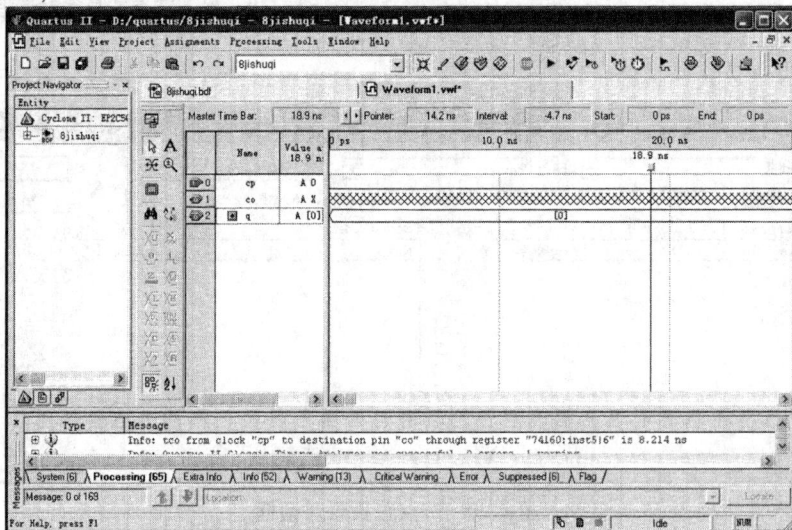

图 2.23　添加节点后的波形编辑器窗口

3. 设置波形参量

（1）仿真时间范围设置

Quartus Ⅱ 默认的仿真时间为 1 μs，如需要观察更长时间的仿真结果，可选择"Edit →End Time..."命令，弹出如图 2.24 所示的"End Time"对话框，在"Time"左边的文本栏中输入适当的时间，而在"Time"右边的下拉列表中选择时间单位（如设置为 0.1 ms），然后单击"OK"按钮完成设置，回到波形编辑器窗口。

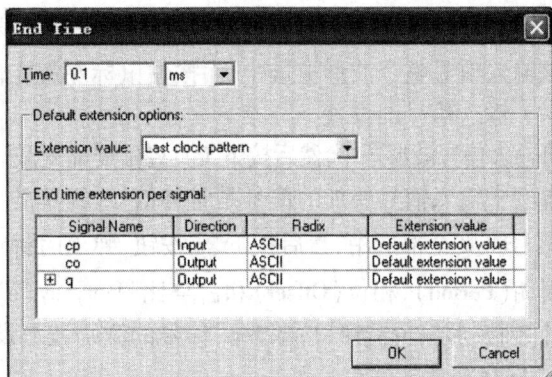

图 2.24　设置仿真时间

（2）仿真时间坐标网格设置

Quartus Ⅱ 默认的仿真时间坐标网格为 10 ns，如果要更改可选择"Edit →Grid Size..."命令，弹出"Grid Size"对话框，如要完成如图 2.25 所示的设置则需在"Period"左边的文本栏中输入适当的时间，而在"Period"右边的下拉列表中选择时间单位，完成设置后单击"OK"按钮回到波形编辑器窗口。

4. 设置输入信号激励波形

波形编辑器窗口分为左右两个窗口，左边为信号区，右边为波形区。在波形编辑窗口的最左侧为波形编辑工具栏，如图 2.26 所示。

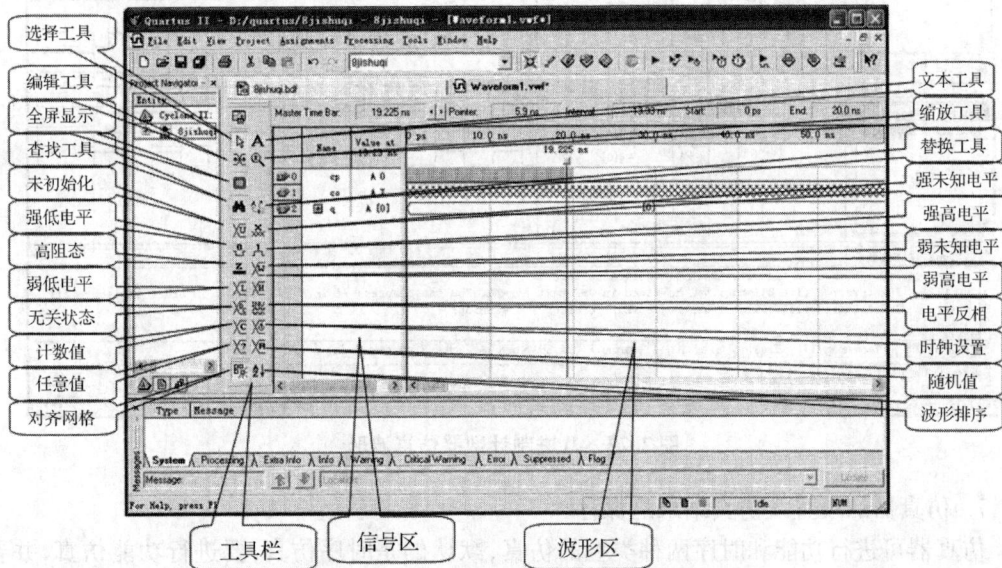

图 2.25　设置仿真时间坐标网格

图 2.26　波形编辑器窗口及工具栏说明

（1）信号波形的选择

在鼠标处于选择状态时（即按下选择工具 ），用鼠标左键在信号区点击某个信号则该输入信号整个波形被选中，而按住鼠标左键在信号区某个区域拖动则该区域被选中。

（2）输入信号的设置

将输入信号波形选中，然后按下工具栏中要加入激励所对应的按钮，进行输入信号的设置。

本例中输入信号要加的信号是时钟信号，简单的操作方法如下：先用左键在信号区单击"cp"信号将其全部选中，然后按下 ，弹出时钟设置对话框，在该对话框中可对时钟信号的周期（Period）、相位（Offset）和占空比（Duty cycle）进行设置。设置完成后单击"OK"按钮，返回到波形编辑器窗口，即"cp"信号的激励波形设置完成。

5. 保存波形文件

选择"File →Save"命令（或在工具栏中单击 ），弹出"另存为"对话框，在默认的情况下，文件名为项目名"8jishuqi"。单击保存按钮即可保存波形设计文件（文件类型是∗.vwf）。

6. 运行仿真器

在完成仿真器设置或在默认的情况下，可直接选择"Processing→Start Simulation"命令（或在工具栏中单击 ），仿真器开始对设计进行仿真。仿真结束后即可在"Simulation Report – Simulation Wavef..."标签页中显示，本例中八进制计数器的仿真波形如图 2.27 所示。此时点击"8jishuqi.vwf"标签页，你会发现波形文件中并没有显示仿真结果。

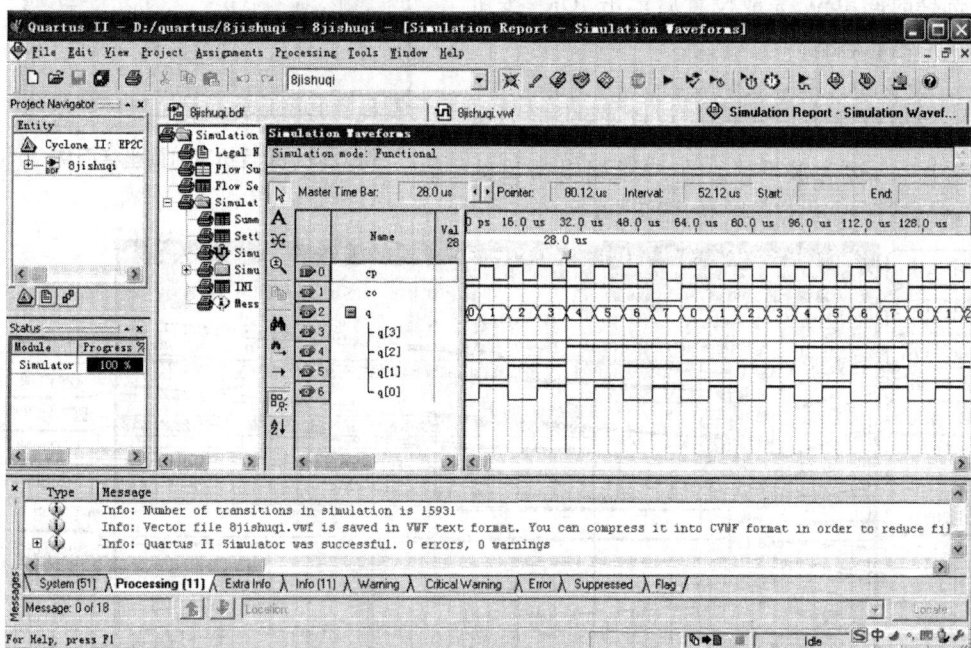

图 2.27　八进制计数器仿真波形

7. 仿真器的设置及仿真结果的保存

仿真器可进行功能和时序两种类型的仿真，默认的是时序仿真，要进行功能仿真，并要将仿真结果存入波形文件（∗.vwf）中，其操作过程如下。

（1）仿真器的设置

选择"Processing →Simulator Tool"命令,打开仿真工具对话框,如图 2.28 所示。在"Simulation mode"下拉列表中选择仿真类型,如要进行功能仿真,则选择"Functional",再单击"Generate Functional Simulation Netlist"按钮,生成功能仿真网表;在"Simulation options"框中选择第五项"Overwrite simulation input file with simulation results"。

（2）运行仿真器并保存仿真结果

设置完成后可关闭"Simulator Tool"窗口,按上面介绍的方法运行仿真器,也可在图 2.28 所示的

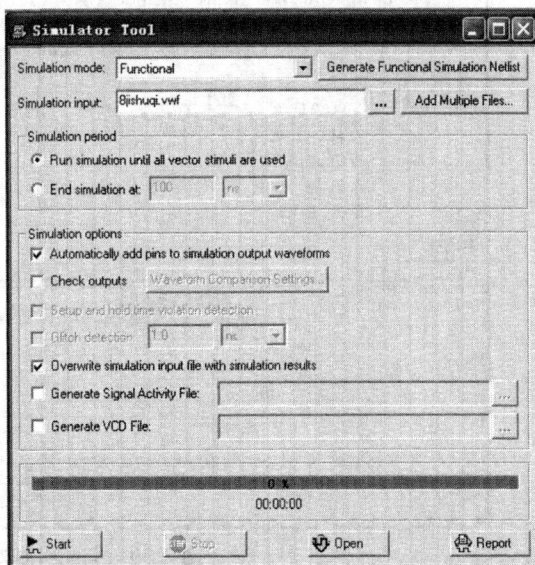

图 2.28　仿真工具对话框

对话框中按下"Start"按钮,开始运行仿真器,仿真结束后单击"Report"按钮,即可观察到仿真波形,然后点击图 2.27 中的"8jishuqi.vwf"标签页,打开波形文件并同时弹出图 2.29 所示询问框,选择"是"则可将仿真结果保存到波形文件中。

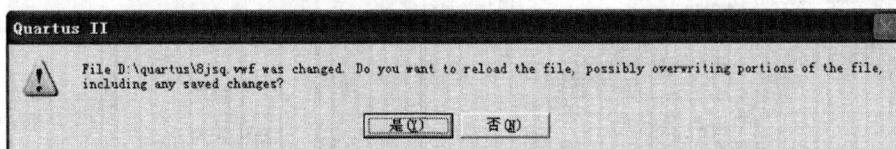

图 2.29　保存仿真结果到波形文件询问框

2.2.5　引脚分配(引脚的锁定)

引脚分配就是将输入、输出引脚信号锁定在下载目标芯片确定的管脚上,目的是将设计下载到芯片中,以便进行硬件验证与测试。因此在引脚分配前,首先要根据硬件开发系统确定分配方案,再进行引脚分配(本例设计如果要用 1 Hz 连续脉冲作为时钟输入,用七段数码管作为输出显示,并且用附录 A 中介绍的实验箱作为硬件设备,则需在图 2.13 中加入显示电路,再结合实验箱确定引脚分配方案)。

1. 引脚分配的具体步骤

（1）选择"Assignments →Pins 或 Pin Planner"命令,也可以直接在工具栏中单击 按钮,打开分配引脚对话框,如图 2.30 所示,下方的列表中列出了本项目所有的输入、输出引脚名。

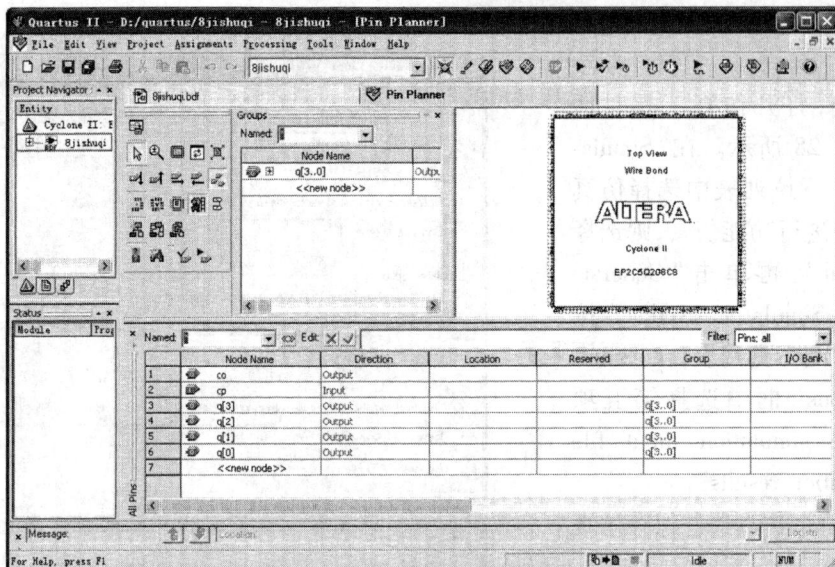

图2.30　分配引脚对话框

（2）双击要分配引脚对应的"Location"项后弹出下载芯片管脚列表，从中选择合适的管脚（也可直接输入管脚号，然后回车）。例如将输入"cp"信号引脚分配到芯片的6管脚，如图2.31所示。

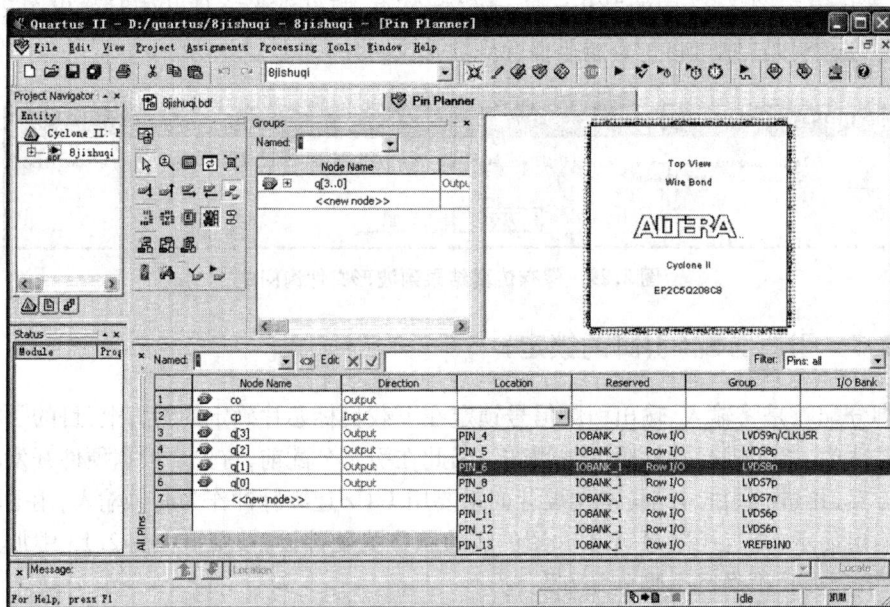

图2.31　分配 cp 引脚

（3）用上述方法完成所有输入、输出引脚的分配。

2. 下载目标器件无关引脚的状态设置

在一个项目的设计中，没有用到的下载目标器件引脚（I/O 口）的状态在软件中被默认为"As output driving ground"，为保证器件的安全使用最好将其设置为"As input tri-stated"，具体设置方法如下。

（1）单击"Assignments→Device"命令，弹出如图 2.32 所示的器件设置对话框。

（2）单击对话框中的"Device and Pin Options..."按钮，选择"Unused Pins"标签页，在"Reserve all unused pins"下拉列表中选择"As input tri-stated"，如图 2.33 所示，然后单击下方的"确定"按钮回到图 2.32 所示的对话框，单击下方的"OK"按钮即完成了设置。

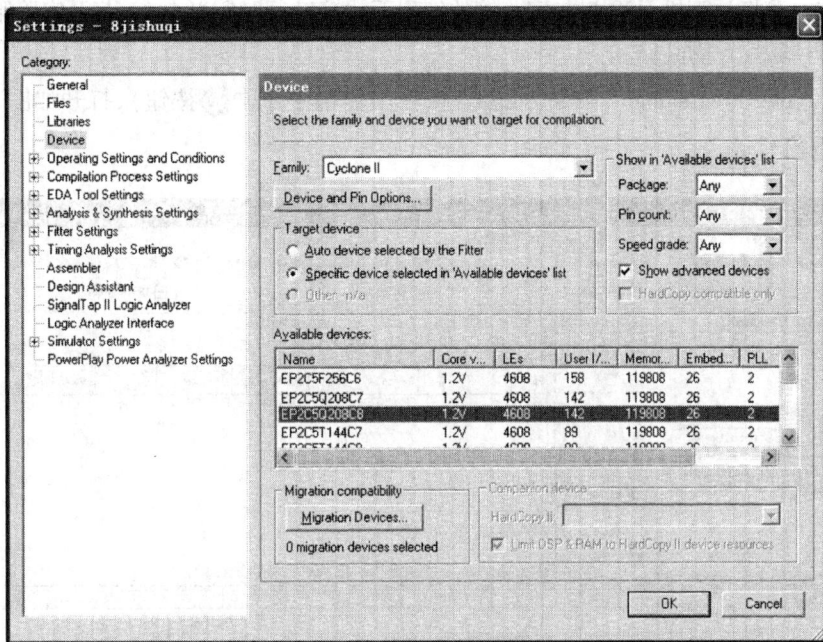

图 2.32　器件设置对话框

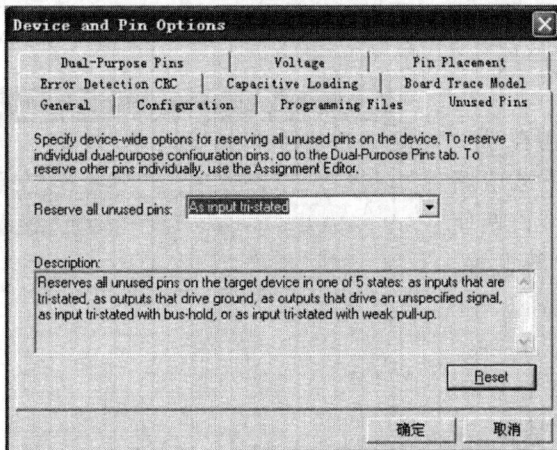

图 2.33　器件引脚状态设置对话框

3. 编译

完成了无用引脚的状态设置和输入、输出引脚的分配以后必须重新编译，以便将引脚分配的信息编入下载文件中。

2.2.6　下载设计文件

如果将设计文件下载到可编程逻辑器件 EP2C5Q208C8 芯片中,则要进行如下几个步骤。

1. 设备连接

设计的下载可通过计算机并行口(LPT1)或 USB 口来实现,如采用附录 A 中的实验箱则需用下载电缆将计算机 USB 口与实验箱的编程下载接口(JTAG)连接好,打开实验箱电源。

2. 打开编程下载窗口

选择"Tool→Programmer"命令(或者直接在工具栏中单击按钮),打开如图 2.34 所示的编程下载窗口。

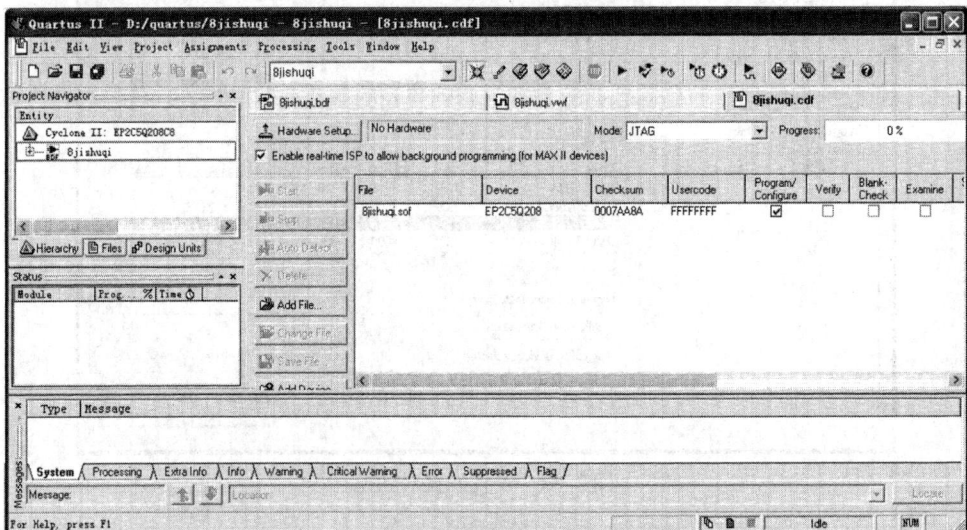

图 2.34　编程下载窗口

3. 硬件设置

对硬件的设置只需在第一次下载时进行,如果下载电路不变换,一次设置就可长期使用而不须要每次都重新设置,进行硬件设置的方法如下。

(1)单击"Hardware Set-up..."按钮,弹出如图 2.35 所示"Hardware Setup"对话框,在安装好了 USB 驱动的情况下硬件显示在"Available hardware items"框中,然后在"Currently selected hardware"下拉列表中选择"USB-Blaster"。

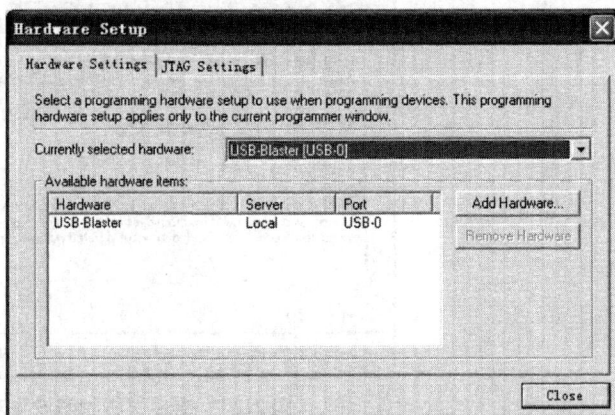

图 2.35　硬件设置对话框

(2)单击"Close"按钮,即完成了硬件的设置回到编程下载窗口。

4. 编程下载

完成硬件设置后,在图 2.36 所示编程下载窗口中可观察到硬件设置结果"USB-Blaster"、下载模式"JTAG"和下载文件"8jishuqi. sof",如符合要求则单击"Start"按钮,开始下载,当编程下载进程显示 100% 时下载结束。

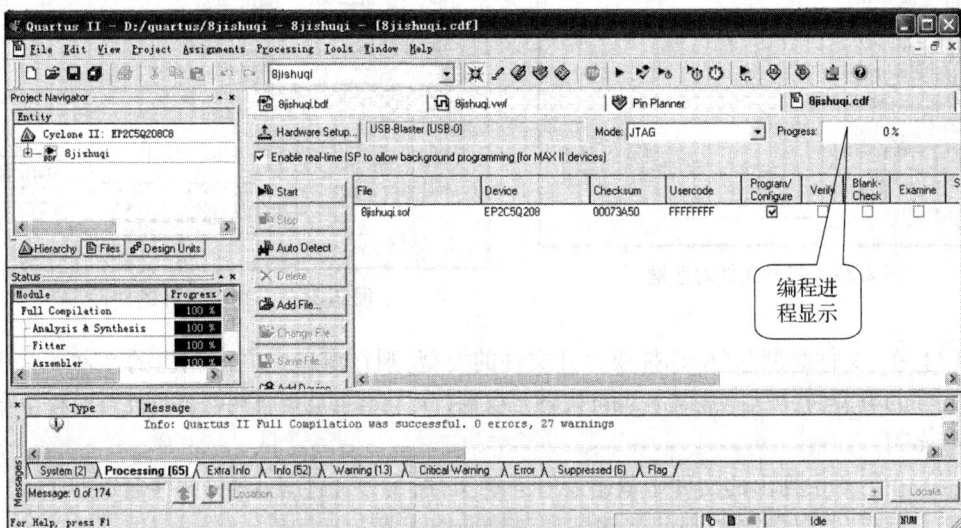

图 2.36　硬件设置完成后的编程下载窗口

如果下载模式不对,可在"Mode"栏中更改;而下载文件不对,则可通过"Delete","Add File","Change File"等按钮进行删除、添加、更改,使其为符合要求的下载文件。

5. 硬件测试

下载完成后,需要用硬件对设计的功能进行测试。其方法是:加入所有可能的输入,观测对应的输出显示结果,以便验证设计的功能是否正确。

上面以图形设计输入法为例,介绍了利用 Quartus Ⅱ 和可编程器件(PLD)进行数字电路设计的基本设计方法。如果完全按照上面介绍的步骤进行实验,就能顺利完成一个项目的设计。一旦实验在软件设计过程中出现问题,则可根据软件给出的一些信息来查找原因,当自己无法解决时则应向指导老师请教。

Quartus Ⅱ 除了上面介绍的功能以外还有很多其他的功能,用户可在实际使用过程中不断学习。下面将介绍实验中常用的一些其他操作。

2.2.7　其他操作

1. 打开文件

(1) 选择"File→Open..."命令(或者直接在工具栏中单击 📂 按钮),弹出如图 2.37 所示对话框。

(2) 在"查找范围"栏的下拉菜单中选择文件所在的磁盘,然后在其下方的窗口中选中文件所在的文件夹,再双击鼠标左键将该文件夹打开,如图 2.38 所示。

图 2.37　打开文件对话框

图 2.38　选择要打开的文件

（3）在"文件类型"栏中选择要打开文件的类型，则在窗口中列出相应的文件。常用的几种文件的类型为：项目文件"＊.qpf"，图形文件"＊.bdf"，波形文件"＊.vwf"，编程下载文件"＊.sof."。

（4）在窗口中列出的文件中单击要打开的文件，则该文件显示在"文件名"栏中。

（5）单击"打开"按钮，则此文件显示在 Quartus Ⅱ 窗口中。

2. 放大和缩小工具按钮的使用方法

在对原理图、波形图进行编辑时，常常要对图形和波形进行放大和缩小操作，具体方法如下。

（1）选择"View →Zoom In"命令（或者直接在工具栏中按下🔍按钮，然后将鼠标移到编辑窗口单击左键），则可将图形或波形进行放大。

（2）选择"View →Zoom Out"命令（或者直接在工具栏中按下🔍按钮，然后将鼠标移到编辑窗口单击右键），则可将图形或波形进行缩小。

3. 在波形文件中数组的建立和取消

（1）数组的建立

如果在图形（原理图）编辑器中，多个输入或输出都是以单变量的形式命名的，而在波形文件中观察仿真波形时，以数组的形式显示更易于观察，如观察多位数据的输入或多位计数器计数状态的输出，此时可在波形文件中直接将其合成数组的形式，具体方法如下。

① 将要合成数组的多个变量按由高到低自上而下排列好（因为在默认的情况下上面的变量合成数组时作为高位），然后将它们选中，如图 2.39 所示（图中选择了三个输入变量 a，b，c），再单击鼠标右键，弹出快捷菜单，选择"Grouping →Group..."命令，弹出如图 2.40 所示的"Group"对话框。

② 在"Group name"文本栏中输入数组的名称，然后可在"Radix"下拉列表框中或最下边的选择框中选择数组的显示形式，有 ASC Ⅱ 码、二进制（Binary）、小数（Fractional）、十六进制（Hexadecimal）、八进制（Octal）、有符号的十进制（Signed Decimal）、无符号的十进制（Unsigned Decimal）以及循环码（Gray Code）等多种显示形式可供选择。

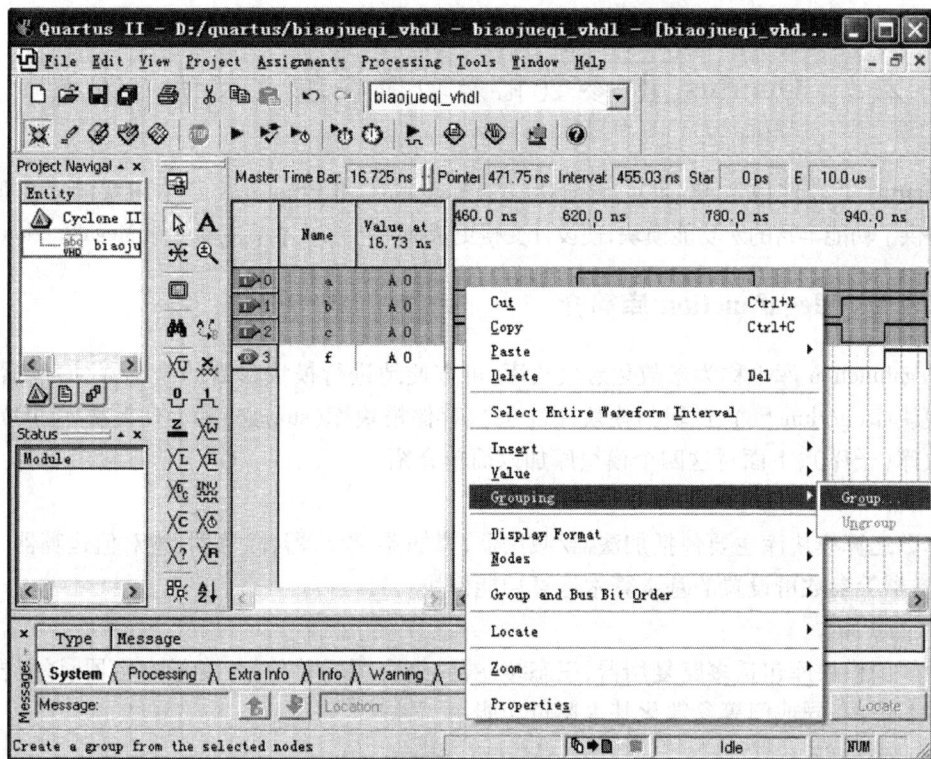

图 2.39　数组的建立操作示意图

③ 单击"OK"按钮,即完成了数组 D 的建立。

(2) 数组的取消

在波形文件中选中数组,然后单击鼠标右键,弹出快捷菜单,选择"Grouping →Ungroup"命令,即可将数组取消,显示成单个变量的形式。

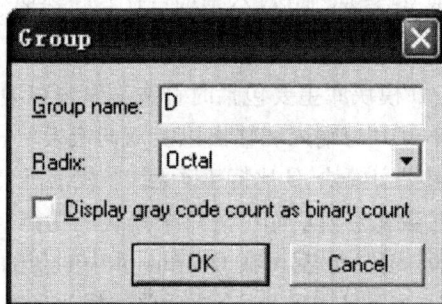

图 2.40　Group 对话框

4. 添加文件

(1) 在某个项目下打开要添加的图形文件。

(2) 选择"Project →Add Current File to Project"命令,则将此图形文件添加到该项目中。

(3) 在项目向导窗口中选择 📄 即"文件"页,则在此窗口中显示出该项目包含的文件。

(4) 选中添加的图形文件,按下右键,弹出快捷菜单,选择"Set as Top—Level Entity"命令,这样就可以在该项目中对添加的图形文件进行编译处理。

5. 创建符号文件

当设计文件经过编译后,可将此设计创建为一个同名的元件符号,以供上层设计调用。其方法是:选择"File→Create∠Update →Create Symbol Files for Current File"命令,弹出创建符号文件(Create Symbol File)对话框,在默认的情况下,单击"保存"按钮即可。这样创建的符号文件的名称(符号名)与设计文件名相同,其类型为 ∗ . bsf。

2.3 Quartus Ⅱ 参数化宏功能模块及其使用方法

Quartus Ⅱ软件包含 Megafunction,Others\Maxpuls2 和 Primitives 三个主要的元件库,为用户提供了功能丰富的宏功能模块,使设计变得更快捷更可靠。本节主要介绍 Megafunction 库。

2.3.1 Megafunction 库简介

Megafunction 库也称为参数化宏模块库,可方便地进行模块参数的修改,此库包括算数运算模块库(arithmetic)、逻辑门模块库(gate)、存储模块库(storage)和 I/O 模块库(IO)四大类模块库(子库),下面对这四个模块库加以简单介绍。

1. arithmetic 库

算数运算模块库主要包括加法器/减法器、累加器、乘法器、除法器、绝对值运算器、比较器、计数器等参数可设置的基本算术运算功能模块。

2. gate 库

逻辑门模块库包括多路复用器、三态缓冲器、组合逻辑移位器、常量产生器、译码器、与门、或门、非门、异或门等参数化基本逻辑功能块。

3. storage 库

存储模块库包括 RAM、ROM、FIFO、移位寄存器、Flash 存储器、D 触发器、T 触发器、JK 触发器、锁存器、FIFO 分割器、Flash 装载器等参数化存储功能模块。

4. IO 库

I/O 模块库主要包括时钟数据恢复(CDR)接收机和发射机宏模块、锁相环宏模块、双数据速率(DDR)输入和输出以及双向宏模块、数据选通模块、LVDS(低电压差分信号)接收机和发射机宏模块、G 比特速率无线收发信机宏模块、片内终端(OCT)宏模块、振荡器宏模块等。

参数化宏模块库中的每个模块的功能、参数含义、使用方法、硬件描述语言模块参数设置以及调用方法都可在 Quartus Ⅱ中的帮助(Help)中找到,方法是在菜单栏中选择"Help→Megafunction/LPM"命令,然后单击模块所在的子库将其打开,从中找到此模块,单击则可看到相关的帮助信息。

2.3.2 参数化宏功能模块的使用方法

计数器可实现计数、定时、分频、控制和运算等功能,是数字系统中使用最广泛的时序电路;而只读存储器 ROM 是结构最简单的一种存储器,除了存储数据外还可实现组合逻辑函数,可在译码器、波形发生器、显示控制器和运算器等多种电路中应用。因此,下面以 LPM 计数器和存储器 ROM 为例介绍参数化功能模块的使用方法。

1. LPM 计数器的使用方法

按照前面介绍的 Quartus Ⅱ使用方法,首先完成项目的建立,再打开原理图编辑器窗口,然后按照下面的方法操作。

（1）选择计数器宏功能模块

双击原理图编辑器窗口,在弹出的元件符号选择对话框中的"Libraries→Megafunction→arithmetic"库中选择"lpm_counter"元件,如图 2.41 所示。

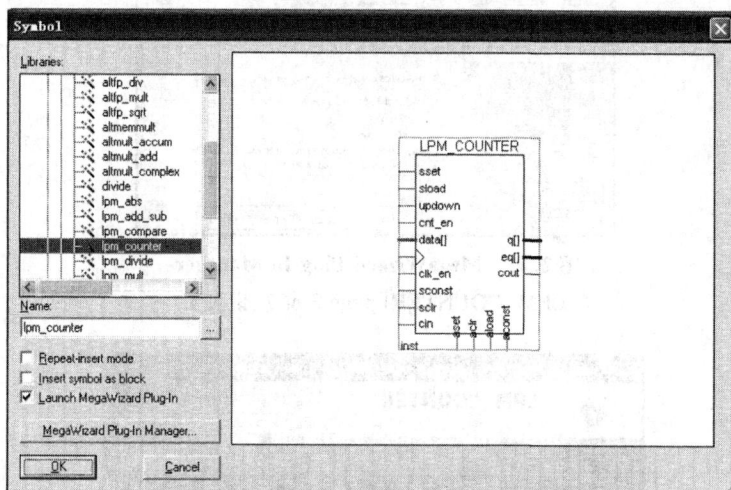

图 2.41　lpm_counter 元件符号选择窗口

然后单击"OK"按钮,弹出如图 2.42 所示的 MegaWizard Plug-In Manager［page 2c］设置页,选择输出文件的类型（硬件描述语言的类型）,并在文本框中输入文件的实体名和存储地址（应与项目在同一文件夹）。

（2）设置计数器的参数

① 单击"Next"按钮,弹出如图 2.43所示的计数器参数设置页 MegaWizard Plug-In Manager-LPM_COUNTER［page 3 of 7］。在此页中设置计数器输出 q 的位数（如 8 bit q0 ~ q7）,选择时钟的有效边沿（如 Up only 上升沿触发）。

② 单击"Next"按钮,弹出如图 2.44 所示的参数设置页 MegaWizard

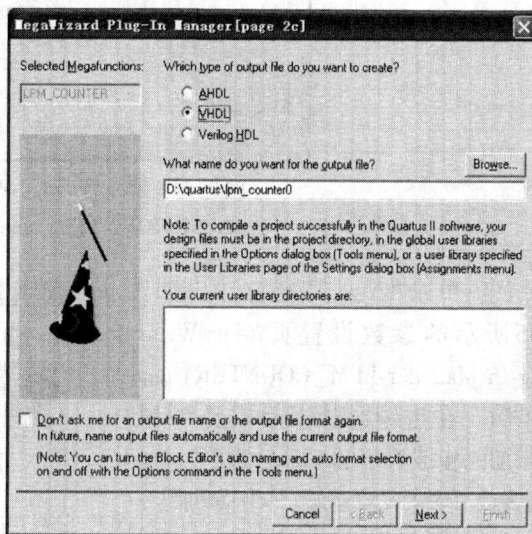

图 2.42　MegaWizard Plug-In Manager
［page 2c］设置页

Plug-In Manager-LPM_COUNTER［page 4 of 7］。在此页可选择计数器的类型,可为 Plain binary（二进制）,也可为任意进制,如 5,12,60 进制等。另外,还可根据需要给计数器增加一些端口,如 Clock Enable（时钟使能）、Count Enable（计数器使能）、Carry-in（进位输入）和 Carry-out（进位输出）。

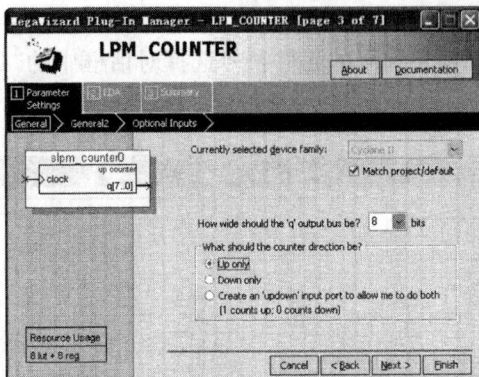

**图 2.43　MegaWizard Plug-In Manager-
LPM_COUNTER[page 3 of 7]设置页**

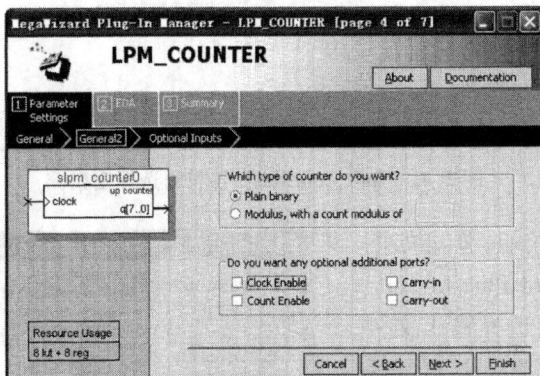

**图 2.44　MegaWizard Plug-In Manager-
LPM_COUNTER[page 4 of 7]设置页**

③ 单击"Next"按钮,弹出如图
2.45所示的参数设置页 MegaWizard
Plug-In Manager-LPM_COUNTER[page
5 of 7]。在此页可根据设计需要为计数
器添加同步或异步的 Clear(清零)、Load
(预置数)等输入控制端(本例添加了一
个异步清零)。

④ 单击"Next"按钮,弹出如图
2.46所示的设置页 MegaWizard Plug-In
Manager-LPM_COUNTER[page 6 of
7]。在此页可看到模拟仿真库的信
息,并可选择为第三方 EDA 综合工具

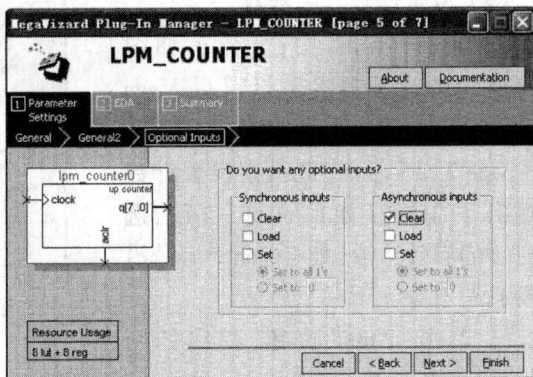

**图 2.45　MegaWizard Plug-In Manager-
LPM_COUNTER[page 5 of 7]设置页**

生成网表,如不使用第三方 EDA 工具则可直接单击"Next"按钮,进入如图 2.47 所示的参数
设置最后一页 MegaWizard Plug-In Manager-LPM_COUNTER[page 7 of 7]。

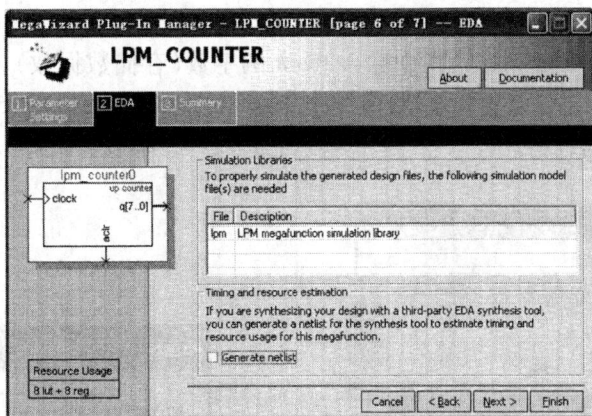

图 2.46　MegaWizard Plug-In Manager-
LPM_COUNTER[page 6 of 7]设置页

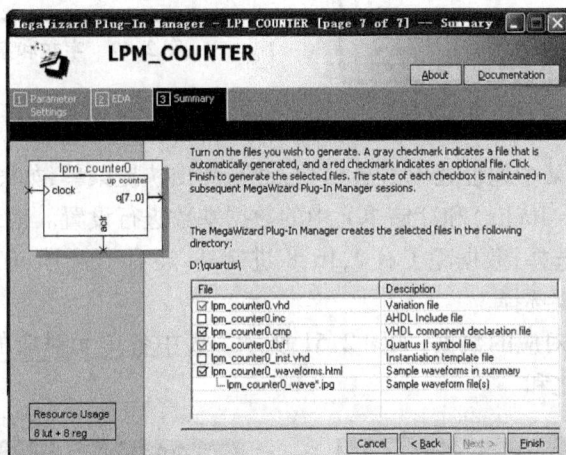

图 2.47　MegaWizard Plug-In Manager-
LPM_COUNTER[page 7 of 7]设置页

⑤ 在参数设置最后一页可看到创建的计数器多种输出文件,点击"Finish"按钮即可结束设置。

⑥ 完成计数器参数设置后,将生成的计数器元件符号放置到原理图编辑器窗口中,至此完成了计数器元件的输入。

(3) 计数器设置的更改

如果想更改计数器的设置可直接双击元件符号,直接进入图 2.43 所示的设置页(页数显示变为第一页),按照上面介绍的方法依次进行共五页的设置更改。

2. LPM 存储器 ROM 的使用方法

要使输入的 ROM 能够存储数据,首先要建立存储器初始化文件(∗.mif 文件),然后进行参数设置。

(1) 建立存储器初始化文件

① 在 Quartus Ⅱ主界面下单击"File→New"命令,并在"New"对话框中单击"Other Files"标签页,如图 2.48 所示,从中选择"Memory Initialization File"选项,然后单击"OK"按钮,打

开如图 2.49 所示的存储器字数和字长设置对话框。

② 在字数(Number of words)栏中输入 ROM 的字数(存储数据数),在字长(Word size)栏中输入 ROM 的字长(数据宽度),然后单击"OK"按钮,打开如图 2.50 所示的数据都为"0"的 mif 初始化数据表格。

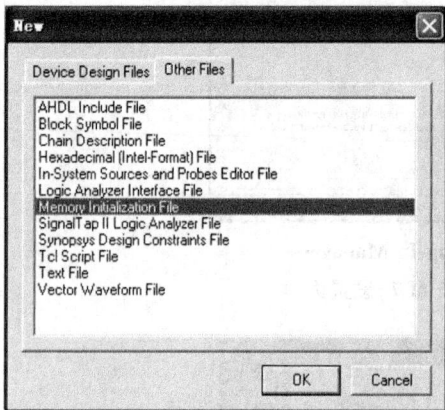

图 2.48　选择存储器初始化文件

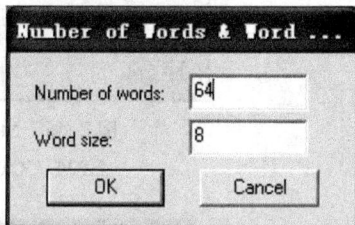

图 2.49　字数和字长设置对话框

③ 在地址栏中的某个地址处单击鼠标"右键",弹出快捷菜单,如图 2.50 所示。可通过选择地址基数(Address Radix)和存储单元中的数据基数进行设置。地址有 2,16,8,10 进制这四种显示方式可供选择;数据除了有 2,16,8 进制外,还有带符号 10 进制和无符号 10 进制共五种显示方式可供选择。

④ 选中单元输入对应的数据,如图 2.51 所示。表中各单元对应的地址为对应的左列和顶行显示的地址数之和。

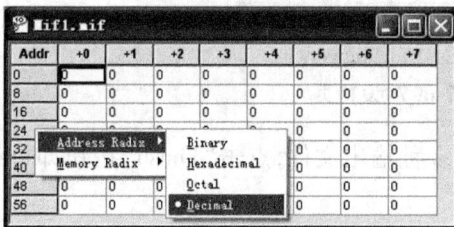

图 2.50　mif 数据表格

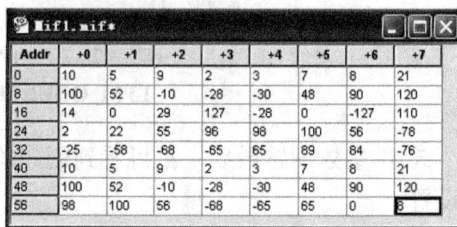

图 2.51　输入数据后 mif 表格

⑤ 选"File→Save"命令,给初始化文件命名(本例为 zishe_rom),文件类型为"＊.mif",并将其保存。

(2) 输入存储器 ROM 元件

将存储器 ROM 元件符号放置到原理图编辑器窗口中,其方法与上面介绍的参数化计数器模块的使用方法大致相同,简要说明如下。

① 选择 ROM 模块

建立项目后,打开原理图编辑窗口,再打开元件符号选择对话框,并在"Libraries→Megafunction→storage"库中选择"lpm_rom"元件,如图 2.52 所示。然后单击"OK"按钮,弹出 MegaWizard Plug-In Manager [page 2c]设置页,选择输出文件的类型、实体名和存储地址

（应与项目在同一文件夹），如图 2.53 所示。

②**存储器的参数和加载数据的设置**

a. 单击"Next"按钮，弹出 MegaWizard Plug-In Manager-LPM_ROM［page 3 of 7］设置页。在此页中设置 lpm_rom 的字数和字长，并可对时钟控制信号进行选择，如图 2.54 所示。

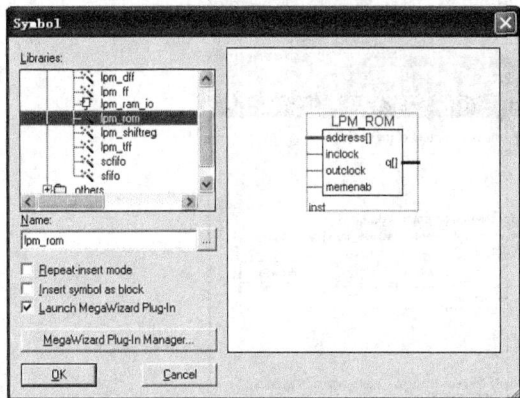

图 2.52　lpm_rom 元件符号选择窗口

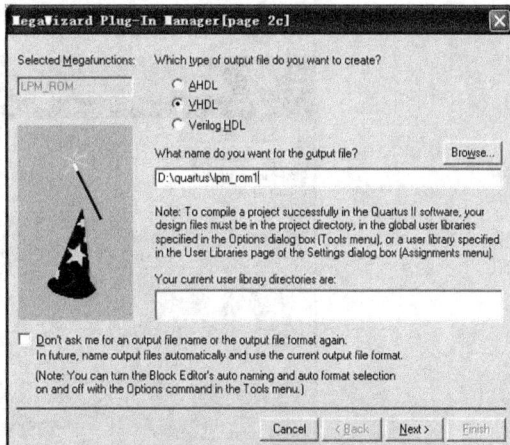

图 2.53　输出文件设置页

b. 单击"Next"按钮，弹出如图 2.55 所示的 MegaWizard Plug-In Manager-LPM_ROM［page 4 of 7］设置页。在此页中可设置时钟使能和清零控制输入端。

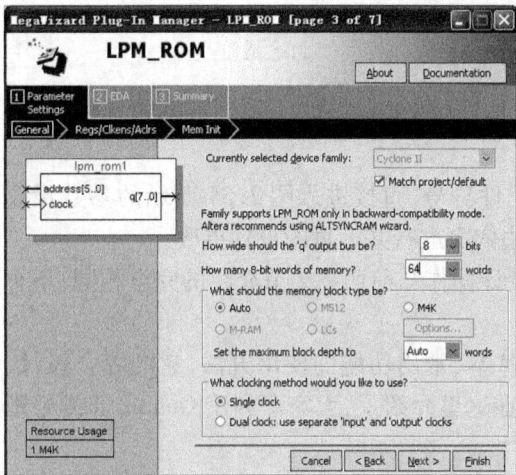

图 2.54　lpm_rom 的字数、字长设置页

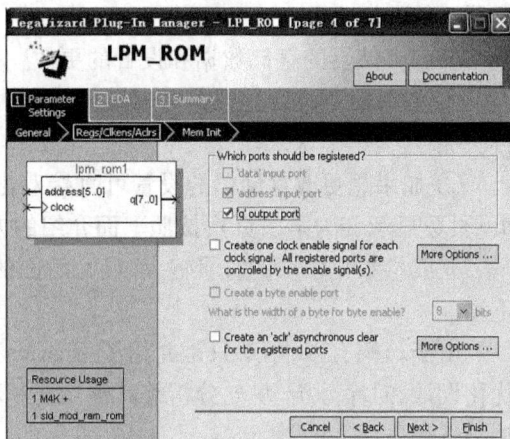

图 2.55　lpm_rom 控制输入端设置页

c. 单击"Next"按钮，弹出如图 2.56 所示的 MegaWizard Plug-In Manager-LPM_ROM［page 5 of 7］设置页，在"Do you want to specify the initial content of the memory?"一栏中选中"Yes,use this file for the memory content data"，通过单击"Browse"按钮选择初始化数据文件（如 zishe_rom.mif），使其显示在"File name:"文本框中。同时选中"Allow In-System Memory ⋯"选项，表示允许 QuartusⅡ通过 JTAG 口对下载于 FPGA 中的 ROM 进行测试和读/写，还可在"The'Instance ID'of this ROM is:"文本框中输入此 ROM 的身份名称，在使用多个 ROM 时

可作为识别名称。

　　d. 单击"Next"按钮,弹出类似图 2.46 所示的设置页;然后再单击"Next"按钮,弹出类似图 2.47 所示的最后一页设置页,单击"Finish"按钮结束存储器的设置。

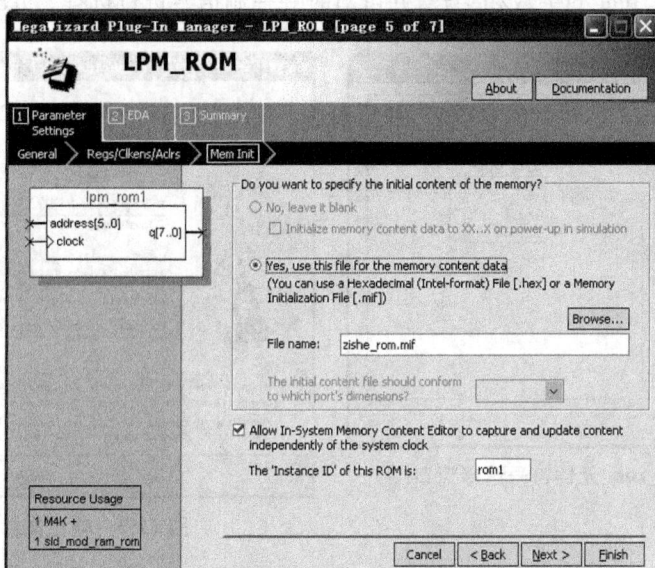

图 2.56　lpm_rom 初始化数据加载设置页

　　e. 完成存储器设置后,将生成的元件符号放置到原理图编辑器窗口中,至此完成了存储器元件的输入。

　　(3) 存储器的存储数据和设置的更改

　　① 如果想更改存储数据可直接打开初始化文件(如 zishe_rom. mif)进行更改,并将文件再次保存。

　　② 如果想更改存储器的设置可直接双击元件符号,直接进入图 2.54 所示的参数设置页(页数显示变为第一页),按照上面介绍的方法依次进行共五页的设置更改。

　　完成参数化模块的符号输入以后,后面的设计操作与前面 2.2 节介绍的完全相同,不再重复。

　　由于篇幅有限,本章只是介绍了 Quartus Ⅱ 基本、常用功能的使用方法,它的综合设计、优化设计、时序分析、功耗分析等其他功能就不在这里介绍了,大家可利用 Quartus Ⅱ 的帮助功能进行更深入的学习。

第 3 章

Multisim 软件操作基础

随着计算机技术的快速发展,利用计算机软件进行的虚拟测试技术已经广泛应用到数字电子技术的辅助教学与实践教学中。采用计算机虚拟测试技术具有以下优点:不受实训设备和实训时间的限制;可随时随地灵活地应用到课堂教学中,及时将实验现象直观地演示给学生;可弥补实训设备不全造成的影响,节约经费,且有一些功能是实际仪器所不具备的。

可用于数字电子技术仿真教学的软件较多,其中 Multisim 软件以其界面形象直观、操作方便、虚拟元件仪器丰富、仿真功能强大而备受欢迎。Multisim 是基于 PC 机平台的电子设计软件,可以实现计算机仿真设计与虚拟实验,是美国国家仪器(NI)有限公司推出的以 Windows 为基础的仿真工具,适用于模拟和数字混合电路的分析和设计工作。它包括电路原理图的图形输入、电路硬件描述语言输入方式,具有丰富的仿真分析能力。为适应不同的应用场合,Multisim 推出了许多版本,用户可以根据自己的需要加以选择。目前最新的版本是 Multisim 10,它兼容 Multisim 7,可在 Multisim 10 的基本界面下打开在 Multisim 7 版本软件下创建和保存的仿真电路。

本章将以 Multisim 10 版本为演示软件,结合教学的实际需要,简要地介绍该软件的概况和使用方法,并给出几个应用实例。

3.1 Multisim 10 软件的基本界面

Multisim 10 软件的工作界面如图 3.1 所示。在 Multisim 10 工作界面中,最上方的是标题栏,下面的是菜单工具栏、标准工具栏、In Use 列表、元件工具栏、仿真工具栏和仿真开/关/暂停按钮。接下来的左边是项目管理器窗口,中间是图纸编辑区(工作区),右边是虚拟仪器工具栏。最下方的是数据表格工具栏。

3.1.1 菜单工具栏

Multisim 10 有 12 个主菜单,如图 3.2 所示,下拉菜单中提供了本软件中几乎所有的功能命令。从左至右分别为 File(文件)、Edit(编辑)、View(显示)、Place(放置)、MCU(微控制器)、Simulate(仿真)、Transfer(传输)、Tools(工具)、Reports(报告)、Options(选项)、Window(窗口)和 Help(帮助)。

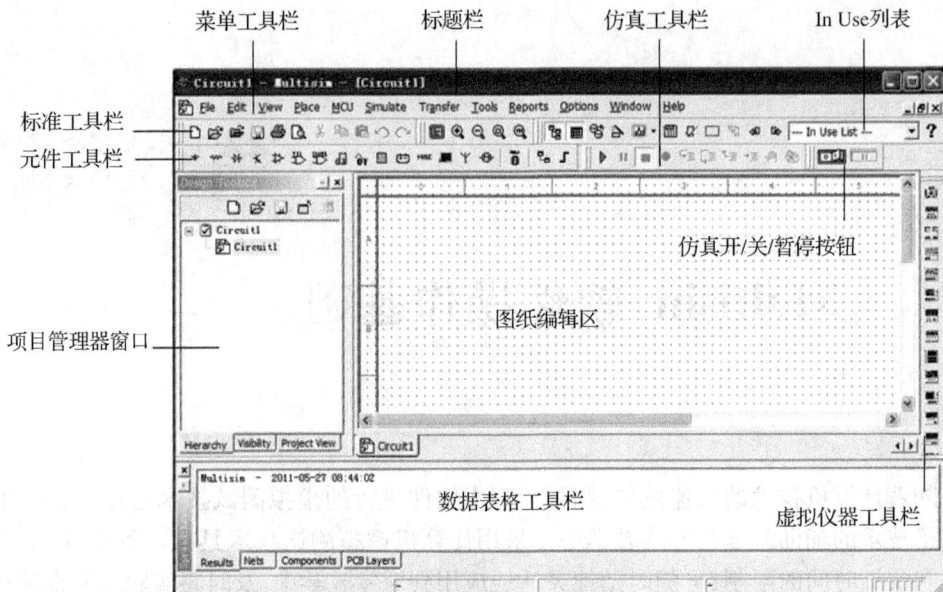

图 3.1　Multisim 10 工作界面

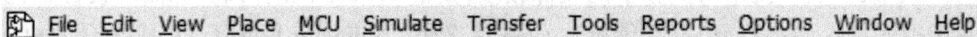

图 3.2　Multisim 10 的菜单工具栏

3.1.2　标准工具栏

Multisim 10 的标准工具栏如图 3.3 所示,在该工具栏中从左至右分别为:"新建"按钮、"打开"按钮、"打开图例"按钮、"保存"按钮、"打印"按钮、"打印预览"按钮、"剪切"按钮、"复制"按钮、"粘贴"按钮、"撤销"按钮、"重做"按钮;"全屏显示"按钮、"放大显示"按钮、"缩小显示"按钮、"区域放大"按钮、"页最大放大显示"按钮;"显示/隐藏项目管理器窗口"按钮、"显示/隐藏数据表格工具栏"按钮、"元器库管理"按钮、"创建元件"按钮、"图形/分析列表"按钮、"后处理"按钮、"电气规则检查"按钮、"区域截图"按钮、"跳转到父电路"按钮、"Ultiboard 后标注"按钮、"Ultiboard 前标注"按钮。

图 3.3　Multisim 10 的标准工具栏

3.1.3　元件工具栏

图 3.4 是 Multisim 10 的元件工具栏,提供了从元件数据库中选择、放置元件到原理图中的按钮,从左至右分别为:"电源库"按钮、"基本元件库"按钮、"二极管库"按钮、"晶体管库"按钮、"模拟元件库"按钮、"TTL 元件库"按钮、"COMS 元件库"按钮、"其他数字元件库"按钮、"混合元件库"按钮、"指示元件库"按钮、"电力元件库"按钮、"杂项元件库"按钮、"先进外围设备库"按钮、"射频元件库"按钮、"机电类元件库"按钮、"微控制器元件库"按钮、"放置层次模块"按钮、"放置总线"按钮。

图 3.4　Multisim 10 的元件工具栏

3.1.4　仿真工具栏和仿真开/关/暂停按钮

仿真工具栏列出了在仿真过程中可能用到的各种常用按钮,如图 3.5 所示。另外,用户也可以通过主窗口右上部的仿真按钮来运行、停止、暂停电路的仿真,仿真按钮如图3.6所示。

图 3.5　Multisim 10 的仿真工具栏

图 3.6　Multisim 10 的仿真按钮

3.1.5　虚拟仪器工具栏

Multisim 10 在虚拟仪器工具栏中列出了用户在电路仿真中将会用到的 21 个 Agilent 信号发生器、常用仪器仪表等,如图 3.7 所示。按照从左到右的顺序依次是:数字万用表(Multimeter)、函数信号发生器(Function Generator)、功率计(Wattmeter)、两通道示波器(Oscilloscope)、四通道示波器(4 channel Oscilloscope)、波特图示仪(Bode Plotter)、频率计数器(Frequency Counter)、数字信号发生器(Word Generator)、逻辑分析仪(Logic Analyzer)、逻辑转换仪(Logic Converter)、IV 曲线分析仪(IV-Analysis)、失真度分析仪(Distortion Analyzer)、频谱分析仪(Spectrum Analyzer)、网络分析仪(Network Analyzer)、安捷伦函数信号发生器(Aglient Function Generator)、安捷伦万用表(Aglient Multimeter)、安捷伦示波器(Aglient Oscilloscope)、泰克示波器(Tektronix Oscilloscope)、动态测量探针(Measurement Probe)、LabVIEW 采样仪器(LabVIEW Instrument)、电流探针(Current Probe)。

图 3.7　Multisim 10 的虚拟仪器工具栏

3.2　Multisim 10 中的元件库及其使用

任何一个电子仿真软件都要有一个供仿真用的元器件数据库(即元件库),元件库中仿真元件的数量多少将直接影响该软件的使用范围,而模型的质量则影响着设计结果的准确性。同时,即使有性能优越的元器件,还需要对元件本身的性能指标、连接方式等有一个正确的运用,才能得到一个最佳的电路。本小节将介绍 Multisim 10 中的元件库及其元件的基本运用方法,将重点介绍与数字电子技术相关的几种元件库的使用。

Multisim 10 中包括 17 个元器件分类库,分别是: Sources 电源库、 Basic 基本元件库、 Diodes 二极管库、 Transistors 晶体管库、 Analog 模拟元件库、 TTL TTL 元件库、 CMOS CMOS 元件库、 MCU Module 微控制器元件库、 Advanced_Peripherals 先

进外围设备库、 Misc Digital其他数字元件库、 Mixed 混合元件库、 Indicators 指示元件库、 Power电力元件库、 Misc杂项元件库、 RF射频元件库、 Electro_Mechanical机电类元件库和 Ladder_Diagrams电气符号库。

3.2.1 电源库

电源库中包括功率电源、电压信号源、电流信号源、受控电压源、受控电流源、控制功能模块。每个系列中又含有很多电源或信号源,考虑到电源库的特殊性,所有的电源都是虚拟器件。

3.2.2 TTL 元件库

TTL 元件库共有九个系列(Family),包括 74STD,74STD_IC,74S,74S_IC,74LS,74LS_IC,74F,74ALS,74AS。

在使用 TTL 元件库的过程中要注意以下几点:

(1) 若同一器件有数个不同的封装形式,仿真时,可以随意选择;做 PCB 板时,必须加以区分;

(2) 对含有数字器件的电路进行仿真时,电路图中必须有数字电源符号和数字接地端;

(3) 集成电路的逻辑关系可查阅相关的器件手册,也可以单击该集成电路的属性对话框中的"info"按钮,就会弹出器件列表对话框,从中可查阅该集成电路的逻辑关系;

(4) 集成电路的某些电气参数,可以单击该集成电路属性对话框中的"Edit Model"按钮,从打开的"Edit Model"对话框中读取。

3.2.3 CMOS 元件库

在 Multisim 10 提供的 CMOS 系列集成电路中共有 14 个系列(Family),主要包括 74HC 系列、4000 系列和 TinyLogic 的 NC7 系列的 CMOS 数字集成器件。

Multisim 10 仿真软件根据 CMOS 集成电路的功能和工作电压,将它分成六个系列,分别是 CMOS_5V,CMOS_10V,CMOS_15V,74HC_2V,74HC_4V 和 74HC_6V。CMOS 系列与 TTL 系列一样,Multisim 10 也增加了其 IC 模式的集成电路,分别是 CMOS_5V_IC,CMOS_10V_IC 和 74HC_4V_IC。

TinyLogic 的 NC7 系列根据供电方式分为 TinyLogic_2V,TinyLogic_3V,TinyLogic_4V,TinyLogic_5V,TinyLogic_6V 五种。

CMOS 元件库在使用时,应注意以下几点:

(1) 当测试的电路中含有 CMOS 逻辑器件时,若要进行精确仿真,必须在电路中放置电源 V_{CC} 为 CMOS 元件提供偏置电压,其电压数值由选择的 CMOS 元件类型决定,且将电源负极接地;

(2) 当某种 CMOS 元件是复合封装或包含多个型号时,处理方法与 TTL 电路相同;

(3) 关于元件的逻辑关系可查看 Multisim 10 的帮助文件。

3.2.4　其他数字元件库

上述的 TTL 和 CMOS 元件库中的元件都是按元件的序号排列的,而其他数字元件库中的元件则是按照元件的功能来分类和排列的,这在不知道器件型号而仅知道器件功能的情况下会带来许多方便。其他数字元件库包括 TIL, DSP, FPGA, PLD, CPLD, MICROCON-TROLLERS(微控制器),MICROPROCESSORS(微处理器),VHDL, MEMORY(寄存器),LINE_DRIVER(线性驱动器),LINE_RECEIVER(线性接收器),LINE_TRANSCEIVER(线性收发器)12 个系列。

3.2.5　混合元件库

混合元件库有五个系列,分别是 MIXED_VIRTUAL(虚拟混合器件库)、Timer(定时器)、ADC_DAC(模数_数模转换器)、Analog Switch(模拟开关)、Multivibrator(多谐振荡器),每个系列中又含有多种具体型号的器件。

3.2.6　指示元件库

指示元件库中包括 VOLTMETER(电压表)、AMMETER(电流表)、PROBE(逻辑指示灯)、BUZZER(蜂鸣器)、LAMP(灯泡)、VIRTUAL_LAMP(虚拟灯泡)、HEX_DISPLAY(十六进制显示器)、BARGRAPH(条形光柱)等多种器件。值得注意的是,在使用数码管时应注意它的驱动电流和正向电压,否则数码管不显示。

3.3　Multisim 10 的基本操作方法

本小节中主要介绍 Multisim 10 的基本操作方法,包括元器件的选取和放置、线路的连接等。电路主要由元件和导线组成,要创建一个电路,必须掌握元件的操作和导线的连接方法。

运行 Multisim 10 电路仿真软件后,系统会自动创建一个名称为“Circuit1. ms10”的原理图文件。此时可以在图纸编辑区放置各种所需的元器件,设计电路并对其进行仿真。此外,也可以通过执行 File→New→Schematic Capture 命令或单击工具栏上的新建文件按钮▢,创建一个新的原理图文件,或是通过快捷键 Ctrl + N 完成电路图文件的创建。

3.3.1　元件的操作

1. 元件的选用

选用元件主要有两种方法,一种可以用元件工具栏进行选用,另一种可以使用菜单命令 Place Component 来选用,一般以第一种方法为主。首先在元件工具条中单击该元件的图标,打开该元件库,然后从相关元件库中将所需元件拖动至图纸编辑区即可。通过工具栏选用元器件,一般要求知道所需元器件所在的元器件库,移动光标到元件工具栏,单击对应的元器件库,在弹出的选择元器件对话框(Select a Component)中,完成元器件的选择和放置。

另外也可以通过点击右键,选择 Place Component 命令或利用快捷键 Ctrl + W 直接调出 Select a Component 对话框。

对于多段式的元器件,其元器件的符号和电路的封装不是一一对应的。有时,多个元器件符号和一个元器件的封装相对应。以 2 输入或门集成电路 74LS32D 为例,将其放置在图纸编辑区,具体操作如下。

(1) 在图纸编辑区,单击鼠标右键,选择 Place Component 命令,打开 Select a Component 对话框,在 TTL 元件库中选择 74LS 系列中的"74LS32D",如图 3.8 所示。

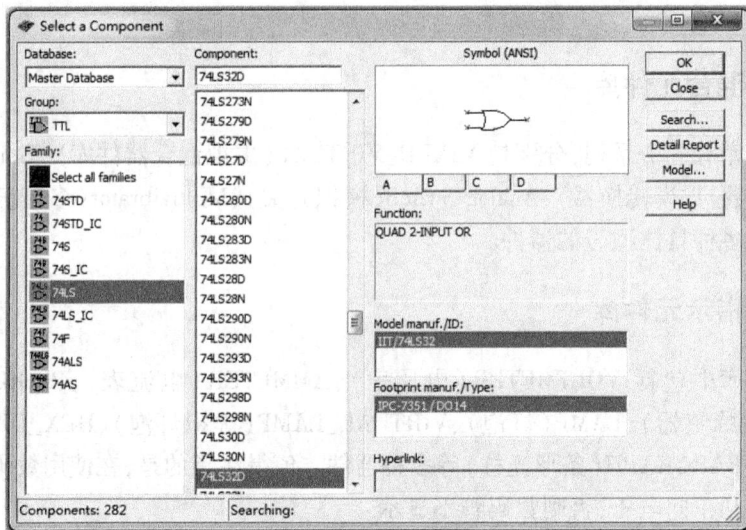

图 3.8　选取器件(Select a Component)对话框

(2) 单击"OK"按钮,切换到图纸编辑区窗口处,如果是第一次放置该元器件的一个片段,可以看到如图 3.9(a)所示的元器件片段选择菜单;如果先前放置过该类型元器件的一个片段,则会出现如图 3.9(b)所示的片段选择菜单。

(a)

(b)

图 3.9　元器件片段选择菜单

(3) 移动光标到图 3.9(a)所示元器件片段选择菜单的"A","B","C"或"D"上,单击鼠标左键,即可在图纸编辑区中放置元器件的一个片段,如图 3.10 所示。

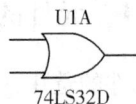

(4) 在图 3.9(b)所示的菜单中,表示在图纸编辑区中放置过该元器件的一个片段 A,元器件的标志为"U1"。单击"U1"的"B","C"或"D"可以继续放置该元器件的其他片段,也可以单击"New"一栏的"A","B","C"或"D"放置一个新的元器件的一个片段。

图 3.10　元器件
74LS32D 片段 A

2. 元件的选中

在连接电路时,常常要对元件进行移动、旋转、删除、设置参数等一些必要的操作,这就需要选中该元件。要选中某个元件,只需用鼠标单击它即可。如果要一次选中多个元件,需按住鼠标左键将这些元件一起框起来,此时这些元件均处于选中状态。再单击一次鼠标,即可撤销选中状态。也可利用快捷键 Ctrl + A 将图纸编辑区内的所有元件全部选中。

3. 元件的移动

为了满足布局和连接等操作要求,有时需要对元件的位置和方向进行调整。要移动一个元件,只需选中并拖动该元件即可。要移动一组元件,先选中这组元件,然后用鼠标左键拖动其中任意一个元件,元件就会一起移动。

4. 元件的旋转和翻转

在电路中,元件有时需要水平放置,有时又需要垂直放置。Multisim 10 提供了水平放置、垂直放置、顺时针旋转 90°和逆时针旋转 90°共四种旋转方式。其操作方法有两种:①右键单击需要旋转的元件,就可以弹出快捷菜单;②选中要旋转的元件,执行 Edit 菜单下的相应命令即可。

5. 元件的复制、删除

先选中该元件,然后用 Edit/Cut(编辑/剪切)、Edit/Copy(编辑/复制)、Edit/Paste(编辑/粘贴)等菜单命令,即可以实现元件的复制操作。选中元件,按下 Delete 键即可将其删除。

值得注意的是,以上命令均可以通过右键快捷菜单或快捷键完成,因此熟悉快捷菜单十分重要。

3.3.2　线路连接

1. 导线的连接

将鼠标指向一个元件的引脚,这时鼠标呈十字形,单击左键,导线随鼠标移动而延长。当导线需要拐弯时,单击左键,到达另一元件对应引脚时再单击左键,即完成了一次导线的连接。此时,系统会自动给绘制的导线标上节点号。如果对所画的导线不满意,可选中该线,按 < Delete > 键将其删除。

2. 设置导线的颜色

当复杂电路中导线较多时,可以将不同的导线标上不同的颜色来加以区分。先选中该导线,单击右键,通过弹出的快捷菜单中的 Color 选项来设置颜色。同时要注意的是,导线的颜色会改变示波器等测试仪器所显示的波形的颜色。

3.4　Multisim 10 在数字电路中的仿真实例

3.4.1　逻辑代数基础仿真实验

逻辑代数部分是数字电子技术的基础,而逻辑函数的表示则是其中的重点。逻辑函数可以用逻辑函数表达式、真值表和逻辑电路图等多种方式表示,在实际工作中视需求情况可具体选用并相互转换。逻辑转换仪恰好可以在仿真系统中完成多种表示方式的转换,它是Multisim 10 系统中特有的分析仪表,但在实际工作中没有与之对应的设备。逻辑转换仪能完成真值表、逻辑函数表达式和逻辑电路图三者之间的相互转换,从而可以为逻辑电路的设计与仿真带来很多的方便。

1. 由逻辑函数表达式求真值表

例3.1 已知逻辑函数表达式 $Y = AC + A\overline{B}$,求其对应的真值表。

在 Multisim 10 的虚拟仪器工具栏中选取逻辑转换仪放置在电路图中,双击逻辑转换仪图标,如图3.11 所示。在显示的面板图底部最后一行中输入需转换的逻辑函数表达式,按下逻辑转换仪上的

AIB → 101 按钮,即可得到与逻辑函数表达式相对应的真值表,如图3.12 所示。

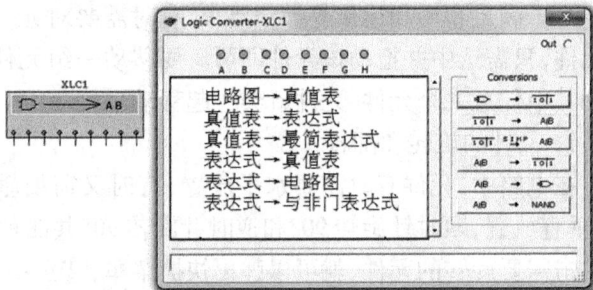

图3.11 逻辑转换仪面板图

2. 由逻辑函数表达式求逻辑电路图

例3.2 已知逻辑函数表达式 $Y = AC + A\overline{B}$,求其对应的逻辑电路图。

在逻辑转换仪面板图中输入逻辑函数表达式,按下按钮 AIB → ,即可得到相应的逻辑电路图,如图3.13 所示。值得注意的是,由逻辑转换仪得到的逻辑电路图都是由虚拟元件构成的,没有元件封装等属性。

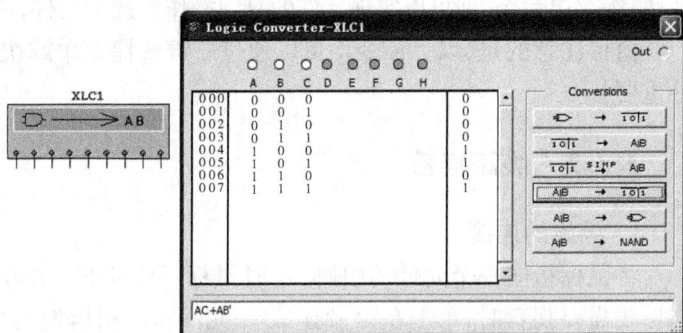

图3.12 逻辑函数表达式和对应的真值表

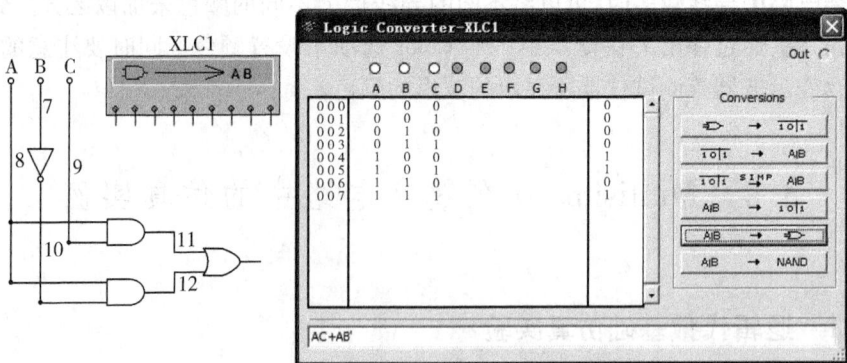

图3.13 与逻辑函数表达式相对应的电路图

3．逻辑函数的化简

逻辑转换仪无法直接化简逻辑函数,而是先将逻辑函数表达式转换成对应的真值表,然后再由其真值表转换成化简后的最简逻辑函数表达式。

例 3.3　已知逻辑函数表达式 $Y = AC + A\bar{B} + BC$,求其最简逻辑函数表达式。

在虚拟仪器工具栏中选取逻辑转换仪,双击逻辑转换仪图标,在弹出的逻辑转换仪面板图中输入需要简化的逻辑函数表达式。按下 AIB → ₁₀₁₁ 按钮,先将逻辑函数表达式转换成对应的真值表,如图 3.14 所示;再按下逻辑转换仪中的 ₁₀₁₁ SIMP AIB 按钮,

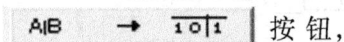

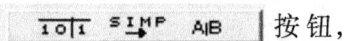

图 3.14　逻辑函数表达式转换为真值表

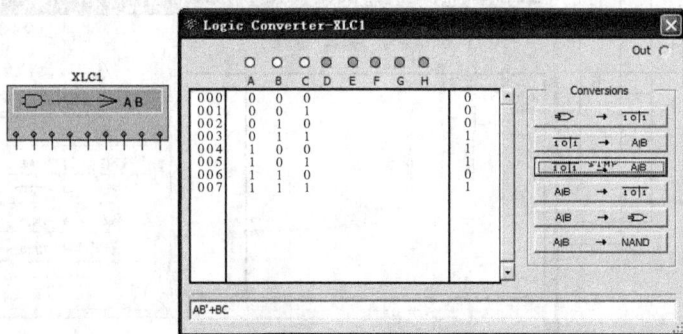

在面板底部最后一行中即可得到化简后的最简逻辑函数表达式,如图 3.15 所示。

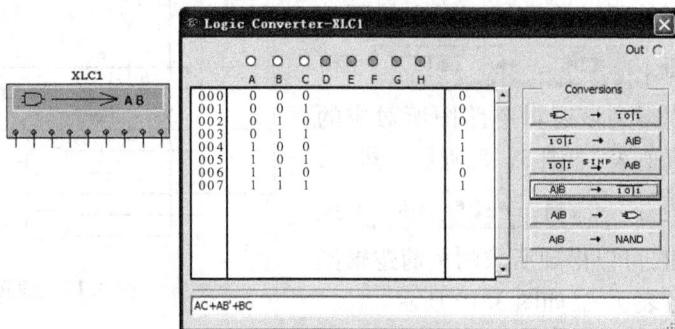

图 3.15　真值表转换为最简逻辑函数表达式

4．由逻辑电路图求真值表和最简表达式

例 3.4　在图纸编辑区搭建已知的逻辑电路图,如图 3.16 所示。

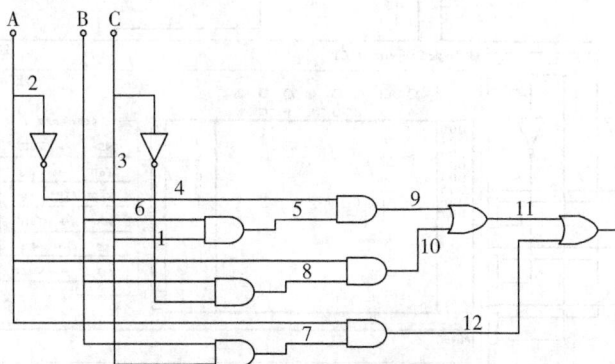

图 3.16　已知的逻辑电路图

将该逻辑电路的输入、输出端分别连接到逻辑转换仪的输入、输出端按钮上,如图3.17所示,双击逻辑转换仪图标,在弹出的逻辑转换仪面板上按下按钮 ⊋ → 1̅0̅1̅ ,可以得到该逻辑电路图所对应的真值表,如图3.18所示。然后,按下 1̅0̅1̅ SIMP A|B 按钮,可以得到所求的最简逻辑函数表达式,如图3.19所示。

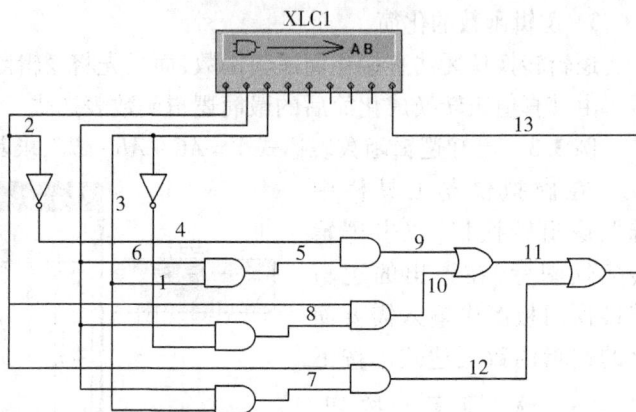

图3.17 逻辑转换仪电路连接图

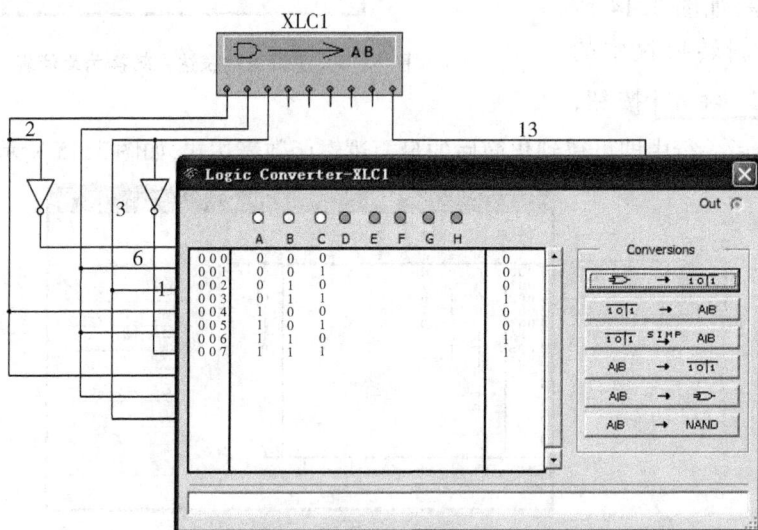

图3.18 由逻辑电路图转换到真值表

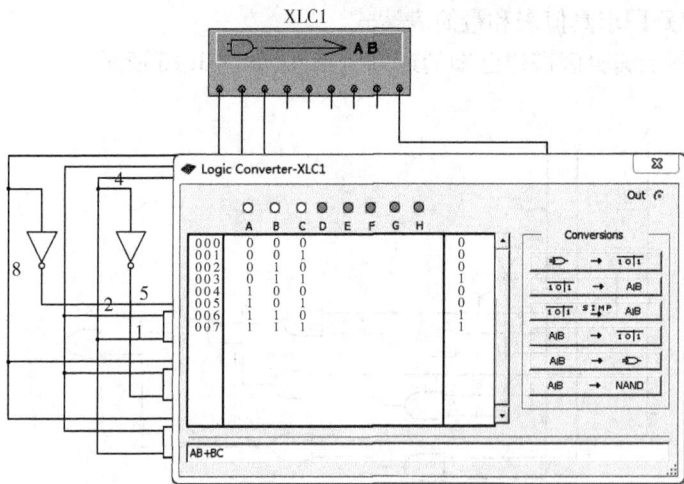

图3.19 由真值表转换到最简逻辑函数表达式

5. 包含无关项逻辑函数的化简

例 3.5 已知逻辑函数

$$Y(A,B,C,D) = \sum m_i + \sum d_j, \quad i=0,1,4,9,14; \quad j=5,7,8,11,12,15$$

求最简逻辑函数表达式。

在打开的逻辑转换仪面板顶部选择四个输入端(A,B,C,D),此逻辑转换仪真值表区域就会自动出现对应四个输入逻辑变量的所有组合,而右边输出列的初始值全部为零,依据已知的逻辑函数表达式对其赋值(1,0 或 X),得到如图 3.20 所示的真值表。按下

[1011 SIMP AIB] 按钮,可以在逻辑转换仪面板底部最后一行中得到化简后的最简逻辑函数表达式,如图 3.21 所示。

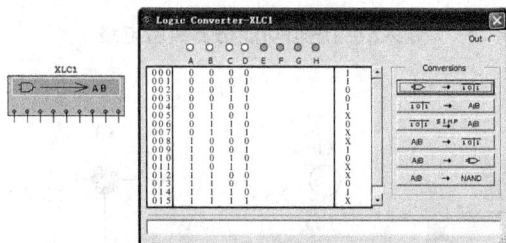

图 3.20 包含无关项的逻辑函数真值表	图 3.21 由真值表转换为最简表达式

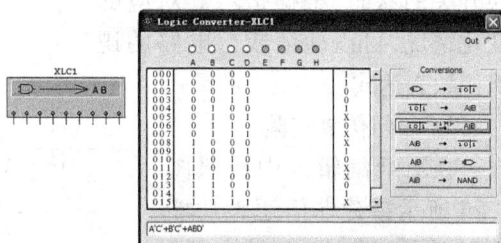

3.4.2 逻辑门电路仿真实验

Multisim 10 中的 TTL 和 CMOS 元件库中,包含了大量的与实际元器件对应的数字集成电路元器件仿真模型。另外,混合数字元器件库也包含了大量的数字元器件模型。利用这些元器件模型,用户可以进行精确的数字电路仿真实验。门电路对脉冲信号起开关作用,用以实现一些基本逻辑关系的电路。门电路有一个输出端,一个或几个输入端,每一个门电路的输入与输出之间都有一定的逻辑关系。最基本的逻辑关系可以归结为与、或、非三种,与此相应的基本逻辑门电路分别为与门、或门、非门电路。在实际使用的门电路中,并不只限于这三种,还常会使用具有复合逻辑运算的逻辑门电路,如与非门、或非门、异或门、同或门等。

1. 与门仿真实验

与门的输入变量分别由两个单刀双掷开关控制,输入、输出状态都用逻辑指示灯来显示。输入信号的逻辑"1"由 +5 V 电源提供,逻辑"0"由接地信号提供。指示灯对应高电平(逻辑"1")亮,对应低电平(逻辑"0")不亮。在图纸编辑区搭建仿真实验电路如图 3.22 所示。其中的 2 输入与门通过在 TTL 元件

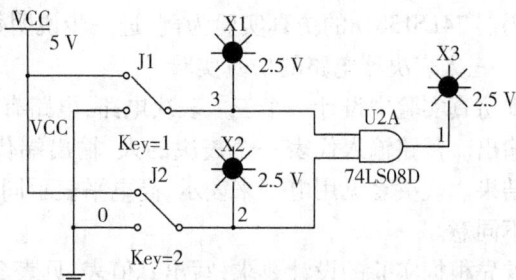

图 3.22 2 输入与门逻辑功能仿真实验电路

库中选取 74LS 系列中的 74LS08D;单刀双掷开关从 Basic 元件库中选取 SWITCH 系列中的 SPDT;逻辑指示灯从 Indicator 元件库中选取 PROBE 系列中的 PROBE_BLUE,颜色可以自

行选取。按下 Multisim 中的仿真按钮,切换开关的状态,根据指示灯对应的变化情况,可以列出 2 输入与门电路的真值表,由此验证与门电路的逻辑函数表达式。

2. 或门仿真实验

按照与门仿真实验的方法,在图纸编辑区中放置的 2 输入或门"74LS32D"是从 TTL 元件库的 74LS 系列中选取的,搭建如图 3.23 所示的 2 输入或门逻辑功能仿真实验电路。按下 Multisim 中的仿真按钮,切换开关的状态,根据指示灯对应的变化情况,可以验证或门电路的逻辑函数表达式。

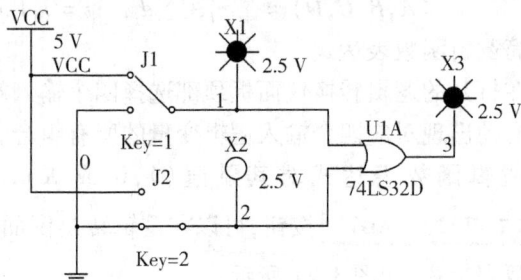

图 3.23　2 输入或门逻辑功能仿真实验电路

3. 非门仿真实验

在图纸编辑区中按照图 3.24 所示搭建非门逻辑功能仿真实验电路。非门是从 TTL 元件库的 74LS 系列中选取的"74LS04D"。按下 Multisim 中的仿真按钮,切换开关的状态,根据指示灯对应的变化情况,可以验证非门电路的逻辑函数表达式。

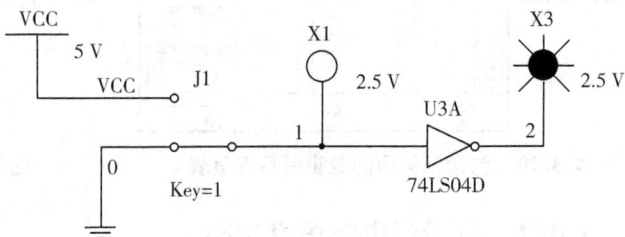

图 3.24　非门逻辑功能仿真实验电路

3.4.3　组合逻辑电路仿真实验

组合逻辑电路的分析,是由已知的逻辑电路求出其对应的逻辑函数表达式、真值表,进而说明其逻辑功能的过程。组合逻辑电路是数字电路中最简单的一类逻辑电路,其特点是功能上无记忆,电路中不包含存储单元,结构上无反馈。即电路任一时刻的输出状态只取决于该时刻各输入状态的组合,而与电路的原状态无关。常用的组合逻辑电路有全加器、数值比较器、编码器、译码器、数据选择器和数据分配器等。本小节以三人表决器电路和 3 线 - 8 线译码器 74LS138D 的仿真实验为例,进一步说明数字电路仿真的方法和技巧。

1. 三人表决器电路的仿真实验

本仿真实验中设计一个三人表决电路,电路有三路输入、一路输出。每路输入代表一个表决的人,输出端代表最终的表决结果。表决意见用电平来表示,高电平表示同意,低电平表示不同意。

首先根据实验的设计要求,写出真值表,见表 3.1 所示。

具体操作步骤如下:

(1) 在虚拟仪器工具栏中选取逻辑转换仪放置在电路原理图中,按照表 3.1 所示设置逻辑转换仪,如图 3.25 所示。

表 3.1　表决器的逻辑真值表

A	B	C	Y
0	0	0	0
0	0	1	0
0	1	0	0
0	1	1	1
1	0	0	0
1	0	1	1
1	1	0	1
1	1	1	1

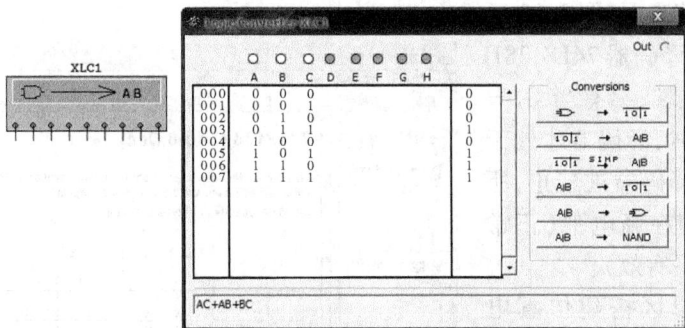

图 3.25　表决器电路中设置逻辑转换仪

（2）单击逻辑转换仪中的 ［ 10ǀ1 Ｓ Ｉ ＭＰ　AǀB ］ 按钮,根据真值表会自动生成简化的逻辑表达式,结果为 $AC + AB + BC$。

（3）单击逻辑转换仪中的 ［ AǀB　→　⇒ ］ 按钮,根据表达式会生成相应的逻辑电路,如图 3.26 所示。

（4）在图 3.26 所示逻辑功能电路的基础上,在三个输入端分别加入单刀双掷开关,在输出端加入指示灯,用指示灯的亮灭来表示最终的表决结果,具体电路如图 3.27 所示。

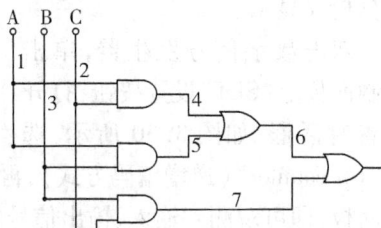

图 3.26　表决器逻辑功能电路

（5）单击 Multisim 中的仿真按钮,可以对电路进行仿真。从仿真结果中可以看出,三个单刀双掷开关中任意两个或两个以上与高电平连接时,指示灯被点亮,否则指示灯熄灭。

（6）通过对电路的仿真实验,可以得出结论,设计的电路满足实验的设计要求,完成了三人表决电路的设计。

2. 3 线 – 8 线译码器 74LS138D 的仿真实验

译码器是数字电路中用得很多的一种多输入多输出的组合逻辑电路。它的作用是把规定的代码进行“翻译”,变成相应的状态,使输出通道中相应的一路有信号输出。完成一种译码功能的电路称为译码器。它不仅可以用于代码转换、中断的数字显示,还可以用于数据分配、存储器寻址、组合逻辑信号等场合。

图 3.27　表决器实验仿真电路

按下快捷键 Ctrl + W 调出放置元件对话框,在弹出对话框中的 Group 栏中选择 TTL,Family 栏中选取 74LS 系列,并在 Component 栏中找到“74LS138D”并选中,这就是所需的 3 线 – 8 线译码器,单击“OK”,将 74LS138D 放置在图纸编辑区中。若对引脚不了解,可以双击“74LS138D”,在弹出的属性对话框中单击右下角的“Info”（帮助信息）按钮,调出

74LS138D 的功能表,如图 3.28 所示。

3 线 – 8 线译码器 74LS138D 有三个使能输入端,只有当 $G_1 = 1, \overline{G}_{2A} = \overline{G}_{2B} = 0$ 时,译码器才处于工作状态,否则译码器被禁止,所有输出端均被锁在高电平(正常工作,输出低电平有效)。

在图纸编辑区搭建仿真电路,如图 3.29 所示。输入信号的三位二进制代码由数字信号发生器产生,输入、输出信号波形用逻辑分析仪显示。

双击数字信号发生器,单击控制面板上"SET"设置按钮,打开设置对话框,如图 3.30 所示,选择"Up counter"(递增编码方式),再单击"Accept"按钮;双击逻辑分析仪图标打开逻辑分析仪面板,即可观测到输入、输出信号的对应波形,如图 3.31 所示。

图 3.28　74LS138D 的功能表

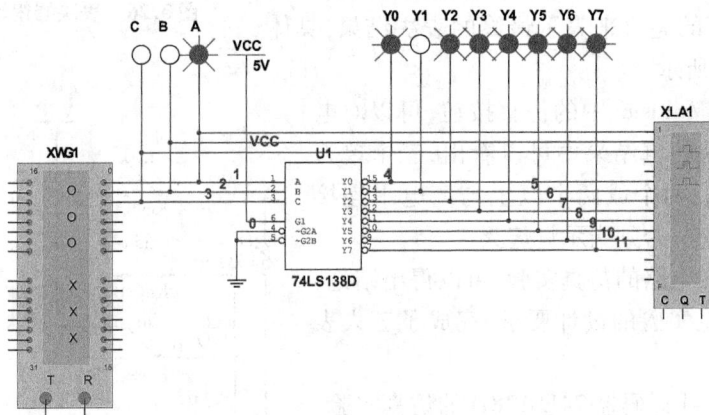

图 3.29　3 线 – 8 线译码器 74LS138D 的仿真电路

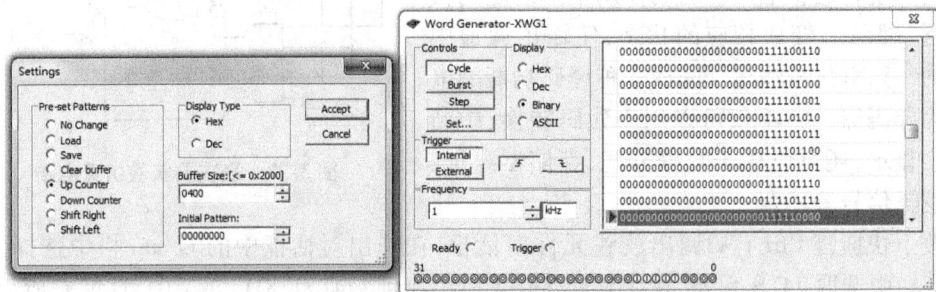

图 3.30　数字信号发生器的设置

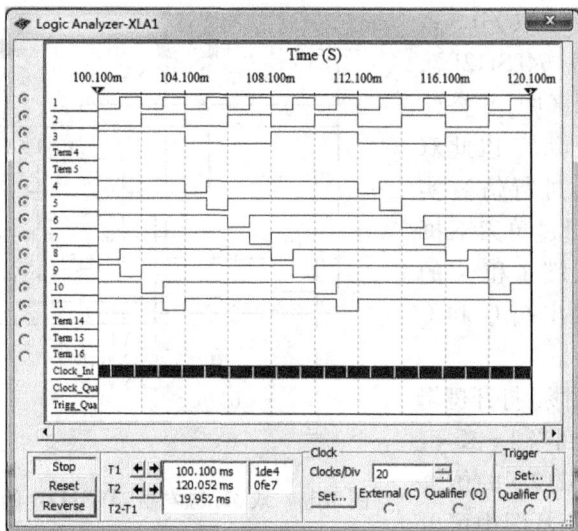

图 3.31　3 线 − 8 线译码器 74LS138D 的仿真波形

3.4.4　触发器仿真实验

触发器是构成时序逻辑电路最基本的存储单元,它具有两个稳定状态,具有高电平(逻辑 1)和低电平(逻辑 0)两种输出状态和"不触不发,一触即发"的工作特点。只有在一定的外部触发信号作用下,触发器才能从原来的稳定状态转变为新的稳定状态。因此,触发器是一种具有记忆功能的电路,可以用来存储二进制信息。

触发器种类很多,按其功能可分为基本 RS 触发器、JK 触发器、D 触发器和 T 触发器等;按电路的触发方式又可分为 SR 锁存器、电平触发的触发器、脉冲触发的触发器、边沿触发的触发器等。

本小节以 JK 触发器为例,进行触发器的逻辑功能仿真实验。JK 触发器在 Multisim 10 系统中分虚拟元件和实际元件两种。虚拟 JK 触发器可以从其他数字元件库(Misc Digital)中的 TIL 系列中选取"JK_FF",如图 3.32 所示。

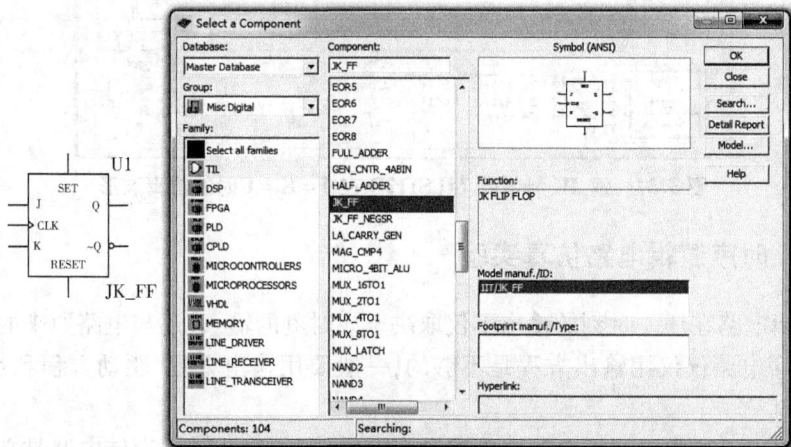

图 3.32　放置虚拟 JK 触发器对话框

在 TTL 元件库中选取 74LS 系列，找到实际 JK 触发器"74LS112D"，将其放置在图纸编辑区中，并搭建仿真电路如图 3.33 所示。以此双 JK 集成触发器为例，进行仿真实验。按下仿真按钮，通过单刀双掷开关改变触发器输入端 J 和 K 的高、低电平值，观察输出端 Q 和 $\overline{Q}$ 的状态变化。

双击逻辑分析仪图标，打开逻辑分析仪面板。可以看到当 J = K = 1 时，双 JK 触发器 74LS112D 的仿真波形，如图 3.34 所示。从图中可以

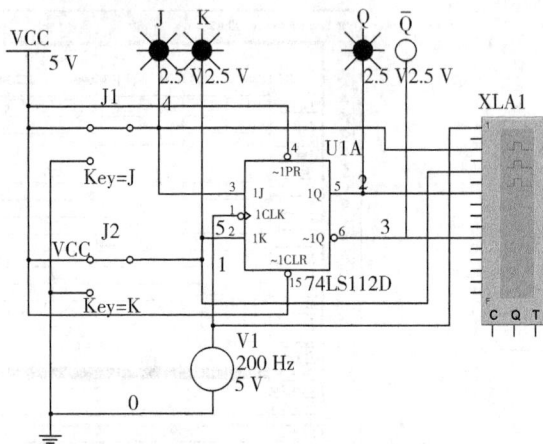

图 3.33　双 JK 触发器 74LS112D 的逻辑功能仿真电路

明显地看到，输出端 Q 和 $\overline{Q}$ 的翻转与时钟脉冲上升沿的对应关系，以及 Q 和 $\overline{Q}$ 与时钟脉冲信号的 2 分频关系。从而验证了双 JK 触发器 74LS112D 的逻辑功能。

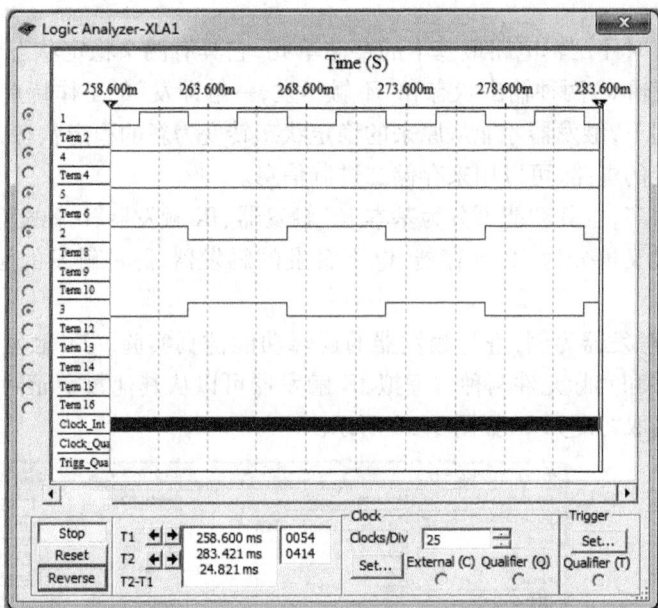

图 3.34　双 JK 触发器 74LS112D 在 J = K = 1 时的仿真波形

3.4.5　时序逻辑电路仿真实验

时序逻辑电路在任一时刻的输出不仅取决于该时刻的输入，还与电路原来的状态有关。因此描述时序电路仅仅用输出方程是不够的，一般要用输出方程、驱动方程和状态方程来描述。

时序逻辑电路通常包括组合逻辑电路和存储电路两部分，其中存储电路是必不可少的。另外，时序逻辑电路的输出由存储电路状态和输入状态共同决定，即存储电路的输出状态必

须反馈到组合电路的输入端,与输入信号一起共同决定组合逻辑电路的输出。常用的时序逻辑集成电路有计数器、寄存器和顺序脉冲发生器等。

本小节以计数器电路为例进行时序逻辑电路的仿真实验。常用的集成计数器有74LS160N,74LS290,74LS293 等。这里选用 74LS160N 集成十进制同步加法计数器来简要说明在 Multisim 10 中的计数器的仿真。在图纸编辑区中搭建如图 3.35 所示的十进制加法计数器电路。

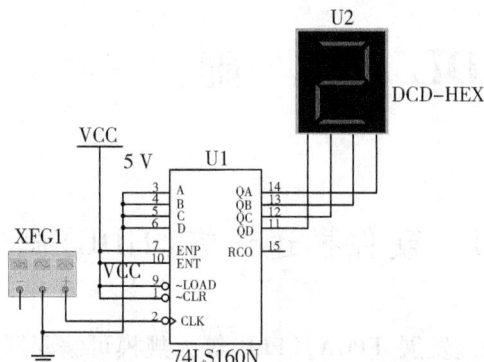

图 3.35　74LS160N 逻辑功能仿真电路

其中 A,B,C,D 是输入端;ENP 和 ENT 是功能控制端;LOAD 是预置计数初值端口;CLR 为清零端;CLK 是时钟脉冲输入端口;QA,QB,QC,QD 是计数输出端;RCO 是进位输出端。当 CLR = LOAD =1,且 ENP = ENT =1 时,按照四位二进制码进行同步十进制计数。而当 CLR = LOAD =1,且 ENP = ENT =0 时,计数器状态保持不变。单击仿真按钮,进行电路仿真,可以在七段数码管上清楚地看到 74LS160N 的计数过程,从而验证了十进制计数器的仿真结果。

针对 74LS160N 的不同应用,在图纸编辑区中搭建如图 3.36 所示电路。通过对电路的仿真可以发现,当单刀双掷开关搭在高、低电平不同位置的时候,电路所实现的功能不同。当开关打在低电平位置时,数码管上显示从 4 到 9 计数,即实现的是一个六进制计数器;而当开关打在高电平位置时,数码管上显示从 2 到 9 计数,实现的是一个八进制计数器。

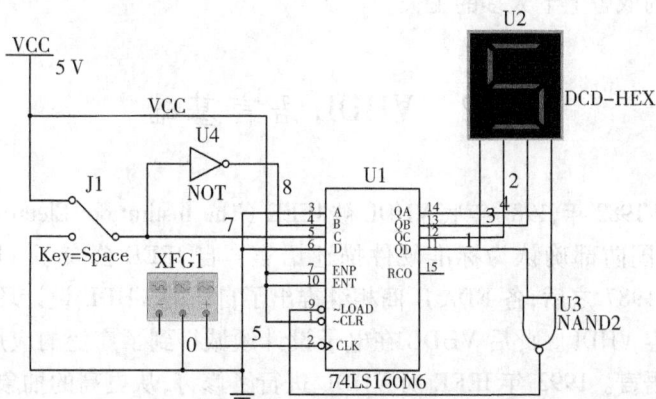

图 3.36　进制可调计数器仿真电路

第4章

HDL 基 础

4.1 硬件描述语言(HDL)概述

随着半导体工艺的快速发展,FPGA,CPLD 等大规模可编程器件在数字系统的设计过程中得到了越来越广泛的应用,设计的规模和功能变得更加庞大和复杂,传统的电路图设计方法已不适合系统设计的要求,因此便于传递、交流、保存、修改、设计灵活的硬件描述语言得到了设计工程师们的广泛使用,大大提高了设计效率。

现在硬件描述语言种类有很多,例如 VHDL(VHSIC Hardware Description Language,其中 VHSIC 是 Very High Speed Integrated Circuit 的缩写),Verilog HDL,AHDL,System C,Handel C,System Verilog,System VHDL 等。其中 VHDL 和 Verilog HDL 的应用比较广泛,其他的 HDL 尚在发展阶段。

VHDL 和 Verilog HDL 各具优势。VHDL 的语法严谨,因此描述起来较为繁琐,但是为了避免设计中的一些问题,VHDL 也是不错的选择。Verilog HDL 语法宽松,因此在描述中容易出现一些问题,而且同一设计在不同的 EDA 平台下可能会出现不同的结果;但Verilog HDL 的语言风格是从 C 语言继承过来的,因此有 C 语言基础的初学者学习 Verilog HDL 也是一个不错的选择。对于一般的设计,两种语言都可以满足设计的要求。因此,建议初学者不要在两种语言的取舍上下太多的工夫。

4.2 VHDL 语言基础

VHDL 诞生于 1982 年,1987 年底 VHDL 被 IEEE (The Institute of Electrical and Electronics Engineers)和美国国防部确认为标准硬件描述语言。自 IEEE 公布了 VHDL 的语法标准 IEEE STD 1076—1987 之后,各 EDA 厂商相继推出了自己的 VHDL 设计环境或宣布自己的设计工具可以兼容 VHDL。此后 VHDL 在电子设计领域得到了广泛的应用,并取代了一些原始的硬件描述语言。1993 年 IEEE 对 VHDL 进行了修订,从更高的抽象层次和系统描述能力上扩展了 VHDL 的内容,并公布了新的语法标准 IEEE STD 1076—1993。VHDL 作为 IEEE 的工业标准硬件描述语言又得到了众多 EDA 公司的支持,在电子工程领域已成为事实上的通用硬件描述语言。

4.2.1　VHDL 程序的基本结构

一个完整的 VHDL 程序包括实体(Entity)、结构体(Architecture)、库(Library)、程序包(Package)、配置(configuration)五个部分。其中主要部分及其作用如图 4.1 所示。

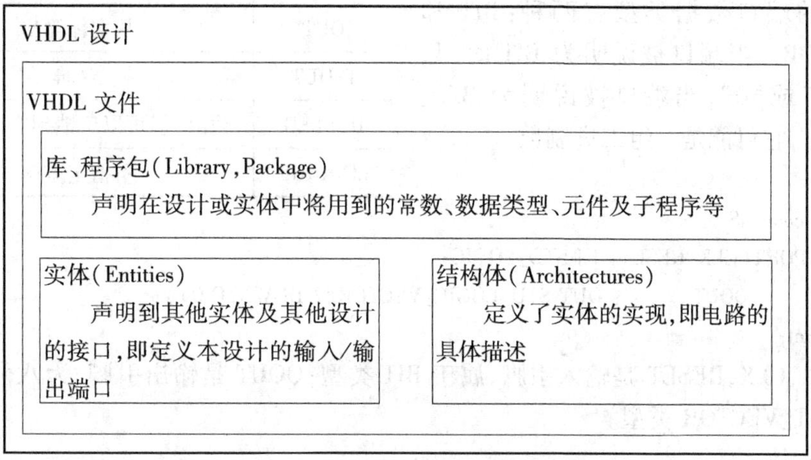

图 4.1　VHDL 语言的基本结构

一个完整的 VHDL 设计必须包括一个实体和一个与之对应的结构体。一个实体可对应多个结构体。

以 2 输入端与非门为例,讲解 VHDL 的基本构件:

```
LIBRARY ieee;                   --库、程序包调用
USE ieee. std_logic_1164. all;
entity andn2 is                 --实体
        port(     a,b: in std_logic;
                  y: out std_logic);
        end andn2;
architecture behave Of andn2 is --结构体
Begin
        y < = a nand b;
End behave;
```

1. 实体

实体中定义了该设计所需的输入/输出信号,信号的输入/输出类型称为端口模式,同时,实体中还定义了它们的数据类型。

实体说明的结构如下(VHDL 语言中不区分大小写):

```
ENTITY   实体名 IS
[端口说明]
    END   实体名;
```

端口说明对实体中输入/输出端口进行描述,格式如下:

```
PORT(端口名,端口名…:端口方向 数据类型;
              ⋮
    端口名,端口名…:端口方向 数据类型);
```

端口名为输入、输出引脚的名称,一般由几个英文字母组成。端口方向定义引脚是输入还是输出,见表4.1所示。

常用的端口数据类型有两种:BIT 和 BIT_VECTOR。当端口被说明为 BIT 时,只能取值"1"或"0";当端口被说明为 BIT_VECTOR 时,它可能是一组二进制数。

表4.1 端口方向定义

方向	说明
IN	输入到实体
OUT	从实体输出
INOUT	双向
BUFFER	输出(但可以反馈到实体内部)
LINKAGE	不指定方向

例:

```
ENTITY count IS
    PORT(CLK,RESET:IN STD_LOGIC;
        QOUT       : OUT STD_LOGIC_VECTOR(7 DOWNTO 0));
END count;
```

本例中,CLK,RESET 是输入引脚,属于 BIT 类型;QOUT 是输出引脚,为八位二进制数据,属于 BIT_VECTOR 类型。

2. 结构体

结构体具体指明了系统内部的结构和行为,定义了实体的功能,规定了所设计实体的数据流程,指明了实体内部元件的连接关系,每个实体都有一个或一个以上的结构体。

结构体格式如下:

```
ARCHITECTURE  结构体名 OF 实体名 IS
[信号声明语句]; -- 内部信号,常数,数据类型,函数等的定义
BEGIN
[功能描述语句]; -- 用于描述设计的功能
END  结构体名;
```

结构体描述实体的行为,包括两类语句:

① 并行语句:并行语句总是在进程语句(PROCESS)的外部,该语句的执行与书写顺序无关,总是被同时执行。例如:布尔方程语句、条件赋值语句。

② 顺序语句:顺序语句总是在进程语句(PROCESS)的内部,从仿真的角度,该语句是顺序执行的。例如:IF-THEN-ELSE 语句和 CASE-WHEN 语句。

一个结构体可能包含几个类型的子结构描述:PROCESS 描述(进程描述),BLOCK 描述(块描述),SUBPROGRAMS 描述(子程序描述)。

(1) 进程(PROCESS)描述

在 PROCESS 中的语句是顺序执行的,所以 PROCESS 中的语句可以用于时序电路的仿真。当 PROCESS 中敏感信号发生变化时,PROCESS 中的语句就会执行一遍。可以把 PROCESS 处理的过程相当于一个中断信号的处理,中断子程序就是 PROCESS 中运行的部分,也可以作为时钟脉冲的输入,每个时钟脉冲均要运行一次的进程。进程描述的格式如下:

```
[进程名]:PROCESS(敏感信号1,敏感信号2……)
    BEGIN
```

$\vdots$

END PROCESS 进程名；

例：

```
PROCESS(input)                     -- 进程(敏感信号)
BEGIN
    if( input(0) = '0') then        -- 顺序语句
      y < = "11";
    elsif ( input(1)  = '0') then
      y < = "10";
    elsif ( input(2)  = '0') then
      y < = "01";
    elsif ( input(3) = '0') then
      y < = "00";
    end if;
END PROCESS;
```

另外还有一种不带敏感信号的 PROCESS 语句，因为应用不多不再详述。

（2）BLOCK 语句描述

块语句是并行语句结构，其内部也由并行语句构成。块语句本身没有特殊的功能，只是将一些并行语句放在一起，使程序更加清晰、有层次，便于调试。使用 BLOCK 语句描述的格式如下。

```
块名:BLOCK
    BEGIN
       :
    END BLOCK 块名;
```

例：二选一电路

```
        ENTITY mux IS
        PORT (d0,d1,sel: IN BIT;
              q: OUT BIT);
        END mux;
        ARCHITECTURE behave OF mux IS
        SIGNAL tmp1,tmp2,tmp3: BIT;
        BEGIN
          B_name: BLOCK            -- 块(B_name 为块名)
            BEGIN
              tmp1 < = d0 AND sel;
              tmp2 < = d1 AND (NOT sel);
              tmp3 < = tmp1 OR tmp2;
              q < = tmp3;
            END BLOCK B_name;
        END behave;
```

在程序仿真时，BLOCK 中的语句是并行执行的，与书写顺序无关，这一点和结构体中直接写的语句是一样的。

（3）子程序（SUBPROGRAMS）描述

子程序由过程（PROCEDURE）和函数（FUNCTION）组成。函数只能用以计算数值，而不能改变与函数相关参量的值，因此，函数的参量只能是输入的信号与常量，且只能有一个返回值。过程的参量可以为输入、输出、输入输出方式。过程能返回多个变量。

① 过程的格式：

```
PROCEDURE 过程名(参数1,参数2……) IS
  [定义变量语句]；
BEGIN
  [顺序处理语句]；
END 过程名；
```

在过程中，语句是顺序执行的。

例：对具有双向模式变量 value 的值作数据转换运算

```
PROCEDURE prg1(VARIABLE value:INOUT BIT_VECTOR(0 TO 3)) IS
BEGIN
    CASE value IS
        WHEN "0000" = > value: "0101" ;
        WHEN "0101" = > value: "0000" ;
        WHEN OTHERS = > value: "1111" ;
    END CASE ;
END PROCEDURE prg1 ;
```

② 函数的格式：

```
FUNCTION 函数名(参数1,参数2……) RETURN 数据类型名 IS
  [定义变量语句]；
BEGIN
  [顺序处理语句]；
RETURN [返回变量名]；
END 函数名；
```

在 VHDL 语言中函数的参数都是输入信号。

例：返回两数中较小的数

```
FUNCTION Min(x, y : INTEGER) RETURN INTEGER IS
BEGIN
  IF x < y THEN
        RETURN x;
  ELSE
        RETURN y;
  END IF;
END Min;
```

函数和过程可以在结构体的说明域中定义，在这种方式下同时包含了函数和过程的说明和定义。另外，也可以在程序包的说明和包体中，分别输入函数的说明和定义，并将其编译到库中以便在其他设计中使用他们。在函数和过程中，所有语句都必须是顺序语句，并且不能在其中说明信号。

3. 库与程序包

（1）库（Library）

库存放已经编译的实体、结构体、包集合和配置，库可由用户生成或由 ASIC 芯片制造商提供，以便在设计中为大家所共享。VHDL 的库分为两种类型：一种是设计库，一种是资源库。设计库可以直接调用，一般包括 STD 库和 WORK 库。STD 库包括 STANDARD 和 TEXTIO 两个程序包；WORK 库是 VHDL 语言的工作库，设计者在项目设计中的一些设计单元和程序包都放在 WORK 库中，该库用于保存当前正在进行的设计，是项目开发过程中各种 VHDL 工具处理设计文件的地方。资源库是除了 STD 和 WORK 之外的其他库，其中的有些库是被 IEEE 所认可的，称为 IEEE 库，VHDL 工具厂商及 EDA 工具公司都有自己的资源库，这样可以丰富工具种类和元件的类型，增加 IP 模块的可重复利用率，用户也可以自己建立库文件，以重复利用以往的设计。

使用库的方法是在该设计项目的开头声明选用的库名，用 USE 语句声明选中的库及程序包，一个 VHDL 语言的设计可以调用多个库，这样就可以重复利用其他人或其他公司设计的模块。

例：

LIBRARY IEEE ;

USE IEEE. STD_LOGIC_1164. ALL ;

该例说明要使用 IEEE 库中的 1164 包中所有项目。

（2）程序包（Package）

通常在一个实体中对数据类型、常量等进行的说明只可以在一个实体中使用。为了使这些说明可以在其他实体中使用，VHDL 提供了程序包结构，包中罗列了 VHDL 中用到的信号定义、常数定义、数据类型、元件语句、函数定义和过程定义，程序包是一个可编译的设计单元，也是库结构中的一个层次，使用包时可以用 USE 语句说明，例如：

USE IEEE. STD_LOGIC_1164. ALL；

程序包分为包头和包体，包头中列出所有项的名称，而包体给出各项的具体细节。

包头的格式如下：

PACKAGE 包名 IS

　　［说明语句］；

END 包名；

包体的格式如下：

PACKAGE BODY 包名 IS

　　［说明语句］；

END 包名；

（3）配置（Configuration）

配置（Configuration）用于从库中选取所需单元来组成系统设计的不同版本，配置语句描述了层与层之间的连接关系以及实体与结构体之间的连接关系。设计者可以利用这种配置语句来选择不同的结构体，使其与要设计的实体相对应。

4.2.2　VHDL 语言要素

1. 信号、常数和变量

（1）信号

信号是一个全局量，可以用于进程之间的通信，通常可以认为是电路中的一根线，除了没有方向的概念以外，其他的特性几乎与端口一致。

信号声明语句的一般格式：

SIGNAL 信号名:数据类型:=初值;

例：

SIGNAL temp : STD_LOGIC := 0 ;

SIGNAL flaga flagb : BIT ;

SIGNAL data : STD_LOGIC_VECTOR(15 DOWNTO 0) ;

SIGNAL a : INTEGER RANGE 0 TO 15;

此例中第一组定义了一个单值信号 temp，数据类型是标准位 STD_LOGIC，信号初始值为低电平;第二组定义了两个数据类型为位（BIT）的信号 flaga 和 flagb;第三组定义了一个位矢量信号，或者说是，总线信号或数组信号，数据类型是标准位矢量 STD_LOGIC_VEC-TOR，矢量长度为16;最后一组定义信号 a 的数据类型是整数，变化范围为 0 至 15。

信号赋值语句的一般格式 1：

目标信号名 < = 表达式

其中" < ="表示对信号的直接赋值，可用来指定信号的初始值，不产生延时。

例：

x < =9;

carry < = a AND b;

信号赋值语句的一般格式 2：

目标信号名 < = 表达式 AFTER 时间表达式;

其中" < ="表示信号的代入赋值，是信号之间的传递，时间表达式用于指定延迟时间。如果省略 AFTER 语句，则延迟时间取默认值。

例：

s1 < = s2 AFTER 10ns;

（2）常数

常数可以在数字电路中代表电源、地线等，它的描述格式为：

CONSTANT 常数名:数据类型:=初值;

例：

CONSTANT fbus : BIT_VECTOR := "010110" ;   -- 位矢量数据类型

CONSTANT Vcc : REAL := 5.0 ;   -- 实数数据类型

CONSTANT dely : TIME := 25ns ;   -- 时间数据类型

（3）变量

变量可以代表某些数值，只能在进程、函数和过程中使用，一旦赋值立即生效。

变量声明语句的一般格式：

VARIABLE 变量名:数据类型:=初始值

例：

VARIABLE x, y: INTEGER;

VARIABLE n: INTEGER RANGE 0 TO 100:=10;

其中,变量 x,y,n 为整数类型,RANGE 0 TO 100：=10 是对 INTEGER 的限制,即 n 取值范围在 0 ~ 100 之间,且初值为 10。

变量赋值语句的语法格式如下：

目标变量名：= 表达式

例：

```
VARIABLE x y : REAL ;
VARIABLE a b : BIT_VECTOR(0 TO 7) ;
x : = 100.0 ;                        -- 实数赋值,x 是实数变量
y : = 1.5 + x ;                      -- 运算表达式赋值,y 也是实数变量
a : = b ;
a : = "1010101" ;                    -- 位矢量赋值,a 的数据类型是位矢量
a (3 TO 6) : = ('1' '1' '0' '1') ;   -- 段赋值,注意赋值格式
a (0 TO 5) : = b (2 TO 7) ;
a (7) : = '0' ;                      -- 位赋值
```

2. 标准数据类型

(1) 整数(INTEGER)数据类型范围：$-2\,147\,483\,647 \sim 2\,147\,483\,647$,即 $[-(2^{31}-1),(2^{31}-1)]$。

(2) 实数(REAL)数据类型范围：$[-1.0E+38,1.0E+38]$,书写时一定要有小数。

(3) 自然数(NATURAL)和正整数(POSITIVE)数据类型：自然数是整数的一个子类型,非负的整数即零和正整数；正整数也是整数的一个子类型,它包括整数中非零和非负的数值。

(4) 位(BIT)数据类型：在数字系统中,信号经常用位值表示,位值用带单引号的'1'和'0'来表示。

(5) 位矢量(BIT_VECTOR)数据类型：位矢量是用双引号括起来的一组位数据,如："010101"。

(6) 布尔(BOOLEAN)数据类型："真(TRUE)"和"假(FALSE)"两个状态,只能进行逻辑运算。

(7) 字符(CHARACTER)数据类型：字符通常用单引号括起来,对大小写敏感,如'B'不同于'b'。

(8) 字符串(STRING)数据类型：字符串是用双引号括起来的一串字符,如"abcd"。

(9) 时间(TIME)数据类型：时间的单位有 fs,ps,ns,μs,ms,sec,min,hr,如 10 ns。

(10) 错误等级(SEVERITY LEVEL)：用来表示系统的状态,它共有四种,即 NOTE(注意),WARNING(警告),ERROR(错误)和 FAILURE(失败)。

3. IEEE 预定义标准逻辑位与矢量

在 IEEE 库的程序包 STD_LOGIC_1164 中定义了两个非常重要的数据类型,即标准逻辑位 STD_LOGIC 和标准逻辑矢量 STD_LOGIC_VECTOR。

(1) 标准逻辑位(STD_LOGIC)数据类型

以下是定义在 IEEE 库程序包 STD_LOGIC_1164 中的数据类型,STD_LOGIC 的定义如下所示。

```
TYPE STD_LOGIC IS (   'U' -- 未初始化的
                      'X' -- 强未知的
```

'0' -- 强0

'1' -- 强1

'Z' -- 高阻态

'W' -- 弱未知的

'L' -- 弱0

'H' -- 弱1

'-' -- 忽略）；

（2）标准逻辑矢量（STD_LOGIC_VECTOR）数据类型

STD_LOGIC_VECTOR 类型定义如下：

TYPE STD_LOGIC_VECTOR IS ARRAY（NATURAL RANGE < >）OF STD_LOGIC；

显然 STD_LOGIC_VECTOR 是定义在 STD_LOGIC_1164 程序包中的标准一维数组。数组中的每一个元素的数据类型都是以上定义的标准逻辑位 STD_LOGIC。在使用中给标准逻辑矢量 STD_LOGIC_VECTOR 数据类型的数据对象赋值的方式与普通的一维数组ARRAY是一样的，即必须严格考虑位矢量的宽度。同位宽、同数据类型的矢量间才能进行赋值。

4．其他预定义标准数据类型

（1）无符号数据类型（UNSIGNED TYPE）

UNSIGNED 数据类型代表一个无符号的数值。在综合器中这个数值被解释为一个二进制数，这个二进制数的最左位是其最高位。如十进制的 8 可以表示为：UNSIGNED'（"1000"）。

例：

VARIABLE var：UNSIGNED(0 TO 10)；-- var 是一个无符号的十一位二进制变量。

（2）有符号数据类型（SIGNED TYPE）

SIGNED 数据类型表示一个有符号的数值。综合器将其解释为补码，此数的最高位是符号位。例如：SIGNED'（"0101"）代表 +5 ；SIGNED'（"1011"）代表 -5。

例：

VARIABLE var SIGNED(0 TO 10)；-- var 是一个有符号的十一位二进制变量，最高位是符号位。

5．用户定义的数据类型

除了上述一些标准的预定义数据类型外，VHDL 还允许用户自行定义新的数据类型。由用户定义的数据类型可以有多种，如枚举型（Enumeration Types）、整数型（Integer Types）、数组型（Array Types）、记录型（Record Types）、时间型（Time Types）、实数型（Real Types）等。用户自定义数据类型是用类型定义语句 TYPE 和子类型定义语句 SUBTYPE 实现的。

用户定义数据类型的一般格式：

TYPE 数据类型名 IS 数据类型定义 OF 基本数据类型

TYPE 数据类型名 IS 数据类型定义

SUBTYPE 子类型名 IS 基本数据类型 RANGE 约束范围

（1）枚举型（Enumerat ION）

格式：TYPE 数据类型名 IS(元素1,元素2……)；

例：

TYPE m_state IS（state1 state2 state3 state4 state5）；

SIGNAL present_state , next_state : m_state；

在这里信号 present_state 和 next_state 的数据类型定义为 m_state，它们的取值范围是可枚举的，即从 state1 至 state5 共五种。

（2）整数型（Integer）和实数型（Real）

格式：TYPE 数据类型名 IS 数据类型定义 约束范围；

例：

SUBTYPE digits IS INTEGER RANGE 0 to 9；

TYPE current IS REAL RANGE $-1.0E4$ TO $1.0E4$；

（3）数组型（ARRAY）

格式：TYPE 数组名 IS ARRAY（数组范围）OF 数据类型；

其中，数组范围是指数组元素的数量和排列方式，并以整数形式表示数组的下标。

例：

TYPE stb IS ARRAY（7 DOWNTO 0）of STD_LOGIC；

这个数组类型的名称是 stb，它有八个元素，下标排序是 7～0。

（4）记录型（RECORD）

记录型与数组型都属于数组。由相同数据类型的对象元素构成的数组称为数组型的对象，由不同数据类型的对象元素构成的数组称为记录型的对象。

格式：TYPE 数据类型名 IS RECORD

　　　　　元素名：数据类型名；
　　　　　　　⋮
　　　　　元素名：数据类型名；

END RECORD；

例：

TYPE bank IS RECORD

addr0：STD_LOGIC_VECTOR（7 DOWNTO 0）；

addr1：STD_LOGIC_VECTOR（7 DOWNTO 0）；

r0：INTEGER；

END RECORD；

（5）时间型（TIME）

格式：TYPE 数据类型名 IS 范围；

　　　　　UNITS 基本单位；

　　　　　单位；

　　　　　END UNITS；

例：

TYPE time RANGE $-$1E18 TO 1E18

UNITS

fs；

ps = 1000 fs；

ns = 1000 ps；

μs = 1000 ns；

ms = 1000 μs；

```
sec = 1000 ms;
min = 60 sec;
hr = 60 min;
END UNITS;
```

6. 数据类型的转换

VHDL 语言中,不同类型的数据之间不能直接进行运算和赋值。通常程序包提供转换函数。转换函数见表4.2所示。

表4.2 数据类型转换函数表

函数	说明
STD_LOGIC_1164 包	
TO_STDLOGICVECTOR(A)	由 BIT_VECTOR 转换成 STD_LOGIC_ VECTOR
TO_BITVECTOR(A)	由 STD_LOGIC_VECTOR 转换成 BIT_ VECTOR
TO_LOGIC(A)	由 BIT 转换成 STD_LOGIC
TO_BIT(A)	由 STD_LOGIC 转换成 BIT
STD_LOGIC_ARITH 包	由 INTEGER,UNSIGNED 和 SIGNED 转换成
CONV_STD_LOGIC_VECTOR(A,位长)	STD_LOGIC_VECTOR
CONV_INTEGER(A)	由 UNSIGNED 和 SIGNED 转换成 INTEGER
CONV_UNSIGNED(A)	由 INTEGER 和 SIGNED 转换成 UNSIGNED
STD_LOGIC_UNSIGNED 包	
CONV_INTEGER(A)	由 STD_LOGIC_VECTOR 转换成 INTEGER

例:

```
SIGNAL A:INTEGER RANGER 0 TO 15;
SIGNAL B:STD_LOGIC_VECTOR(3 DOWNTO 0);
B < = CONV_STD_LOGIC_VECTOR(A,4);
```

上例完成了把 INTEGER 数据类型的信号 A 转换为 STD_LOGIC_VECTOR 数据类型,并把数值赋给 B。

7. 运算操作符

VHDL 为构造计算数值的表达式提供了许多预定义运算符。预定义运算符可分为四种类型:算术运算符,关系运算符,逻辑运算符与连接运算符。VHDL 语言中的运算操作符如表4.3所示。

操作运算符是有优先顺序的,其优先顺序仅在同一行的程序中优先,不同行的程序是同时进行的。但为了阅读方便应尽可能加些括号来表明各种运算的顺序。

表 4.3　VHDL 语言的运算操作符

类型	操作符	功能	操作数据类型
算数运算符	+	加	整数
	–	减	整数
	&	并置	一维数组
	*	乘	整数和实数
	/	除	整数和实数
	MOD	取模	整数
	REM	取余	整数
	SLL	逻辑左移	BIT 或布尔型一维数组
	SRL	逻辑右移	BIT 或布尔型一维数组
	SLA	算数左移	BIT 或布尔型一维数组
	SRA	算数右移	BIT 或布尔型一维数组
	ROL	逻辑循环左移	BIT 或布尔型一维数组
	ROR	逻辑循环右移	BIT 或布尔型一维数组
	* *	指数	整数
	ABS	取绝对值	整数
关系运算符	=	等号	任何数据类型
	/ =	不等号	任何数据类型
	<	小于	枚举与整数及对应的一维数组
	>	大于	枚举与整数及对应的一维数组
	< =	小于等于	枚举与整数及对应的一维数组
	> =	大于等于	枚举与整数及对应的一维数组
逻辑运算符	AND	逻辑与	BIT,BOOLEAN,STD_LOGIC
	OR	逻辑或	BIT,BOOLEAN,STD_LOGIC
	NAND	逻辑与非	BIT,BOOLEAN,STD_LOGIC
	NOR	逻辑或非	BIT,BOOLEAN,STD_LOGIC
	XOR	逻辑异或	BIT,BOOLEAN,STD_LOGIC
	NXOR	逻辑异或非	BIT,BOOLEAN,STD_LOGIC
	NOT	逻辑非	BIT,BOOLEAN,STD_LOGIC
正负运算符	+	正	整数
	–	负	整数

4.2.3　VHDL 的常用语句

1. 顺序描述语句

顺序描述语句只能用在进程和子程序中,它和其他高级语言一样,是按照语句出现的顺序执行的。

（1）if 语句

格式:if 条件 then

　　　　　顺序执行语句;

　　elsif 条件 then

　　　　　顺序执行语句;

　　else

顺序执行语句；

      end if；

例：

if（en = ′1′）then

    dout < = din；

else

    dout < = "ZZZZZZZZ"；

end if；

（2）case 语句

格式：case 表达式 is

    when 条件表达式 = >顺序处理语句；

      end case；

其中 when 的条件表达式可以有四种形式：

    ① when 常数值 = >顺序处理语句；

    ② when 常数值|常数值|常数值|……|常数值 = >顺序处理语句；

    ③ when 常数值 TO 常数值 = >顺序处理语句；

    ④ when others = >顺序处理语句；

当 case 和 is 之间的表达式取值满足指定的条件表达式时，程序执行由" = >"所指的顺序语句。在 case 语句中条件表达式的值必须取全且不能重复，不能取全的表达式的值用 OTHERS 表示。

例：

case sel is

    when "00" = >y < = d(0)；

    when "01" = >y < = d(1)；

    when "10" = >y < = d(2)；

    when "11" = >y < = d(3)；

    when others = >y < = "X"；

    end case；

（3）信号赋值语句

格式：信号赋值目标 < = 赋值源；

例：

a < = b；

s1 < = ′1′；

（4）变量赋值语句

格式：变量赋值目标：= 赋值源

例：

v1 := ′1′；

（5）LOOP 语句

格式一：[标号]：FOR 循环变量 IN 离散范围　LOOP

      顺序处理语句；

      END LOOP [标号]；

格式二:[标号]:WHILE 条件 LOOP

　　　　　　顺序处理语句;

　　　　　　END LOOP [标号];

在该语句中,如果条件为真,则进行循环,否则结束循环

例:

```
FOR n IN 0 TO 7 LOOP
    tmp < = tmp XOR a(n);
END LOOP ;
    y < = tmp;
```

例:

```
WHILE i < 4 LOOP
    b : = a(3 - i) AND b;
    out1(i) < = b;
END LOOP;
```

(6) NEXT 语句

在 LOOP 语句中用 NEXT 语句跳出循环,NEXT 语句用于控制内循环的结束。

格式: NEXT　　　　　　　　　　　　　　-- 第一种语句格式

　　　NEXT LOOP 标号　　　　　　　　　-- 第二种语句格式

　　　NEXT LOOP 标号 WHEN 条件表达式　-- 第三种语句格式

例:

```
NEXT L_x WHEN (e>f);
```

(7) EXIT 语句

EXIT 语句用于结束 LOOP 循环状态。

格式: EXIT　　　　　　　　　　　　　　-- 第一种语句格式

　　　EXIT LOOP 标号　　　　　　　　　-- 第二种语句格式

　　　EXIT LOOP 标号 WHEN 条件表达式　-- 第三种语句格式

例:

```
a_less_then_b < = FALSE ; -- 设初始值
FOR i IN 1 DOWNTO 0 LOOP
  IF (a(i) = '1' AND b(i) = '0') THEN
  a_less_then_b < = FALSE ; -- a > b
EXIT ;
```

(8)WAIT 语句

进程的执行过程包括两种状态:执行或挂起。进程的状态变化受等待语句的控制,当进程执行到等待语句,就被挂起,并等待再次执行进程。

等待语句有以下几种:

　　WAIT　　　　　　　　　　　-- 第一种语句格式

　　WAIT ON 信号表　　　　　　-- 第二种语句格式

　　WAIT UNTIL 条件表达式　　　-- 第三种语句格式

　　WAIT FOR 时间表达式　　　　-- 第四种语句格式(超时等待语句)

第一种语句格式中未设置停止挂起条件的表达式,表示永远挂起;

第二种语句格式称为敏感信号等待语句,在信号表中列出的信号是等待语句的敏感信号;

第三种语句表示当进程执行到该语句时暂停,直到表达式为真时进程将被启动;

第四种语句表示进程暂停一段,等待表达式指定的时间后再启动。

WAIT 语句产生无限等待,WAIT FOR 0ns 语句产生无限循环,此时电路均表现为"死机";而以上四种 WAIT 语句中只有 WAIT UNTIL 语句能够进行逻辑综合,其他均被忽略,因此要慎重使用 WAIT 语句。

例:

```
PROCESS
BEGIN
WAIT UNTIL clk = ′1′;
ave < = a;
WAIT UNTIL clk = ′1′;
ave < = ave + a;
WAIT UNTIL clk = ′1′;
ave < = ave + a;
WAIT UNTIL clk = ′1′;
ave < = (ave + a)/4 ;
END PROCESS ;
```

(9)断言语句(ASSERT)

格式:ASSERT 条件表达式

REPORT 字符串

SEVERITY 错误等级[SEVERITY_LEVEL];

执行到断言语句时,判断条件,若条件满足就继续执行,否则输出文字和错误级别信息。

例:

```
ASSERT (S = ′1′ AND R = ′1′)
REPORT "Both values of signals S and R are equal to ′1′"
SEVERITY ERROR;
```

2. 并发描述语句

(1) 进程语句

在一个结构体中多个 PROCESS 语句可以同时并行执行,该语句有如下特点:

① 可以和其他进程语句同时执行,并可以存取结构体和实体中所定义的信号;

② 进程中的所有语句都按照顺序执行;

③ 为启动进程,在进程中必须包含若干个敏感信号表或 WAIT 语句;

④ 进程之间的通信是通过信号量来实现的。

(2) 并发信号代入语句

在进程中使用带入语句是顺序执行的,但是在进程外使用则是并行语句,相当于一个进程。信号代入语句的右边可以是算数表达式、逻辑表达式或关系表达式。信号代入语句可以用来仿真加法器、乘法器、除法器、比较器等各种逻辑电路。

(3) 条件信号代入语句

条件信号代入语句也是并发语句,它可以将符合条件的表达式代入信号量。

格式:目的信号量 < = 表达式 1 WHEN 条件 1

　　　　ELSE 表达式 2 WHEN 条件 2

　　　　ELSE 表达式 3 WHEN 条件 3

　　　　　　　⋮

　　　　ELSE 表达式 n;

（4）选择信号代入语句

当表达式取不同值时,将信号表达式不同的值代入目标信号量。

格式:WITH 表达式 SELECT

　　　目的信号量 < = 表达式 1 WHEN 条件 1

　　　　　　　表达式 2 WHEN 条件 2

　　　　　　　　　⋮

　　　　　　　表达式 n WHEN 条件 n;

（5）并行过程调用语句

并行过程调用语句可以作为一个并行语句直接出现在结构体中或块语句中,并行过程调用语句的功能等效于包含了一个过程调用语句的进程。

格式:过程名 关联参量名

例:

PROCEDURE adder(SIGNAL a, b ;IN STD_LOGIC;　　 -- 过程名为 adder

　SIGNAL sum : OUT STD_LOGIC);

　⋮

　adder(a1 b1 sum1) ;　　　　　　　　　　　　 -- 并行过程调用

过程调用语句可以并发执行,但要注意以下问题:

① 并发过程调用是一个完整的语句,在它之前可以加标号;

② 并发过程调用语句应带有 IN,OUT 或 INOUT 的参数,他们应该列在过程名后的括号内;

③ 并发过程调用可以有多个返回值。

4.2.4　VHDL 的保留字

VHDL 的保留字,又称关键字,在 VHDL 语言中有特殊的含义,不能作为标志符出现。此外,不同的综合系统还定义各自的子程序,子程序名也不能作为标志符出现。对于逻辑综合而言,并不是所有的保留字都有意义,以下为 VHDL 的保留字。

Abs	else	nand	then
Access	elsif	new	severity
After	end	next	signal
Alias	entity	nor	subtype
All	exit	null	then
And	file	of	to
Architecture	for	on	transport
Array	function	open	type
Assert	generate	or	units
Attribute	generic	others	util

Begin	guarded	process	use
Block	if	range	variable
Body	in	record	wait
Buffer	inout	register	when
Bus	is	rem	while
Case	label	report	with
Component	library	return	xor
configuration	linkage	select	
Constant	loop	severity	
Disconnect	map	signal	
Downto	mod	subtype	

4.3 Verilog HDL 语言基础

Verilog HDL 语言最初是在 1983 年,由 Gateway Design Automation 公司为其模拟器产品开发的硬件建模语言,那时它只是一种专用语言,由于该公司的模拟、仿真器软件应用比较广泛,因此 Verilog HDL 为越来越多的设计者所青睐。在一次努力增加语言普及性的活动中,Verilog HDL 语言于 1990 年被推向公众领域。Open Verilog International（OVI）是促进 Verilog 发展的国际性组织。1992 年, OVI 决定致力于推广 Verilog OVI 标准成为 IEEE 标准。这一努力最后获得成功,Verilog 语言于 1995 年成为 IEEE 标准,称为 IEEE Std 1364—1995。完整的标准在 Verilog 硬件描述语言参考手册中有详细描述。

4.3.1 Verilog HDL 模块的基本结构

Verilog HDL 模块结构完全嵌在 module 和 endmodule 关键字之间。一个完整的 Verilog HDL 设计模块包括模块声明、端口定义、信号类型声明、逻辑功能定义等四个部分。

例:

```
module FA_Seq (A, B, Cin, Sum, Cout);        // 模块声明
input A, B, Cin;                              // 输入端口定义
output Sum, Cout;                             // 输出端口定义
reg Sum, Cout;                                // 信号类型声明
reg T1, T2, T3;
always@ (A or B or Cin)                       // 逻辑功能定义
  begin
    Sum = (A ^ B) ^ Cin;
    T1 = A & Cin;
    T2 = B & Cin;
    T3 = A & B;
    Cout = (T1 | T2) | T3;
  end
```

endmodule

1. 模块声明

模块声明部分包括模块名字以及模块所有输入/输出端口列表,格式为:

module 模块名(端口1,端口2……);

例:

module module_name(portl, port2……);

2. 端口定义

Verilog HDL 端口的类型有三种:input(输入)、output(输出)和 inout(双向)。在模块名后的端口都应在此处说明其 I/O 类型,说明的格式为:

端口类型 端口名;

例:

input a,b,c;

output x,y;

3. 信号类型声明

Verilog HDL 支持的数据类型有连线型(wire)、寄存器型(reg)、整型(integer)、实型(real)和时间型(time)等。系统默认的变量类型为 1 位 wire 类型。信号类型声明格式为:

数据类型 端口名;

例:

wire   a,b,c;

reg[3:0]   count;

4. 逻辑功能定义

模块中最重要的部分是逻辑功能定义。有三种方法可以在模块中描述逻辑,分别如下所述。

(1) 用 assign 持续赋值语句建模

这种方法的句法很简单,只需在 assign 后加一个方程式即可。assign 语句一般适合于对组合逻辑进行赋值,称为连续赋值方式。

例:

assign Y = A&B;

(2) 用元件例化(instantiate)方式建模

Verilog HDL 提供了一些基本的逻辑门。被调用的元件即为例化元件,用户也可以调用自己定义的模块,被调用的模块称为例化模块。格式为:

门类型关键字 <例化名> (<端口列表>);

例:

and zishe_and4(y,a,b,c,d); // 描述了一个四输入与门 zishe_and4,y 为输出

(3) 用 always 块语句建模

always 块可用于产生各种逻辑,常用于描述时序逻辑。格式为:

always @ (敏感信号或表达式)

当敏感信号或表达式的值发生变化时,执行 always 块内的语句。

例:

always @ (posedge cp)

```
begin
    Y = a&b;
end
```

上述语句描述的功能是:当时钟的上升沿到达时,输入信号 a 和 b 运算后将结果送给 Y。posedge 为一个关键字,表明该时序逻辑电路是上升沿触发的,下降沿触发的时序逻辑电路用 negedge 表示。

4.3.2 Verilog HDL 语言的词法

Verilog HDL 的源文本文件是由一串词法符号构成的,这些词法符号包括空白符、注释符、常数、字符串、标识符、关键字和操作符等。

1. 空白符和注释

空白符主要有空格、TAB 键、换行符、换页符。其主要作用是分隔其他字符。合理使用空白符,可以加强程序的条理性与可读性。空白符在编译时是可以被忽略的。但是在字符串中空格和 TAB 键会被认为是有意义的字符。

Verilog HDL 有两种注释形式:行注释和段注释。行注释只能注释单行,以"//"起始,以新一行结束;段注释可注释一段程序,以"/ *"起始,以" */"结束。段注释不能嵌套,且段注释中单行注释标识符无特殊意义。

2. 常数

Verilog HDL 有下列四种基本的值:

① 0:低电平、逻辑 0 或假状态;

② 1:高电平、逻辑 1 或真状态;

③ x:不确定或未知的逻辑状态;

④ z:高阻态。

x 和 z 都是不分大小写的,z 也可以写成"?",Verilog HDL 中的常量是由以上这四类基本值组成的。

(1) 整数

在 Verilog HDL 中,整数有四种进制表示形式:b 或 B(表示二进制整数)、o 或 O (表示八进制整数)、d 或 D(表示十进制整数)、h 或 H (表示十六进制整数)。

完整的整数格式有以下三种:

<位宽>′<进制符号> <数值>	// 全面的描述方式
′<进制符号> <数值>	// 采用默认位宽,默认 32 位
<数值>	// 默认进制为十进制

例: 4′b010z   // 四位二进制数,最低位为高阻态

         ′h85   // 十六进制数 85

         25   // 十进制数 25

若要表示负数,在位宽表达式前加一负号。

例: $-8′d2$ // 用八位二进制表示十进制数 2 的补码

下画线可分隔数值表达式以提高程序可读性,但不可以用在位宽和进制处。

例: 12′b1010_1011_1111

（2）实数

① 十进制表示,由数字和小数点组成。

例:

53.2

② 科学计数法表示,由数字与字符 e 组成,且字符 e 的前面必须有数字,后面必须有整数,e 不分大小写。

例:

| 82_1.1e1 | // 其值为 8 211,忽略下画线 |

4.7E3　　　　// 其值为 4 700.0

5e－4　　　　// 其值为 0.000 5

3. 字符串

字符串常量是由一对双引号括起来的字符序列,但不能分多行书写。

例:　　"Come Here"

可用反斜线(\)来说明特殊字符。

例:　\n　　　　// 换行符

\t　　　　// 制表符

\\　　　　// 字符" \"本身

\"　　　　// 字符"

\206　　　　// 八进制数 206 对应的 ASCⅡ字符

4. 标识符

标识符是赋给对象的唯一的名字,标识符可以是字母、数字、$ 符和下画线的任意组合。标识符的开头必须是大小写不限的字母或是下画线,不能是数字或 $ 符。

例:　Clk_50M　　　// 正确的标识符

183input　　　// 错误的标识符

5. 关键字

与 VHDL 语言一样,Verilog HDL 也保留了一系列关键字。但只有小写的关键字才是保留字,因此在实际开发中,建议将不确定是否是保留字的标识符首字母大写。例如:标识符 if(关键字)与标识符 IF 是不同的。

Verilog HDL 中的关键字如下(注意只有小写时为关键字):

always	and	assign	begin	buf
bufif0	bufif1	case	casex	casez
cmos	deassign	default	defparam	disable
edge	else	end	endcase	endmodule
endfunction	endprimitive	endspecify	endtable	endtask
event	for	force	forever	fork
function	highz0	highz1	if	ifnone
initial	inout	input	integer	join
large	macromodule	medium	module	nand
negedge	nmos	nor	not	notif0

notif1	or	output	parameter	pmos
posedge	primitive	pull0	pull1	pullup
pulldown	rcmos	real	realtime	reg
release	repeat	rnmos	rpmos	rtran
rtranif0	rtranif1	scalared	small	specify
specparam	strong0	strong1	supply0	supply1
table	task	time	tran	tranif0
tranif1	tri	tri0	tri1	triand
trio	trireg	vectored	wait	wand
weak0	weak1	while	wire	wor
xnor	xor			

6. 操作符

操作符也称作运算符,Verilog HDL 中的操作符可以分为下述类型。

(1) 算术操作符

算术操作符有: + (加)、- (减)、* (乘)、/ (除)、% (求余)。其中除法只取整数部分。

例: 8/5   // 结果为 1

求余操作求出与第一个操作符符号相同的余数。

例: 8%5   // 结果为 3

         -8%5   // 结果为 -3

如果算术操作符中的任意操作数是 x 或 z,那么整个结果为 x。

例: A = 'b00x1;B = 'b1101;A + B = 'bxxxx   // 结果为不确定数

(2) 逻辑操作符

逻辑操作符有:&& (与)、|| (或)、! (非)。对于位操作,逻辑操作符与数字电子技术中的与、或、非操作完全一样;对于向量操作,0 向量作为 0 处理,非 0 向量作为 1 处理。

例: A = 'b0000;B = 'b0100;

则 A || B 结果为 1;A && B 结果为 0。

(3) 位运算操作符

位运算操作符有:~ (按位取反)、& (按位与)、| (按位或)、^ (按位异或)、~ ^ 或 ^ ~ (按位同或, ~ ^ 与 ^ ~ 是等价的)。位运算操作使原向量在对应位上按位操作,产生结果向量。若两向量长度不相等,长度较短的在最左侧添 0 补位。

例: A = 'b1101;B = 'b10000;

         A = 'b01101;B = 'b10000;   // A | B 结果均为 'b11101

(4) 关系操作符

关系操作符有:> (大于)、< (小于)、> = (大于等于)、< = (小于等于)。关系操作符的结果为真(1) 或假(0)。如果待比较数中有一位为 x 或 z,那么结果为 x。

例: 63 < 23   // 结果为假(0)

         63 > 4'b11x1   // 结果为真(x)

若两向量长度不相等,长度较短的在最左侧添 0 补位。

例: A = 'b1001;B = 'b00110;

A = ′b01001；B = ′b00110；　　// A > = B 结果为真(1)

(5) 等值操作符

等值关系操作符有：= =(等于)、! =(不等于)、= = =(全等)、! = =(不全等)。操作符的结果为真(1)或假(0)。在等于操作符使用中，如果待比较数中有一位为 x 或 z，那么结果为 x。在全等操作符使用中，值 x 和 z 严格按位比较。

例：　　A = ′b0zx0；B = ′b0zx0； // A = =B 结果值为 x；A = = =B 结果值为 1

若两向量长度不相等，长度较短的在最左侧添 0 补位。

例：　　A = ′b1001；B = ′b01001；

　　　　A = ′b01001；B = ′b01001；　　// A = =B 结果均为真(1)

(6) 缩减操作符

缩减操作符有：&(与)、~ &(与非)、|(或)、~ |(或非)、^(异或)、~ ^(同或)。缩减操作符在单一操作数的所有位上操作，并产生 1 位结果。如果操作符中的任意操作数是 x 或 z，那么整个结果为 x。

例：　　A = ′b0110；　　　　// |A = =1

　　　　B = ′b01x0；　　　　// ^B = =x

(7) 移位操作符

移位操作符有：< <(左移)、> >(右移)。移位操作是进行逻辑移位，移位操作符左侧是操作数，右侧是移位的位数。移位所产生的空闲位由 0 来添补。如果操作符右侧的值为 x 或 z，移位操作的结果为 x。

例：　　A = ′b0110；　　　　// A > >2 结果是 A = ′b0001

(8) 条件操作符

条件操作符有：?:(条件操作符)。

条件操作符的使用格式：

操作数 = 条件 ? 表达式 1:表达式 2；

当条件为真(1)时，操作数 = 表达式 1；当条件为假(0)时，操作数 = 表达式 2。

例：　　y = a? b:c；　　　　// 当 a = 1 时，y = b；当 a = 0 时，y = c

(9) 并接操作符

并接操作符有：{}。

并接操作符的使用格式：

{操作数 1 的某些位,操作数 2 的某些位……操作数 n 的某些位}；

例：

{cout,sum} = ina + inb + inc；// ina,inb,inc 三数相加;数组中 cout 为高位,sum 为低位

(10) 操作符的优先级

Verilog HDL 中的操作符及其优先级顺序如表4.4所示。

表 4.4　操作符的优先级

优先级序号	操作符	操作符名称
1	!，~	逻辑非、按位取反
2	*，/，%	乘、除、求余
3	+，-	加、减
4	<<，>>	左移、右移
5	<，<=，>，>=	小于、小于等于、大于、大于等于
6	==，!=，===，!==	等于、不等于、全等、不全等
7	&，~&	缩减与、缩减与非
8	^，~^	缩减异或、缩减同或
9	|，~|	缩减或、缩减或非
10	&&	逻辑与
11	||	逻辑或
12	?:	条件操作符

为了提高程序的可读性,明确表达各运算符间的优先关系,建议使用圆括号。

7. Verilog HDL 的数据对象

数据对象是用来表示数字电路中的数据存储和传送单元的,Verilog HDL 语言的数据对象包括常量和变量。

(1) 常量

在 Verilog HDL 中,用 parameter 语句来定义常量。其定义格式如下:

　　　　parameter　常量名 1 = 表达式,常量名 2 = 表达式……;

例:　　parameter　a = 5,b = 8'hc0; // 定义 a 为常数 5(十进制),b 为常数 c0(十六进制)

(2) 变量

① 连线型

连线型指输出始终根据输入的变化而更新其值的变量,它一般指的是硬件电路中的各种物理连接。Verilog HDL 中提供了多种连线型变量,具体见表 4.5 所示。

表 4.5　常用的连线型变量及说明

类型	功能说明
wire,tri	连线类型(wire 和 tri 功能完全相同)
wor,trior	具有线或特性的连线(两者功能一致)
wand,triand	具有线与特性的连线(两者功能一致)
tri1,tri0	分别为上拉电阻和下拉电阻
supply1,supply0	分别为电源(逻辑 1)和地(逻辑 0)

wire 型变量是连线型变量中最常见的一种。wire 型变量常用来表示 assign 语句赋值的

组合逻辑信号。Verilog HDL 模块中信号被默认为 wire 型。wire 型变量格式如下 。

a. 定义宽度为 1 位的变量：

  wire 数据名 1,数据名 2……数据名 n；

例： wire a,b;   // 定义了两个宽度为 1 位的 wire 型变量 a,b

b. 定义宽度为 n 位的向量(vectors)：

  wire[n-1:0] 数据名 1,数据名 2……数据名 n；

  wire[n:1] 数据名 1,数据名 2……数据名 n；

例： wire[7:0] a；wire[8:1] b； // 均定义一个八位 wire 型向量

若只使用其中某几位,可直接指明,注意宽度要一致。如：

  wire[7:0] a；

  wire[3:0] b；

  assign a[6:3]=b；   // a 向量的第六位到第三位与 b 向量相等

② 寄存器型

寄存器型变量对应的是具有状态保持作用的电路元件,如触发器、寄存器等。寄存器型变量与连线型变量的根本区别在于,寄存器型变量被赋值后,且在被重新赋值前一直保持原值。寄存器型变量必须放在过程块语句(initial,always)中,通过过程赋值语句赋值。过程块内被赋值的每一个信号都必须定义成寄存器型。

Verilog HDL 有四种寄存器型变量,见表 4.6 所示。

表 4.6　常用的寄存器型变量及其功能说明

类型	功能说明
reg	常用的寄存器型变量
integer	32 位带符号整数型变量
real	64 位带符号整数型变量
time	无符号时间变量

integer,real,time 等三种寄存器型变量都是纯数学的抽象描述,不对应任何具体的硬件电路。reg 型变量是最常用的一种寄存器型变量,下面介绍 reg 型变量。

reg 型寄存器变量格式如下：

  reg 数据名 1,数据名 2……数据名 n；

例： reg a,b；   // 定义两个宽度为一位的 reg 型变量 a,b

向量 reg 型寄存器变量格式如下：

  reg[n-1:0]数据名 1,数据名 2……数据名 n；

  reg[n:1] 数据名 1,数据名 2……数据名 n；

例： reg[7:0] a；reg[8:1] b； // 均定义一个八位 reg 型向量

③ 数组

若干个相同宽度的向量构成数组,reg 型数组变量即为 memory 型变量,即可定义存储器型数据。

例： reg[7:0] mymem[1023:0]；

上面的语句定义了 1 024 个字节,每个字节宽度为八位的存储器。

通常,存储器采用如下方式定义:

    parameter wordwidth = 8,memsize = 1024;

    reg[wordwidth -1:0] mymem[memsize -1:0];

上面的语句定义了一个宽度为八位、1 024 个存储单元的存储器,该存储器的名字是 mymem,若对该存储器中的某一单元赋值的话,采用如下方式:

    mymem[8] = 1;   // mymem 存储器中的第八个单元赋值为 1

4.3.3 Verilog HDL 语言语句

Verilog HDL 的语句包括过程语句、块语句、赋值语句、条件语句、循环语句等。

1. 过程语句

过程语句一般有四种形式,即 initial 语句、always 语句、task 语句和 function 语句。一个程序可以有多条 initial 语句、always 语句、task 语句和 function 语句。

（1）initial 语句

一个 initial 语句沿时间轴只执行一次,在执行完一次后,不再执行。若程序中有两条 initial 语句,则同时从开始并行执行。其格式为:

    initial
      begin
        语句 1;
        语句 2;
        ⋮
      end

例:

    initial
      begin
      a = 'b000000;   // 初始时刻 a 为 0
      #10 a = 'b000001;   // 经 10 个时间单位 a 为 1
      #10 a = 'b000010;   // 经 20 个时间单位 a 为 2
      #10 a = 'b000011;   // 经 30 个时间单位 a 为 3
      #10 a = 'b000100;   // 经 40 个时间单位 a 为 4
      end

（2）always 语句

只要敏感信号被触发 always 语句就可以一直重复执行,语句中的敏感条件可以有多个并且用"or"连接。其格式为:

    always @ （敏感信号表）
      begin
        语句 1;
        语句 2;
        ⋮
      end

敏感信号分为两种:电平型和边沿型。电平型通常是指高低电平的变化,而边沿型是指上升沿(posedge)、下降沿(negedge)。最好不要将这两种敏感信号用在一条 always 语句中。

例：
```
always @ ( a or b or c )        // 电平型敏感信号
   begin
     f = a & b & c;
   end
```

例：
```
always @ ( posedge clk )        // 边沿型敏感信号
   begin
     counter = counter + 1;
   end
```

（3）task 语句

task 语句是包含多个语句的子程序,使用 task 语句可以简化程序结构,增加程序的可读性。task 语句可以接收参数,但不向表达式返回值。格式如下：

```
task 任务名;
端口声明;
信号类型声明;
语句 1;
语句 2;
   ⋮
endtask;
```

例：
```
task add4;
input[3..0]              a,b;
output[3..0]             sum;
input                   ci;
output                  co;
{co,sum} = a + b + ci;
endtask
```

（4）function 语句

其函数的目的是返回一个用于表达式的值。函数的定义格式为：

```
function <返回值位宽或类型说明> 函数名;
端口声明;
信号类型声明;
其他语句;
endfunction
```

<返回值位宽或类型说明>这一项是可选项,如不特别声明默认返回值为一位寄存器类型数据。

例：
```
function[7:0] gefun;
input[7:0] x;
reg[7:0] count;
integer i;
```

```
    begin
      count = 0;
      for( i = 0; i < = 7; i = i + 1)
          if( x[ i] = 1'b0) count = count + 1;
      gefun = count;
    end
  endfunction
```

2. 块语句

块语句为多个语句的组合,它在格式上类似一条语句。有两种类型的块语句:一种是 begin-end 语句,通常用来表示顺序执行语句,用它来标志的块称为顺序块;另一种是 fork-join 语句,通常用来表示并行执行语句,用它来标志的块称为并行块。

(1) 顺序块

顺序块有以下特点:

① 块内的语句是按顺序执行的,即只有上面一条语句执行完后,下面的语句才能执行;

② 每条语句的延迟时间是相对于前一条语句的仿真时间而言的;

③ 直到最后一条语句执行完,程序流程控制才跳出该语句块。

顺序块的格式如下:

```
    begin
    语句1;
    语句2;
      ⋮
    end
```

或

```
    begin:块名
    块内声明语句
    语句1;
    语句2;
      ⋮
    end
```

例:

```
    begin
    a = b;
    c = a;        // c 的值为 b
    end
```

(2) 并行块

并行块有以下四个特点:

① 块内语句是同时执行的,即程序流程控制一进入到该并行块,块内语句就开始同时并行地执行;

② 块内每条语句的延迟时间是相对于程序流程控制进入到块内时的仿真时间;

③ 延迟时间是用来给赋值语句提供执行时序的;

④ 当按时间顺序排在最后的语句执行完后或一个 disable 语句执行时,程序流程控制

跳出该程序块。

并行块的格式如下：

```
fork
语句 1;
语句 2;
  ⋮
join
```

或

```
fork:块名
块内声明语句
语句 1;
语句 2;
  ⋮
join
```

例：

```
fork
                wave = 0;      // 初值为 0 应该加以说明为好
      #50       wave = 1;      // 50 个时间单位后为 1
      #100      wave = 0;      // 100 个时间单位后为 0
      #150      wave = 1;      // 150 个时间单位后为 1
      #200      $ finish;      // 200 个时间单位后结束
join
```

3. 赋值语句

(1) 连续赋值语句

连续赋值语句 assign,主要对 wire 型变量进行赋值。格式如下：

```
assign 变量 = 表达式;
```

例：

```
assign c = a & b;
```

上述语句表明,a,b 的任何变化都将即时地通过 c 反映出来,因此称为连续赋值方式。

(2) 过程赋值语句

过程赋值语句用于对寄存器类型(reg)的变量进行赋值。过程赋值语句有以下两种方式。

① 非阻塞(non_blocking)赋值语句

赋值符号为“ < = ”,如 $b < a$。

非阻塞赋值语句在块结束时才完成赋值操作,即 b 的值并不是立刻就改变的。

例 1：

```
always @ （posedge clk）
begin
m = 2;
n = 25;
n < = m;      // 非阻塞赋值方式
r = n
```

```
end
```

此例中 $r=25$，而不是 2，因为 $n<=m$；是非阻塞赋值方式，要等到本语句块结束之后 n 的值才能改变，也就是说，下一时钟上升沿过后 $r=2$。

② 阻塞(blocking)赋值语句

赋值号为"$=$"，如 $b=a$。

阻塞赋值在该语句结束时就完成赋值操作，即 b 的值在该赋值语句结束后立刻改变。之所以称之为阻塞赋值语句，是因为在一个语句块中，若有多条阻塞赋值语句，前面的赋值语句没有完成时，后面的语句是不能被执行的，就像被阻塞(blocking)一样。

例 2：

```
always @ (posedge clk)
begin
m = 2;
n = 25;
n = m;        // 阻塞赋值方式
r = n;
end
```

此例中 $r=2$，$n=m$；是阻塞赋值方式，这条语句结束时 n 的值已经改变了。

由此可见，例 1 的结果滞后于例 2 一个时钟周期。

为避免两种赋值语句的混淆，初学者最好只熟练掌握一种。若有 C 语言的基础，可先掌握和 C 语言较类似的阻塞赋值语句"$=$"。为避免出错，在同一语句块内，不要将输出重新作为输入使用。如要用阻塞赋值语句实现非阻塞赋值功能，可采用两个"always"块来实现。

例：

```
always @ (posedge clk)
    begin
        m = 2;
        n = 25;
    end
always @ (posedge clk)
    begin
        n = m;
        r = n;
    end
```

4. 条件语句

条件语句主要包括 case 语句和 if 语句，它们都是顺序语句，应放在 always 块中。

（1）if 语句

if 语句是用来判定所给定的条件是否满足，根据判定的结果（真或假）决定执行给出的两种操作之一。if 语句主要有三种形式：

    a. if(表达式)
       语句;
    b. if(表达式)语句 1;

$$else\ 语句\ 2;$$
$$c.\ if(表达式)$$
$$语句\ 1;$$
$$else\ if(表达式)$$
$$语句\ 2;$$
$$\vdots$$
$$else\ 语句\ n;$$

语句可以是单句,也可以是多句,多句时用"begin – end"括起来。如果条件表达式的结果为 x 或 z,按逻辑"假"处理。

例:

```
if(a > b)
    begin
        q1 < = a;
        q2 < = b;
    end
else
    begin
        q1 < = b;
        q2 < = a;
    end
```

（2）case 语句

if 语句只有两个选择,而 case 语句是一种多分支选择语句。case 语句主要有三种形式:

a. case(敏感信号表)　　　　< case 分支项 > endcase

b. casez(敏感信号表)　　　　　< case 分支项 > endcase

c. casex(敏感信号表)　　　　　< case 分支项 > endcase

在 case 语句中,敏感信号与值 1 ~ 值 n 之间的比较是一种全等比较,每一位必须都相等。在 casez 语句中,如果敏感信号的某些位为高阻 z,这些高阻位的比较不作考虑,只需关注其他位的比较结果。在 casex 语句中,进一步扩展到对不确定状态 x 的处理,如果比较双方某些位的值是 x 或 z,这些位的比较也不予考虑。此外,还有另外一种标志 x 或 z 的方式,即用表示无关值的"?"来表示。

例:

```
case(a)
2'b1x:out = 1;      // 只有 a = 1x,才有 out = 1
casez(a)
2'b1x:out = 1;      // 只有 a = 1x,1z,才有 out = 1
casex(a)
2'b1x:out = 1;      // 有 a = 10,11,1x,1z,就有 out = 1
```

5. 循环语句

Verilog HDL 语言用四种循环语句来控制语句的执行次数,分别为 for,repeat,while,forever。

（1）for 语句

for 循环语句与 C 语言的 for 循环语句非常相似,只是 Verilog HDL 语言需要用 $n = n + 1$

的形式,其格式为:

$$for (循环变量初值;循环结束条件;循环变量增值) 执行语句;$$

例:

$$for(n=0;n<8;n=n+1)out=out^a[n]; \qquad // 八位奇偶校验$$

(2) repeat 语句

repeat 语句执行指定循环数,如果循环计数表达式的值不确定,即为 x 或 z 时,那么循环次数按 0 处理,格式为:

repeat(循环次数表达式) 语句;

或　　repeat(循环次数表达式)

　　　　begin

　　　　多条语句;

　　　　end

例:

repeat (size)

　　begin

　　a = b << 1; 　　// b 左移 size 位

end

(3) while 语句

while 语句执行时,首先判断循环执行条件表达式是否为真,若为真,执行循环体中语句。然后,再判断循环执行条件表达式是否为真,直至条件表达式不为真为止。循环体中语句可以是单句,也可以是多句,多句时用"begin – end"括起来。如果表达式条件在开始不为真(包括假、x 以及 z),那么过程语句将永远不会被执行,格式为:

while(循环执行条件表达式) 语句;

或　　while(循环执行条件表达式)

　　　　begin

　　　　多条语句;

　　　　end

例:

while (temp)

　　begin

　　count = count + 1; 　　// 加 temp 次 1

　　end

(4) forever 语句

forever 语句连续执行过程语句。终止语句与过程语句共同使用可跳出循环。在过程语句中必须使用某种形式的时序控制,否则 forever 循环将永远循环下去。forever 语句必须写在 initial 模块中,用于产生周期性波形,格式为:

forever 语句;

或　　forever

　　　　begin

　　　　多条语句;

　　　　end

例：

```
forever
    begin
      if(d) a = b + c;      // d = 1 时 a = b + c,否则 a = 0
    else
      a = 0;
    end
```

6. 语句的顺序执行与并行执行

编写 Verilog HDL 程序时,首先要弄清楚哪些操作是并行执行的,哪些操作是顺序执行的。在 always 模块内,语句按照书写顺序执行。always 模块之间是并行执行的。两个或更多个 always 模块、assign 语句、实例元件等都是并行执行的。

下面的例子说明 always 模块内的语句是顺序执行的。

例：

```
module exl(q,a,clk)          module ex2(q,a,clk)
output q,a;                  output q,a;
input clk;                   input clk;
reg q,a;                     reg q,a;
always @ (posedge clk);      always @ (posedge clk);
    begin                        begin
      q = ~ q;                     q = ~ q;
      a = ~ q;                     a = ~ q;
    end                          end
endmodule                    endmodule
```

ex1 中 q 先取反,取反后再给 a;a,q 的结果始终逻辑反。ex2 中 q 取反后分别给 q,a,它们结果始终是相同的。

如果将上述两句赋值语句分别放在两个"always"模块中,这两个"always"模块放置的顺序对结果并没有影响,因为这两个模块是并行执行的。

例：

```
module exl(q,a,clk);          module ex2(q,a,clk);
output q,a;                   output q,a;
input clk;                    input clk;
reg q,a;                      reg q,a;
always @ (posedge clk)        always @ (posedge clk)
    begin                         begin
      q = ~ q;                      a = ~ q;
    end                           end
always @ (posedge clk)        always @ (posedge clk)
    begin                         begin
      a = ~ q;                      q = ~ q;
    end                           end
endmodule                     endmodule
```

4.4 硬件描述语言设计实例

4.4.1 8-3编码器

1. VHDL 实现

```
library IEEE;
use IEEE.STD_LOGIC_1164.all;
entity encode_vhdl is
  port(
    a : in STD_LOGIC_VECTOR(7 downto 0);
    b : out STD_LOGIC_VECTOR(2 downto 0));
end encode_vhdl;
architecture rtl of encode_vhdl is
begin
  process (a)
  begin
    case a is
      when "00000001" = > b < = "000";
      when "00000010" = > b < = "001";
      when "00000100" = > b < = "010";
      when "00001000" = > b < = "011";
      when "00010000" = > b < = "100";
      when "00100000" = > b < = "101";
      when "01000000" = > b < = "110";
      when "10000000" = > b < = "111";
      when others = > b < = "000";
    end case;
  end process;
end rtl;
```

2. Verilog HDL 实现

```
module encode_verilog (a ,b);
input [7:0] a ;
wire [7:0] a ;
output [2:0] b ;
reg [2:0] b;
always @ (a)
  begin
  case (a)
    8'b0000_0001 : b < = 3'b000;
    8'b0000_0010 : b < = 3'b001;
    8'b0000_0100 : b < = 3'b010;
    8'b0000_1000 : b < = 3'b011;
    8'b0001_0000 : b < = 3'b100;
    8'b0010_0000 : b < = 3'b101;
    8'b0100_0000 : b < = 3'b110;
    8'b1000_0000 : b < = 3'b111;
    default : b < = 3'b000;
  endcase
  end
endmodule
```

4.4.2 8-3优先编码器

1. VHDL 实现

```
LIBRARY ieee;
USE ieee.std_logic_1164.ALL;
entity p_encode_vhdl is
port( I : in bit_vector(7 downto 0);
    EI: in std_logic;
    A : out bit_vector(2 downto 0);
    GS : out std_logic;
    EO : out std_logic);
end p_encode_vhdl;
architecture rtl of p_encode_vhdl is
begin
    process(I, EI)
    begin
      if EI = '1' then
        A < = "111";
        GS < = '1';
```

```
      EO  < =  '1';
      else
      if I(7)  =  '0' then
        A  < =  "000";
        GS  < =  '0';
        EO  < =  '1';
      elsif I(6)  =  '0' then
        A  < =  "001";
        GS  < =  '0';
        EO  < =  '1';
      elsif I(5)  =  '0' then
        A  < =  "010";
        GS  < =  '0';
        EO  < =  '1';
      elsif I(4)  =  '0' then
        A  < =  "011";
        GS  < =  '0';
        EO  < =  '1';
      elsif I(3)  =  '0' then
        A  < =  "100";
        GS  < =  '0';
```

2. Verilog HDL 实现

```
module p_encode_verilog (A ,I ,GS ,EO ,EI);
input [7:0] I ;
wire [7:0] I ;
input EI ;
wire EI ;
output [2:0] A ;
reg [2:0] A ;
output GS ;
reg GS ;
output EO ;
reg EO ;
always @ (I or EI)
    if (EI)
        begin
          A  < = 3'b111;
          GS  < = 1;
          EO  < = 1;
        end
    else if (I[7] = = 0)
        begin
          A  < = 3'b000;
```

```
      EO  < =  '1';
      elsif I(2)  =  '0' then
        A  < =  "101";
        GS  < =  '0';
        EO  < =  '1';
      elsif I(1)  =  '0' then
        A  < =  "110";
        GS  < =  '0';
        EO  < =  '1';
      elsif I(0)  =  '0' then
        A  < =  "111";
        GS  < =  '0';
        EO  < =  '1';
      elsif I  =  "11111111" then
        A  < =  "111";
        GS  < =  '1';
        EO  < =  '0';
      end if;
    end if ;
  end process;
end rtl;
```

```
          GS  < = 0;
          EO  < = 1;
        end
    else if (I[6] = = 0)
        begin
          A  < = 3'b001;
          GS  < = 0;
          EO  < = 1;
        end
    else if (I[5] = = 0)
        begin
          A  < = 3'b010;
          GS  < = 0;
          EO  < = 1;
        end
    else if (I[4] = = 0)
        begin
          A  < = 3'b011;
          GS  < = 0;
          EO  < = 1;
        end
```

```
     else if (I[3] = = 0)
         begin
             A < = 3′b100;
             GS < = 0;
             EO < = 1;
         end
     else if (I[2] = = 0)
         begin
             A < = 3′b101;
             GS < = 0;
             EO < = 1;
         end
     else if (I[1] = = 0)
         begin
             A < = 3′b110;
             GS < = 0;
```

```
             EO < = 1;
         end
     else if (I[0] = = 0)
         begin
             A < = 3′b111;
             GS < = 0;
             EO < = 1;
         end
     else if (I = = 8′b11111111)
         begin
             A < = 3′b111;
             GS < = 1;
             EO < = 0;
         end
endmodule
```

4.4.3 3−8译码器

1. VHDL 实现

```
library IEEE;
use IEEE. STD_LOGIC_1164. all;
entity decoder_vhdl is
  port(
    A : in STD_LOGIC_VECTOR(2 downto 0);
    G1 : in bit;
    G2 : in bit;
    G3 : in bit;
    Y : out STD_LOGIC_VECTOR(7 downto 0));
end decoder_vhdl;
architecture rtl of decoder_vhdl is
  signal s :bit ;
begin
  process (A ,G1 ,G2 ,G3)
  begin
    s < = G2 or G3;
    if G1 = ′0′ then
```

```
      Y < = "11111111";
    elsif s = ′1′ then
      Y < = "11111111";
    else
      case A is
        when "000" = > Y < = "11111110";
        when "001" = > Y < = "11111101";
        when "010" = > Y < = "11111011";
        when "011" = > Y < = "11110111";
        when "100" = > Y < = "11101111";
        when "101" = > Y < = "11011111";
        when "110" = > Y < = "10111111";
        when others = > Y < = "01111111";
      end case;
    end if;
  end process;
end rtl;
```

2. Verilog HDL 实现

```
module decoder_verilog (G1 ,Y ,G2 ,A ,G3);
input G1 ;
wire G1 ;
input G2 ;
wire G2 ;
```

```
input [2:0] A ;
wire [2:0] A ;
input G3 ;
wire G3 ;
output [7:0] Y ;
```

```
reg [7:0] Y ;
reg s;
always @ (A ,G1, G2, G3)
  begin
    s < = G2 | G3 ;
    if (G1 = = 0)
    Y < = 8'b1111_1111;
    else if (s)
    Y < = 8'b1111_1111;
    else
      case (A)
```

```
        3'b000 : Y < = 8'b1111_1110;
        3'b001 : Y < = 8'b1111_1101;
        3'b010 : Y < = 8'b1111_1011;
        3'b011 : Y < = 8'b1111_0111;
        3'b100 : Y < = 8'b1110_1111;
        3'b101 : Y < = 8'b1101_1111;
        3'b110 : Y < = 8'b1011_1111;
        3'b111 : Y < = 8'b0111_1111;
      endcase
    end
endmodule
```

4.4.4　数据选择器

1. VHDL 实现

```
library ieee;
use ieee. std_logic_1164. all;
entity mux8_1_vhdl is port(
    D0, D1, D2, D3, D4, D5, D6, D7:
            in std_logic;  -- input data
    A: in std_logic_vector(2 downto 0);
    G: in std_logic;        -- enable
    Y: out std_logic);
end mux8_1_vhdl;
architecture rtl of mux8_1_vhdl is
begin
  process (A, G)
    begin
      if G = '1' then
        Y < = '0';
      else
        case A is
          when "000" = > Y < = D0;
          when "001" = > Y < = D1;
          when "010" = > Y < = D2;
          when "011" = > Y < = D3;
          when "100" = > Y < = D4;
          when "101" = > Y < = D5;
          when "110" = > Y < = D6;
          when others = > Y < = D7;
        end case;
      end if;
    end process ;
end rtl;
```

2. Verilog HDL 实现

```
module mux8_1_verilog (Y ,A ,D0, D1,
        D2, D3, D4, D5, D6, D7 ,G);
input [2:0] A ;
wire [2:0] A ;
input D0 ;
input D1 ;
input D2 ;
input D3 ;
input D4 ;
input D5 ;
input D6 ;
input D7 ;
input G ;
wire G ;
output Y ;
reg Y ;
always @ (G or A or D0 or D1 or D2 or D3
        or D4 or D5 or D6 or D7 )
    begin
      if (G = = 1)
        Y < = 0;
      else
        case (A)
            3'b000 : Y = D0 ;
```

```
3′b001 : Y = D1 ;                    3′b111 : Y = D7 ;
3′b010 : Y = D2 ;                      default : Y = 0;
3′b011 : Y = D3 ;                  endcase
3′b100 : Y = D4 ;                end
3′b101 : Y = D5;              endmodule
3′b110 : Y = D6 ;
```

4.4.5　多位数值比较器

1. VHDL 实现

```
library IEEE;                        begin
use IEEE.STD_LOGIC_1164. all;          if ( A > B ) then
entity compare_vhdl is                    Y < = "001";
   port(                             elsif ( A = B ) then
      A : in STD_LOGIC_VECTOR(3 downto 0);  Y < = "010";
      B : in STD_LOGIC_VECTOR(3 downto 0);  else
      Y : out STD_LOGIC_VECTOR(2 downto 0));  Y < = "100";
end compare_vhdl;                      end if;
architecture rtl of compare_vhdl is   end process ;
begin                              end rtl;
   process ( A, B )
```

2. Verilog HDL 实现

```
module compare_verilog ( Y ,A ,B );    if ( A > B )
input [3:0] A ;                            Y < = 3′b001;
wire [3:0] A ;                      else if ( A = = B )
input [3:0] B ;                            Y < = 3′b010;
wire [3:0] B ;                      else
output [2:0] Y ;                        Y < = 3′b100;
reg [2:0] Y ;                       end
always @ ( A or B )                endmodule
   begin
```

4.4.6　全加器

1. VHDL 实现

```
library IEEE;                           S : out STD_LOGIC
use IEEE.STD_LOGIC_1164. all;          );
entity sum_vhdl is                 end sum_vhdl;
   port(                           architecture rtl of sum_vhdl is
      A : in STD_LOGIC;            begin
      B : in STD_LOGIC;              process ( A, B, Ci )
      Ci : in STD_LOGIC;             begin
      Co : out STD_LOGIC;              if ( A = ′0′ and B = ′0′ and Ci = ′0′) then
```

```
      S < = '0';
      Co < = '0';
   elsif (A = '1' and B = '0' and Ci = '0') then
      S < = '1';
      Co < = '0';
   elsif (A = '0' and B = '1' and Ci = '0') then
      S < = '1';
      Co < = '0';
   elsif(A = '1' and B = '1' and Ci = '0') then
      S < = '0';
      Co < = '1';
   elsif (A = '0' and B = '0' and Ci = '1') then
      S < = '1';
```

2. Verilog HDL 实现

```
module sum_verilog (A ,Co ,B ,S ,Ci);
input A ;
wire A ;
input B ;
wire B ;
input Ci ;
wire Ci ;
output Co ;
reg Co ;
output S ;
reg S ;
always @ (A or B or Ci)
  begin
    if (A = = 0 && B = = 0 && Ci = = 0)
       begin
         S < = 0;
         Co < = 0;
       end
    else if (A = =1 && B = =0 && Ci = =0)
       begin
         S < = 1;
         Co < = 0;
       end
    else if (A = =0 && B = = 1 && Ci = =0)
       begin
         S < = 1;
         Co < = 0;
       end
```

```
      Co < = '0';
   elsif (A = '0' and B = '1' and Ci = '1') then
      S < = '0';
      Co < = '1';
   elsif (A = '1' and B = '0' and Ci = '1') then
      S < = '0';
      Co < = '1';
   else
      S < = '1';
      Co < = '1';
   end if;
   end process;
end rtl;
```

```
    else if (A = =1 && B = =1 && Ci = =0)
       begin
         S < = 0;
         Co < = 1;
       end
    else if (A = =0 && B = =0 && Ci = =1)
       begin
         S < = 1;
         Co < = 0;
       end
    else if (A = =1 && B = =0 && Ci = =1)
       begin
         S < = 0;
         Co < = 1;
       end
    else if (A = =0 && B = =1 && Ci = =1)
       begin
         S < = 0;
         Co < = 1;
       end
    else
       begin
         S < = 1;
         Co < = 1;
       end
  end
endmodule
```

4.4.7　D 触发器

1. VHDL 实现

```
library IEEE;
use IEEE. STD_LOGIC_1164. all;
entity Dfilpflop is
    port(
            D : in STD_LOGIC;
            CLK : in STD_LOGIC;
            RESET : in STD_LOGIC;
            SET : in STD_LOGIC;
            Q : out STD_LOGIC;
            Qn : out STD_LOGIC
        );
end Dfilpflop;
architecture rtl of Dfilpflop is
signal Q_Temp :std_logic ;
```

```
begin
    process ( CLK, RESET, SET)
    begin
    if ( RESET = '0') then
        Q_Temp < = '0';
    elsif ( SET = '0') then
        Q_Temp < = '1' ;
    elsif ( CLK'event and CLK = '1') then
        Q_Temp < = D;
    end if;
        end process;
    Qn < = NOT Q_Temp;
    Q < = Q_Temp;
end rtl;
```

2. Verilog HDL 实现

```
module Dflipflop ( Q ,CLK ,RESET ,SET ,D ,Qn );
input CLK ;
wire CLK ;
input RESET ;
wire RESET ;
input SET ;
wire SET ;
input D ;
wire D ;
output Q ;
reg Q ;
output Qn ;
```

```
wire Qn ;
assign Qn = ~ Q ;
always @ ( posedge CLK or negedge
            SET or negedge RESET)
    begin
        if (! RESET)
            Q < = 0 ;
        else if (! SET)
        Q < = 1;
        else Q < = D;
end
endmodule
```

4.4.8　寄存器

1. VHDL 实现

```
library IEEE;
use IEEE. STD_LOGIC_1164. all;
entity reg8 is
  port(
    clr : in STD_LOGIC;
    clk : in STD_LOGIC;
    D : in STD_LOGIC_VECTOR
                        (7 downto 0);
```

```
            DOUT : out STD_LOGIC_VECTOR
                                (7 downto 0)
                );
end reg8;
architecture rtl of reg8 is
begin
process ( clk, clr)
begin
```

```
if ( clr = '1' ) then
    DOUT < = "00000000" ;
elsif ( clk'event and clk = '1' ) then
    DOUT < = D;
```

2. Verilog HDL 实现

```
module reg8 ( clr ,clk ,DOUT ,D ) ;
input clr ;
wire clr ;
input clk ;
wire clk ;
input [7:0] D ;
wire [7:0] D ;
output [7:0] DOUT ;
```

```
    end if ;
  end process ;
end rtl ;
```

```
reg [7:0] DOUT ;
always @ ( posedge clk or posedge clr )
    begin
        if ( clr = = 1'b1 )
            DOUT < = 0;
        else DOUT < = D ;
        end
endmodule
```

4.4.9　双向移位寄存器

1. VHDL 实现

```
library IEEE ;
use IEEE. STD_LOGIC_1164. all ;
entity shiftdata is
  port(
    clk : in STD_LOGIC;
    load : in STD_LOGIC;
    clr : in STD_LOGIC;
    left_right : in STD_logic ;
    DIN : in STD_LOGIC_VECTOR
                        (3 downto 0) ;
    DOUT : out STD_LOGIC_VECTOR
                        (3 downto 0)
      );
end shiftdata;
architecture rtl of shiftdata is
signal data_r: STD_LOGIC_VECTOR
                        (3 downto 0) ;
```

```
begin
  process (load, left_right, clr, clk)
  begin
    if clr = '1' then
        data_r < = "0000" ;
    elsif load = '1' then
        data_r < = DIN ;
    elsif ( clk'event and clk = '1' ) then
    if left_right = '1' then
        data_r < = data_r(2 downto 0)&'0';
    else
        data_r < = '0' & data_r(3 downto 1) ;
        end if;
    end if ;
  end process ;
    DOUT < = data_r;
end rtl ;
```

2. Verilog HDL 实现

```
module shiftdata (left_right ,load ,clr ,clk ,
                        DIN ,DOUT) ;
input left_right ;
wire left_right ;
input load ;
wire load ;
input clr ;
wire clr ;
```

```
input clk ;
wire clk ;
input [3:0] DIN ;
wire [3:0] DIN ;
output [3:0] DOUT ;
wire [3:0] DOUT ;
reg [3:0] data_r;
assign    DOUT = data_r ;
```

```
always @ （posedge clk or posedge clr
                         or posedge load）
    begin
    if（clr = = 1）
        data_r < = 0;
    else if（load）
        data_r < = DIN;
    else begin
        if（left_right）
            begin
```

```
            data_r < = （data_r < <1）;
            data_r[0] < = 0;
            end
        else begin
            data_r < = （data_r > >1）;
            data_r[3] < = 0;
            end
        end
    end
endmodule
```

4.4.10　四位二进制加减法计数器

1. VHDL 实现

```
library IEEE;
use IEEE. STD_LOGIC_1164. all;
use IEEE. STD_LOGIC_unsigned. all ;
entity counter4 is
    port（
        load : in STD_LOGIC;
        clk : in STD_LOGIC;
        clr : in STD_LOGIC;
        up_down : in STD_LOGIC;
        DIN : in STD_LOGIC_VECTOR
                            （3 downto 0）;
        DOUT : out STD_LOGIC_VECTOR
                            （3 downto 0）;
        c : out STD_LOGIC
            );
end counter4;
architecture rtl of counter4 is
signal data_r : STD_LOGIC_VECTOR
                            （3 downto 0）;
begin
    process （clk , clr ,load ,DIN）
    begin
        if clr = ′1′then          -- 同步清零
            data_r < = "0000";
        elsif load = ′1′ then        -- 同步预置
```

```
            data_r < = DIN;
        else if clk′event and clk = ′1′ then
            if （up_down = ′1′）then  -- 加计数
                if （data_r = "1111"）then
                    c < = ′1′;
                    data_r < = "0000";
                else
                    data_r < = data_r + 1;
                    c < = ′0′ ;
                end if;
            else                     -- 减计数
                if （data_r = "0000"）then
                    c < = ′1′;
                    data_r < = "1111";
                else
                    data_r < = data_r −1;
                    c < = ′0′ ;
                end if;
            end if;
        end if;
        end if;
            DOUT < = data_r;
    end process;
end rtl;
```

2. Verilog HDL 实现

```
module counter4 （load ,clr ,c ,DOUT ,
        clk, up_down ,DIN）;
input load ;
```

```
input clk;
wire load ;
input clr ;
```

```verilog
wire clr ;
input up_down ;
wire up_down ;
input [3:0] DIN ;
wire [3:0] DIN ;
output c ;
reg c ;
output [3:0] DOUT ;
wire [3:0] DOUT ;
reg [3:0] data_r;
assign DOUT = data_r;
always @ (posedge clk or posedge clr
                              or posedge load)
  begin
    if (clr = = 1)                //同步清零
      data_r < = 0;
    else if (load = = 1)          //同步预置
        data_r < = DIN;
    else begin if (up_down = =1)
    begin
      if (data_r = = 4′b1111) begin //加计数
        data_r < = 4′b0000;
```

```verilog
        c = 1;
      end
    else begin                    //减计数
        data_r < = data_r +1;
        c = 0 ;
    end
  end
  else
    begin
    if (data_r = = 4′b0000) begin   //加计数
        data_r < = 4′b1111;
        c = 1;
      end
    else begin                    //减计数
        data_r < = data_r −1;
        c = 0 ;
    end
    end
  end
end
endmodule
```

4.4.11　十进制加减法计数器

1. VHDL 实现

```vhdl
library IEEE;
use IEEE. STD_LOGIC_1164. all;
use IEEE. STD_LOGIC_unsigned. all ;
entity counter10 is
  port(
    load : in STD_LOGIC;
    clk : in STD_LOGIC;
    clr : in STD_LOGIC;
    up_down : in STD_LOGIC;
    DIN : in STD_LOGIC_VECTOR
                          (3 downto 0);
    DOUT : out STD_LOGIC_VECTOR
                          (3 downto 0);
    seven_seg : out STD_LOGIC_VECTOR
                          (7 downto 0);
    c : out STD_LOGIC
      );
```

```vhdl
end counter10;
architecture rtl of counter10 is
signal data_r : STD_LOGIC_VECTOR
                          (3 downto 0);
signal Y_r : std_logic_vector (7 downto 0);
begin
  process (clk , clr ,load ,DIN)
  begin
  if clr = ′1′then              -- 同步清零
      data_r < = "0000";
  elsif load =′1′ then          -- 同步预置
      data_r < = DIN;
  else
    if clk′event and clk =′1′ then
      if (up_down = ′1′ and data_r = 9) then
        c < = ′1′;
        data_r < = "0000";
```

```vhdl
        elsif (up_down = '0' and data_r = "0000")
then
            c <= '1';
            data_r <= "1001";
        else
        if up_down = '1' then      --加计数
                data_r <= data_r + 1;
                    c <= '0';
        else                    --减计数
                data_r <= data_r - 1;
                c <= '0';
            end if;
        end if;
        end if;
    end if;
        DOUT <= data_r;
end process;
--数码管译码
seg: process(data_r)
begin
        Y_r <= (others => '1');
    case data_r is
when "0000" => Y_r <= "00000011"; -- 0
when "0001" => Y_r <= "10011111"; -- 1
when "0010" => Y_r <= "00100101"; -- 2
when "0011" => Y_r <= "00001101"; -- 3
when "0100" => Y_r <= "10011001"; -- 4
when "0101" => Y_r <= "01001001"; -- 5
when "0110" => Y_r <= "01000001"; -- 6
when "0111" => Y_r <= "00011111"; -- 7
when "1000" => Y_r <= "00000001"; -- 8
when "1001" => Y_r <= "00010001"; -- 9
when others => NULL;
    end case;
end process;
        seven_seg <= Y_r;
end rtl;
```

2. Verilog HDL 实现

```verilog
module counter10 (load ,clr ,c ,DOUT ,clk,
    up_down ,DIN ,seven_seg);
input load ;
input clk;
wire load ;
input clr ;
wire clr ;
input up_down ;
wire up_down ;
input [3:0] DIN ;
wire [3:0] DIN ;
output c ;
reg c ;
output [3:0] DOUT ;
output [7:0] seven_seg;
wire [3:0] DOUT ;
reg [3:0] data_r;
assign DOUT = data_r;
always @ (posedge clk or posedge clr
                    or posedge load)
begin
  if (clr == 1)              //同步清零
    data_r <= 0;
  else if (load == 1)            //同步预置
    data_r <= DIN;
  else if (up_down == 1 & data_r == 9)
    begin
      c = 1;
      data_r <= 4'b0000;
    end
  else if (up_down == 0 & data_r == 0)
    begin
      c = 1;
      data_r <= 9;
    end
  else
    begin
      if (up_down == 1) begin    //加计数
        data_r <= data_r +1;
        c = 0 ;
        end
      else begin               //减计数
        data_r <= data_r -1 ;
        c = 0 ;
        end
    end
```

```
end
/ ＊＊＊＊＊＊＊＊＊＊＊数码管＊＊＊＊＊＊＊＊＊＊＊＊/
assign seven_seg = Y_r;
reg [7:0] Y_r;
    always @ ( data_r )
    begin
    Y_r = 8′b11111111;
        case ( data_r)
        4′b0000: Y_r = 8′b00000011; // 0
        4′b0001: Y_r = 8′b10011111; // 1
        4′b0010: Y_r = 8′b00100101; // 2
```

```
4′b0011: Y_r = 8′b00001101; // 3
4′b0100: Y_r = 8′b10011001; // 4
4′b0101: Y_r = 8′b01001001; // 5
4′b0110: Y_r = 8′b01000001; // 6
4′b0111: Y_r = 8′b00011111; // 7
4′b1000: Y_r = 8′b00000001; // 8
4′b1001: Y_r = 8′b00001001; // 9
default: Y_r = 8′b11111111;
        endcase
    end
endmodule
```

4.4.12　顺序脉冲发生器

1. VHDL 实现

```
library IEEE;
use IEEE.STD_LOGIC_1164. all;
entity pulsegen is
    port(
        clk : in STD_LOGIC;
        clr : in STD_LOGIC;
        Q : out STD_LOGIC_VECTOR
                            (7 downto 0)
        );
end pulsegen;
architecture rtl of pulsegen is
signal temp : std_logic_vector (7 downto 0);
```

```
begin
    process ( clr, clk)
    begin
        if ( clr = ′1′) then
            temp < = "00000001";
        elsif ( clk′event and clk = ′1′) then
            temp < = temp(6 downto 0) & temp(7);
        end if;
            Q < = temp;
    end process;
end rtl;
```

2. Verilog HDL 实现

```
module pulsegen (Q ,clr ,clk);
input clr ;
wire clr ;
input clk ;
wire clk ;
output [7:0] Q ;
wire [7:0] Q ;
reg [7:0] temp;
reg x;
assign Q = temp;
always @ ( posedge clk or posedge clr)
begin
    if ( clr = =1)
```

```
        begin
            temp < = 8′b00000001;
            x = 0 ;
        end
    else
        begin
            x < = temp[7] ;
            temp < = temp < <1 ;
            temp[0]  < =x;
        end
    end
endmodule
```

4.4.13 序列信号发生器

1. VHDL 实现

```
library IEEE;
use IEEE. STD_LOGIC_1164. all;
entity xlgen is
    port(
            clk : in STD_LOGIC;
            res : in STD_LOGIC;
            Q : out STD_LOGIC
            );
end xlgen;
architecture rtl of xlgen is
signal temp : std_logic_vector (7 downto 0);
```

```
begin
    process (res, clk)
    begin
        if (res = '1') then
            temp < = "11100100";
        elsif (clk'event and clk = '1') then
            temp < = temp(6 downto 0) & temp(7);
        end if;
            Q < = temp(0);
    end process;
end rtl;
```

2. Verilog HDL 实现

```
module xlgen (Q ,clk ,res);
input clk ;
wire clk ;
input res ;
wire res ;
output Q ;
reg Q ;
reg [7:0] Q_r ;
always @ (posedge clk or posedge res)
    begin
        if (res = =1)
            begin
```

```
                Q < = 1'b0;
                Q_r < = 8'b11100100 ;
            end
        else
            begin
                Q < = Q_r[7];
                Q_r < = Q_r < <1;
                Q_r[0] < =Q;
            end
    end
endmodule
```

4.4.14 分频器

1. VHDL 实现

```
library IEEE;
use IEEE. STD_LOGIC_1164. all;
use IEEE. STD_LOGIC_unsigned. all;
entity clockdiv is
    port(
        sysclk : in STD_LOGIC;
        rst : in STD_LOGIC;
        sel : in STD_LOGIC_VECTOR
                            (1 downto 0);
        QOUT : out STD_LOGIC
            );
end clockdiv;
```

```
architecture rtl of clockdiv is
signal q : std_logic_vector (2 downto 0);
signal clk : STD_LOGIC ;
signal cnt : std_logic_vector (21 downto 0);
begin
--时钟分频模块
clk1 :process(sysclk ,rst)
begin
    if rst = '0' then
        cnt < = "0000000000000000000000";
        clk < = '1';
    elsif (sysclk'event and sysclk = '1') then
```

```
    cnt < = cnt + 1;
    if ( cnt = "10011000100101101000000" )then
        cnt < = "0000000000000000000000" ;
        clk < = NOT clk ;
    end if ;
  end if;
end process ;
-- 分频器模块
a： process ( clk ，rst)
    begin
    if rst = '0' then
        q(0) < = '0';
    elsif ( clk'event and clk = '1' ) then
        q(0) < = NOT q(0) ;
    end if;
end process ;
b： process ( q(0) ，rst)
    begin
    if rst = '0' then
```

2. Verilog HDL 实现

```
module clockdiv ( Q ，rst ，sysclk ，sel);
input rst ;
wire rst ;
input sysclk ;
wire sysclk ;
input [ 1:0] sel ;
wire [ 1:0] sel ;
output Q ;
wire Q ;
reg [ 2:0] q;
reg [ 31:0] cnt ;
reg clk ;
//时钟分频模块
always @ ( posedge sysclk or negedge rst)
    begin
    if ( ! rst) begin
    cnt < = 0 ;
    clk < = 1'b1 ;
    end
    else begin
        cnt < = cnt + 1'b1 ;
```

```
        q(1) < = '0';
    elsif ( q(0) 'event and q(0) = '1') then
        q(1) < = NOT q(1) ;
    end if;
end process ;
c： process ( q(1) ，rst)
    begin
    if rst = '0' then
        q(2) < = '0';
    elsif ( q(1) 'event and q(1) = '1') then
        q(2) < = NOT q(2) ;
    end if;
    end process ;
    with sel select
        QOUT < = clk when "00" ,
                q(0) when "01" ,
                q(1) when "10" ,
                q(2) when others ;
end rtl;
```

```
    if ( cnt > = 32'd2500000) begin
        clk < = ~ clk;
        cnt < = 0 ;
        end
    end
end
//分频器模块
always @ ( posedge clk or negedge rst)
    if ( ! rst) q[0] < = 0;
    else        q[0] < = ~ q[0] ;
always @ ( posedge q[0] or negedge rst)
    if ( ! rst) q[1] < = 0;
    else        q[1] < = ~ q[1] ;
always @ ( posedge q[1] or negedge rst)
    if ( ! rst) q[2] < = 0;
    else        q[2] < = ~ q[2] ;
assign Q = ( sel = = 2'd0) ? clk :
            ( sel = = 2'd1) ? q[0] :
            ( sel = = 2'd2) ? q[1] :
            ( sel = = 2'd3) ? q[2] : 0;
endmodule
```

第5章

数字电路实验基本知识

5.1　实验方法概述

数字集成电路的出现,特别是大规模集成电路的出现给数字电路带来了新的问题。设计者无需用分立元件构成各种门电路、触发器等基本逻辑部件。在大多数的情况下,也不需要自行设计如计数器、译码器、移位寄存器等逻辑部件,只要根据任务设计要求,合理地选择集成器件,用模块组装的方式将它们拼接起来即可。也就是说,现在对于一个数字电路设计者来说,他们完成逻辑构思,灵活地选择元器件,正确拼接等三项主要任务,就能完成一个逻辑系统设计。随着 PLD 可编程器件和 EDA 技术的普及,逻辑仿真、功能仿真在很大程度上代替了硬件电路的搭试。所谓仿真,就是在计算机上建立起系统的模型,然后加入合适的测试码或测试序列,对此模型进行测试以验证系统是否与预期的设计相符合,若不符合再进行修改,直至满足设计要求。这种 EDA 技术,我们在第 2 章 Quartus Ⅱ 软件操作基础中已作了详细介绍。对于逻辑电路里用到的 SSI,MSI 器件还需要灵活地选择运用。

同时,对实验的一般规律、要求还应有所了解和充分认识。只有实验前的准备工作做得充分,实验才能达到预期效果。

5.1.1　实验准备

实践证明,实验前的准备工作做得是否充分,对实验结果是有很大影响的。只有实验者对将要做的实验目的、要求、内容以及与实验内容有关的理论知识,都真正做到心中有数,并且预先拟订好实验步骤,完成预习报告后,才能说做好了实验前的准备工作。实验一般分验证性实验和设计性实验。对于不同性质的实验,准备工作的重点和要求应有所不同。

1. 验证性实验

验证性实验的实验内容、实验电路等大多数是预先指定的,因此对于验证性实验来说,实验者的主观能动性体验就不多。做实验者往往有一种处于被动状态的感觉,做实验的兴趣也就随之减少了。正因为如此,对于验证性的实验,实验者预先弄清实验目的和具体要求,就显得格外重要了。另外,验证性实验所验证的理论、现象等都属于已知的范围。因此,对于在实验中有可能出现的现象和结果,应该预先作出分析和估计,例如,正确的实验结果是什么,实验中是否会有异常现象,产生的结果是什么,是否应该采取某些措施,等等。对实验结果认识模糊、似是而非,甚至于实验完成后还不了解实验的内容和目的,这样的实验是没有效果的,因此希望同学们能充分做好实验前的准备工作。

2. 设计性实验

设计性实验的最大特点是,除了实验目的和具体要求以外,实验电路、实验步骤等都是由实验者自己拟订。实验者完全处于主导地位,主观能动性得到最大限度的发挥。但若某些问题处理不当,可能会导致实验失败,例如:

(1) 如果因集成元器件选用和使用不当,实验电路可能工作不正常,甚至无法工作。因此在设计电路前,应首先熟悉集成元器件的使用条件和逻辑功能。

(2) 设计电路一定要全面考虑、合理规划。例如,设计时序电路时应考虑触发器时钟脉冲和输入端函数的同步关系,即输入端信号要先于时钟脉冲的边沿到达。

(3) 合理选择信号源,即选用单脉冲源还是选用模拟电平。模拟电平有颤抖现象,故不能作为时钟脉冲来用,务必注意。

(4) 在设计过程中应考虑电路中的竞争 – 冒险问题。

3. 实验预习报告

实验预习报告不同于正式实验报告,但从某种意义上说,实验预习报告的重要性和作用并不低于实验报告。因为实验预习报告体现了实验前的准备是否充分,因而它是实验操作的依据。实验预习报告要求写得尽可能简洁、思路清楚、一目了然。其内容包括实验电路的设计过程和实验电路图,拟订实验步骤和记录实验结果及数据的有关图表。同时还要熟悉实验平台的使用,如计算机、EDA 软件、硬件实验平台等。

5.1.2　实验报告

实验结束后应写实验报告。这不是一种形式上的需要,而是一项重要的基本技能训练。撰写实验报告是实验者总结回顾实验结果,巩固实验成果,加深对基本理论的理解,从而得到进一步的提高。因此,不能忽视实验报告的作用。

书写实验报告有一定的规范和要求。例如,实验报告必须写在规定的实验报告纸上,所有的图形、表格都必须用铅笔、直尺、曲线板绘制。

实验报告的内容包括实验目的、实验所用的仪器和元件、实验步骤和内容、思考和讨论等。

1. 方框图

根据任务和要求首先画出方框图。方框图的作用是给出某一电路(或系统)的概念,能反映出该电路(或系统)的总体设计构思,因而在形式上较为简单。一个方框图表示的逻辑功能,并不涉及具体集成元件。但方框图要清晰地反映输入、数据流通、重要的控制和输出之间的逻辑关系。当系统较为复杂时,一个方框图往往是一个独立的子系统,这时就需要给出该子系统的详细方框图作为补充说明。

在方框图中,使用总线时要标明总线的宽度。控制线、输入线、输出线等可以画成单线形式,也可以画成总线形式。方框图中的连线应尽可能避免交叉。方框图中的输入、输出以及信号流向都没有严格的规定,以便于读图为准则。

2. 状态图或真值表

状态图或真值表是设计电路(或系统)的依据,同时又是表述设计思想的最简洁的一种方式。通过状态图或真值表可以帮助我们理解逻辑电路的控制作用和逻辑功能。

3. 文字说明

实验报告的文字说明要求简单明确。通过文字说明可以进一步阐述电路的工作原理、逻辑功能和设计思想。使用 MSI,LSI 集成电路(计数器、译码器、选择器、EPROM 等)不像用 SSI 集成电路(门电路、触发器)设计电路那样有经典的设计规范,更多的是一些设计技巧和逻辑构思,因而更需要用文字说明阐述设计方法。除此以外对于实验有影响的注意事项等,也是文字说明内容之一。

4. 逻辑图

逻辑图的图形符号必须按照国家颁发的标准绘制。逻辑图的信号流向或自上而下,或自左而右,这样以便看清所有的输入和输出信号,逻辑电路的核心部分应绘制在图的中间部分,并有显著的标志。

5. 讨论

实验报告的最后一项内容是对实验结果进行讨论,其内容范围和要求没有严格的规定,但是对重要的实验现象、结论都应加以讨论。除此以外,对于重要的异常现象、体会等都可以作一些简要说明和分析。

5.2　TTL 集成电路与 CMOS 集成电路的使用规则

5.2.1　TTL 集成电路的使用规则

(1) 电源电压 V_{CC} = +5 V ± 10% ,超过这个范围将损坏器件或功能不正常。

TTL 电路存在电源尖峰电流,要求电源具有小的内阻和良好的地线,必须重视电路的滤波。要求除了在电源输入端接有 50 μF 的低频滤波电容外,每隔 5 ~ 10 个集成电路,还应接入一个(0.01 ~ 0.1)μF 的高频滤波电容。在使用中规模以上集成电路时和在高速电路中,还应适当增加高频滤波。

(2) 不使用的输入端处理办法(以与非门电路为例):

① 若电源电压不超过 5.5 V,可以直接接入 V_{CC},也可以串入一只(1 ~ 10) kΩ 的电阻,或者接(2.4 ~ 5) V 的固定电压。

② 若前级驱动器能力允许,可以与使用的输入端并联使用,但应当注意,对于 74LS 系列器件,应避免这样使用。

③ 悬空,相当于逻辑"1",但是输入端容易受干扰,破坏电路功能。对于接有长线的输入端、中规模以上的集成电路和使用集成电路较多的复杂电路,所有控制输入端必须按逻辑要求可靠地接入电路,不允许悬空。

④ 对于不使用的与非门,为了降低整个电路功耗,应把其中一个输入端接地。

⑤ 或非门、或门,不使用的输入端应接地。对于与或非门中不使用的与门,至少应有一个输入端接地。

(3) TTL 电路输入端通过电阻接地,电阻 R 值的大小直接影响电路所处的状态。当

$R \leqslant 680\ \Omega$ 时，输入端相当于逻辑"0"；当 $R \geqslant 10\ \mathrm{k\Omega}$ 时，输入端相当于逻辑"1"。对于不同系列的器件，要求的阻值也不同。

（4）TTL 电路（除集电极开路输出电路和三态输出电路外）的输出端不允许并联使用。否则，不仅会使电路逻辑混乱，而且会导致器件损坏。

（5）输出端不允许直接与 +5 V 电源或地连接，否则会导致器件损坏。

5.2.2　CMOS 集成电路的使用规则

（1）V_{DD} 接电源正极，V_{SS} 接电源负极（通常接地），电源绝对不允许反接。CC4000 系列的电源电压允许范围为 3 ~ 18 V。实验一般要求为 +5 V 电源。工作在不同电压下的器件，其输出阻抗、工作速度和功耗等参数也会不同，在设计使用中应引起注意。

（2）对器件的输入信号 V_i，要求其电压范围为 $V_{SS} \leqslant V_i \leqslant V_{DD}$。

（3）所有输入端一律不准悬空。输入端悬空不仅会造成逻辑混乱，而且会导致器件损坏。如果安装在电路板上的器件输入端有可能出现悬空时，必须在电路的输入端加接限流电阻 R_P 和保护电阻 R，如图 5.1 所示。R_P 阻值选取通常使输入电流不超过 1 mA，故 $R_P = \dfrac{V_{DD}}{1\,\mathrm{mA}}$。当 $V_{DD} = +5$ V 时，$R_P \approx 5\ \mathrm{k\Omega}$。$R$ 一般取 100 kΩ ~ 1 MΩ。

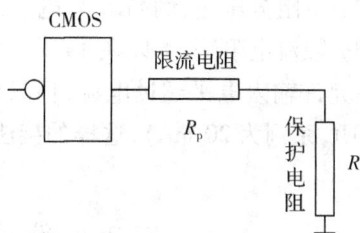

图 5.1　电路中的限流电阻与保护电阻

CMOS 电路具有很高的输入阻抗，致使器件易受外界干扰、冲击和静电击穿。因此，通常在器件内部输入端接有二极管保护电路，如图 5.2 所示（其中 $R \approx 1.5$ kΩ ~ 2.5 kΩ）。由于输入保护网络的引入，器件输入阻抗有一定的下降，但仍能达到 $10^8\ \Omega$ 以上。

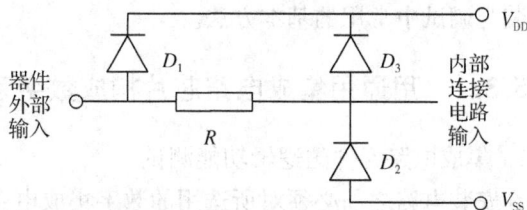

图 5.2　器件内部保护电路

但是，保护电路吸收的瞬变能量有限。太大的瞬变信号和过高的静电电压将使保护电路失去作用，因此在使用与存放时应特别注意。

（4）不使用的输入端应按照逻辑要求直接接 V_{DD} 或 V_{SS}，在工作速度不高的电路中，允许输入端并联使用。

（5）输出端不允许直接与 V_{DD} 或 V_{SS} 连接，否则会导致器件损坏。除三态输出器件外，不允许两个器件输出端连接使用。为了增加驱动能力，允许把同一芯片上的电路并联使用，此时器件的输入端与输出端均对应相连。

（6）在安装电路、改变电路连线或插拔电路器件时，必须切断电源，严禁带电操作。

（7）焊接、测试和储存时的注意事项：

① 电路应存放在导电的容器内；

② 焊接时必须将电路板的电源切断,电烙铁外壳须良好接地,必要时可以拔下烙铁电源,利用余热进行焊接;

③ 所有测试仪器外壳必须良好接地;

④ 若信号源与电路板使用两组电源供电,开机时,先接通电路板电源,再接通信号源电源;关机时,先断开信号源电源,再断开电路板电源。

5.2.3 TTL 电路与 CMOS 电路的对接

TTL 电路一般工作在 5 V 电压下,CMOS 电路工作在 3.3 V 电压下,因此 TTL 电路与 CMOS 电路的对接方法主要有以下几种:

(1) 采用电压转换芯片起到 3.3 V 至 5 V 或 5 V 至 3.3 V 电平转换。

(2) 电阻分压法,例如,5 V 电平,经 1.6 kΩ 与 3.3 kΩ 电阻分压,得到 3.3 V 电压。

(3) 限流电阻法,可以在 TTL 与 CMOS 电路之间串联一个限流电阻。某些芯片虽然原则上不允许输入电平超过电源,但只要串联一个限流电阻,保证输入保护电流不超过极限(如 74HC 系列为 20 mA),这样的接法基本安全。

5.3 数字电路的安装与调试

数字电路的安装与测试工作是验证设计方案的实践过程,是应用理论知识来解决实践中各类问题的关键环节,是数字电路设计者必须掌握的基本技能。下面就介绍一些数字电路安装与调试中常用的基本方法。

5.3.1 用通用集成电路芯片构成数字系统时的安装与调试

1. 集成电路元件的逻辑功能测试

在安装电路之前必须对所选用的数字集成电路器件进行逻辑功能测试,以避免因器件功能不正常而增加调试的困难。检测器件的方法是多种多样的,常用的方法如下。

(1) 仪器检测法

可以用一些数字电路检测仪进行检测。

(2) 逻辑功能实验检查法

用实验电路方法对该器件进行逻辑功能测试。

(3) 替代法

用被测器件替代正常工作的数字电路中的相同器件。

2. 集成电路器件的接插和布线方法

数字电路的实验通常在面包板上进行。插接集成器件时,把器件的缺口端朝左方,先对准插孔的位置,然后用力将其插牢,防止集成器件管脚弯曲或折断。

布线时应注意导线不易太长,最好贴近底板并在集成器件周围走线。切忌导线跨越集成器件的上空和杂乱地在空中搭成网状。数字电路的布线应整齐美观,这样既提高了电路的可靠性,又便于检查排除故障及更换器件。

导线连接顺序是:先接固定电平的连线,如电源正极(一般用红色导线)、地线(一般用黑色导线)、门电路的多余输入端及电平固定的某些输入端(如触发器的控制端 J 和 K);然后按照电路中的信号流向顺序对划分的子系统逐一布线、调试;最后将各子系统连接起来。

3. 数字电路的调试方法

数字电路的调试顺序也是先调试单元电路的子系统,然后逐渐扩大将几个单元电路进行联调,最后进行整机调试。一般根据信号流向逐级调试。由于数字电路系统中,相同单元电路和集成器件往往较多,为了尽快找出故障,常用以下调试方法。

(1) 替代法

用已经调试好的单元电路替代有故障或有问题的相同电路,这样能很快地判断出故障原因是在单元电路本身,还是在其他单元或连接线上。当发现某一局部电路有问题时,应检查该电路的连接线,当确定无误后再更换集成电路芯片。

(2) 对比法

将有问题的电路的状态、参数与相同正常电路进行逐项对比。

(3) 对分法

把有故障的电路对分为两个部分,可检查出有问题的那一部分而排除另一部分无故障的电路,然后再对有故障的部分进行对分检测,直到对分找出故障点为止。

实践表明,数字单元电路的故障大多数是接线错误或接触不良引起的,集成器件本身的问题是较少的。然而设计者在调试中发现工作不正常时,往往一开始就怀疑集成器件损坏,这是应该引起注意的。

4. 几种基本电路的测试方法

(1) 集成逻辑门电路

静态时,在各输入端分别接入不同的电平值,即逻辑“1”接高电平(输入端通过电阻接电源正极),逻辑“0”接低电平(输入端接地)。用万用表测量各输入端的逻辑电平,并分析各逻辑电平值是否符合电路的逻辑关系。动态测试是指各输入端接入规定的脉冲信号,用示波器观察各输出端信号,并画出各输出信号的时序波形关系图,分析它们之间是否符合电路的逻辑关系。

(2) 集成触发器电路

静态时,主要测试触发器的复位、置位和翻转功能。动态时,在时钟脉冲作用下,测试触发器计数功能,用示波器观察电路各处波形的变化情况。也可以测输出、输入信号之间的分频关系,输出脉冲的上升和下降时间,触发灵敏度和抗干扰能力,以及接入不同性质负载时对于输出波形的影响。测试时,触发脉冲的宽度一般要大于数微秒,且脉冲的上升沿或下降沿要陡。

(3) 计数器电路

静态时,主要测试计数器电路的复位、置位功能。动态测试是指在时序脉冲作用下测试计数器各输出状态是否满足计数功能表的要求,可用示波器观测各输出端的波形,并记录这些波形与时钟脉冲之间的波形关系。

(4) 译码器显示电路

首先测试数码管各段工作是否正常,如共阳极的数码管,可以将阳极接 V_{cc}。然后将各段通过 1 kΩ 电阻接电源负极,各段应该亮。最后将译码器的数据输入端依次输入 0000 ~

1001,则显示器对应显示出 0 ~ 9 的数字。译码器显示电路常见的故障有:

① 数码管上某个数字总是"亮"而不"灭",可能是译码器的输出幅度不正常或译码器的工作不正常;

② 数码管上某个数字总是不"亮",可能是数码管或译码器的连线不正确或接触不良;

③ 数码管字符显示模糊,而且不随输入信号变化,可能是译码器的电源电压不正常或连线不正确或接触不良;

④ 数码管某段总是不"亮",可能是数码管本身有问题,需更换新的。

5.3.2　用 PLD 集成电路芯片构成数字系统时的安装与调试

当用大规模的 PLD 器件实现数字系统时,它的安装与调试和前面所讲的用标准数字芯片实现数字系统时的安装与调试是不同的。用标准数字芯片实现数字系统时,系统设计正确与否,一般在系统安装完成后才能知道,并通过安装和调试修改可能出现的设计错误。而大规模的 PLD 器件实现数字系统时,判断系统设计正确与否及可能出现的系统设计错误的修改,均是在硬件安装之前完成的。也就是说,在硬件安装之前,应该保证系统设计是正确的,这一步是用 EDA 工具通过系统仿真来完成的。

所谓系统仿真,就是在进行系统设计时,将系统分为控制器和许多子系统,在完成每个子系统设计的同时,完成各个子系统的仿真,保证每个子系统能够完成所要求的逻辑功能,然后通过控制器的设计,将各个子系统联系起来,进行总体的系统仿真,以验证系统是否符合预期的设计,如不符合再进行修改,直至满足设计要求。

因为采用了 PLD 器件,数字系统设计的大部分功能均由 PLD 器件完成,只有少部分外围电路、接口电路、时钟产生电路等是由 PLD 以外器件来完成的,所以实现系统所用的芯片数量减少了,连线减少了,由此产生的故障也就大大减少了。但它仍会出现故障和问题,解决的方法可以参照标准数字芯片实现数字系统时的解决方法,只是特别需要注意的是:

① PLD 器件的电源和地封装不同。它的电源和地所对应的管脚是不同的,在安装时,一定要对照管脚图,仔细安装。并注意 PLD 器件所在的电源电压是多少,不要接错,否则会造成 PLD 器件的损坏。

② 注意 PLD 器件的负载能力。特别是当 PLD 器件直接驱动显示器等较大负载时,一定要检查 PLD 器件的负载能力。如果它的负载能力不够,就应外加缓冲驱动器件,以提高电路的驱动能力。

③ 一般大规模的 PLD 器件均是采用 CMOS 工艺制造的,所以 PLD 器件的输入端一定不要悬空(包括瞬时悬空)。

5.4　数字电路故障的检查与排除

在实验中,当电路不能完成预期逻辑功能时,就称电路有故障。如果掌握了方法,故障是不难排除的。但在以往的实验中,很多同学一遇到故障,不是过分依赖教师,就是盲目地修改电路,其结果不仅不能排除故障,反而引起其他问题。

实践证明,在实验前必须认真做好实验准备工作(主要包括实验电路的正确设计,了解所用器件的性能和特点等)。实验中按布线原则进行布线,有助于减少电路故障。在复杂电路中,希望一次实现电路全部功能是不容易的,因此就有一个检查和排除故障的过程。

在实验过程中,通常会遇到三类典型故障:一是设计错误,二是布线错误,三是器件与底板故障。其中大量的故障是由于接触不良(导线与底板插孔,器件管脚与底板插孔),其次是布线上的错误(漏线和错线)。

设计错误在这里指的不是逻辑设计错误,而是指所用的器件不合适或电路中各器件之间在配合上的错误。例如,电路动作的边沿选择与电平选择,电路延迟时间的配合,以及某些器件的控制信号变化对时钟脉冲所处状态的要求等,这些因素在设计时应引起足够的重视。

下面仅介绍在正确设计的前提下,对实验故障的检查方法:

① 全部连线接好以后,仔细检查一遍,检查集成电路正负极是否插对,包括电源线与地线在内的连线是否有漏线与错线,是否有两个以上输出端错误地连在一起等。

② 使用万用表的"欧姆 10"挡,测量实验电路电源端与地线之间的电阻值,排除电源与地线的开路与短路现象。

③ 用万用表测量直流稳压电源输出电压是否为所需值(+5 V),然后接通电源,观察电路及各种器件有无异常发热等现象。

④ 检查各集成电路是否均已加上电源。可靠的检查方法是用万用表表笔直接测量集成块电源端和地线两脚之间的电压。这种方法可以检查出因底板、集成块引脚等原因造成的故障。

⑤ 检查是否有不允许悬空的输入端(例如,TTL 中规模以上的控制输入端,CMOS 电路的各输入端等)未接入电路。

⑥ 进行静态(或单步工作)测量。使电路处在某一输入状态下,观察电路的输出是否与设计要求一致,用真值表检查电路是否正常。若发现差错必须重复测试,仔细观察故障现象,然后把电路固定在某一故障状态,用万用表测试电路中各器件输入、输出端的电压。对于TTL 电路,所测结果应符合表 5.1 的数值范围。

表 5.1　TTL 电路静态工作各引出端电压值

引出端所处状态	电压范围
输出高电平	≥3 V
输出低电平	≤0.4 V
输入端悬空	1.0~1.4 V
输入端接低电平	≤0.4 V
输入端接高电平	≥3 V
两输入端短接(两输入端状态不同)	0.6~1.4 V

⑦ 如果无论输入信号怎样变化,输出一直保持高电平不变,则可能是集成块没有接地或接地不良。若输出信号保持与输入信号同样规律变化,则可能集成块没有接电源。

⑧ 对于多个与输入端器件,如果使用时有输入端多余,在检查故障时,可以调换另外的输入端测试。实验中使用器件替换法也是一种有效的检查故障的方法,以排除器件功能不正常引起的电路故障。

⑨ 电路故障的检查方法可用逐级跟踪的方法进行。静态检查是使电路处在某一故障的工作状态,动态检查则是在某一规律信号作用下检查各级工作波形。具体检查次序可以

从输入端开始,按信号流程依次逐级向后检查,也可以从故障输出端向输入端方向逐级检查,直至找到故障为止。

⑩ 对于含有反馈线的闭合电路,应设法断开反馈线进行检查,必要时对断开的电路进行状态预置后,再进行检查。

⑪ TTL 电路工作时产生电源尖峰电流,可能会通过电源耦合破坏电路正常工作,应采取必要的去耦措施。

⑫ CMOS 电路特有的一种失效模式,即锁定效应,也称为可控硅效应,是器件固有的故障现象,是由于器件内部存在反馈,使工作电流越来越大,直至发热烧坏器件。当 CMOS 器件工作在较高电源电压或输入、输出信号由于电路上的原因可能出现高于 V_{DD} 或低于 V_{SS} 时,就可能出现锁定效应。因此,在电路中应采取如下措施加以预防:

a. 注意电源的去耦,加粗地线,减小地线电阻;

b. 在不影响电路工作情况下,尽量降低 V_{DD} 值;

c. 在不影响电路工作速度的情况下,使电源允许提供的电流小于锁定电流(一般器件的锁定电流在 40 mA 左右);

d. 对输入信号进行钳位。

第 6 章

数字电子技术基础实验

本章是根据数字电子技术理论课的教学内容以及实验教学大纲来编写的,希望通过这些基础实验使学生掌握数字电路的基本设计方法和调试方法,巩固所学的理论知识,培养和提高学生的实验技能和设计能力以及灵活运用所学理论知识来分析和解决实际问题的能力,为进行复杂的数字系统设计打好基础。

6.1 【实验一】门电路参数与功能测试

6.1.1 实验目的

(1) 熟悉 TTL 和 CMOS 与非门的主要参数和测试方法。
(2) 掌握门电路逻辑功能测试方法。
(3) 加深对与非门逻辑功能的认识,掌握与非门进行逻辑变换及应用的方法和技巧。

6.1.2 实验原理

1. 芯片引脚排列图

74LS00 和 CD4011/74HC00 分别为 TTL 和 CMOS 集成电路中的四 2 输入与非门,它们的引脚排列图分别如图 6.1 和图 6.2 所示。

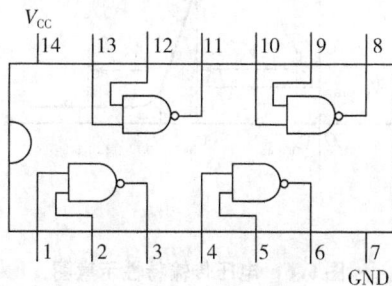

图 6.1 74LS00/74HC00 引脚排列图

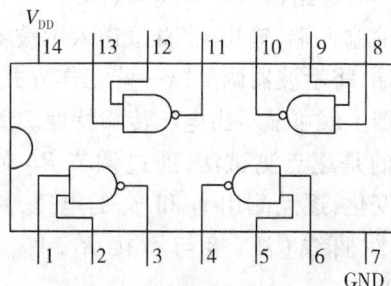

图 6.2 CD4011 引脚排列图

2. TTL 与非门的主要参数及测试原理

（1）低电平输入电流 I_{IL} 和高电平输入电流 I_{IH}

① I_{IL} 是指被测输入端接地，而其他输入端悬空且输出空载时，由被测端流向地端的电流，又称输入短路电流。

② I_{IH} 是指被测输入端接高电平，而其他输入端接地且输出空载时，流入被测端的电流。

I_{IL} 和 I_{IH} 的大小影响前一级门的带负载能力，它们分别作为前一级门的灌电流和拉电流，其值越小，前一级门驱动负载门的个数就越多。I_{IL} 和 I_{IH} 测试电路分别如图 6.3 和图 6.4 所示。

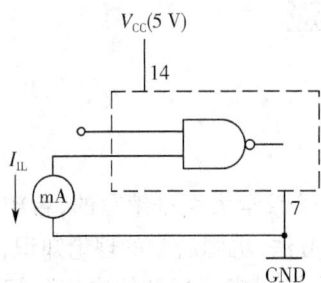

图 6.3　I_{IL} 测试电路

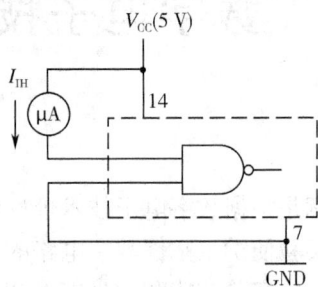

图 6.4　I_{IH} 测试电路

（2）扇出系数 N_O

N_O 是指门电路能驱动同类型门电路的数目。N_O 主要受输出低电平时允许灌入的最大电流的限制，如灌入负载电流过大则会使输出低电平抬高，造成下一级逻辑错误。扇出系数 N_O 的测试电路如图 6.5 所示，输入都悬空，调节灌电流负载 R_L，使输出电压 $V_{OL}=0.4$ V，测出此时 $I_{OL}=I_{OL(max)}$，则

$$N_O = N_{OL} = \frac{I_{OL(max)}}{I_{IL}} \qquad (6.1)$$

（3）电压传输特性

电压传输特性是指输出电压 v_O 与输入电压 v_I 之间的关系曲线，如图 6.6 所示。测试电路可采用图 6.7 所示电路。图 6.7(a) 采用的是示波器测试法，将频率为 1 kHz、幅度为 5 V 的三角波同时送给输入端 $v_I(0 \leqslant V_I \leqslant 5$ V) 和示波器的 x 轴输入端，输出 v_O 直接送入示波器的 y 轴输入端，将示波器调至"x—y"工作方式，此时在示波器上就可显示出电压传输特性。图 6.7(b) 采用的是逐点测试法，通过调节 R_W 使输入 v_I 发生变化，逐点测出 v_I 和 v_O 的电压，然后绘制成特性曲线（注：接与不接 R_L，$V_{OH(max)}$ 会有差别）。

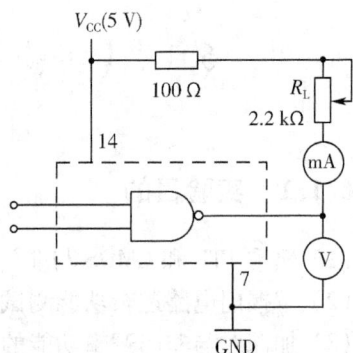

图 6.5　扇出系数测试电路

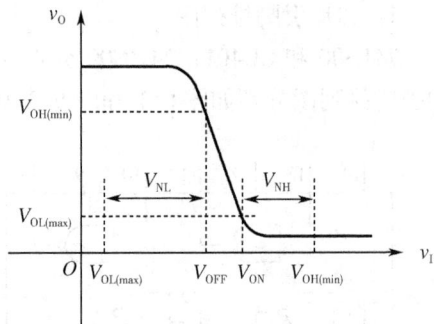

图 6.6　电压传输特性示意图

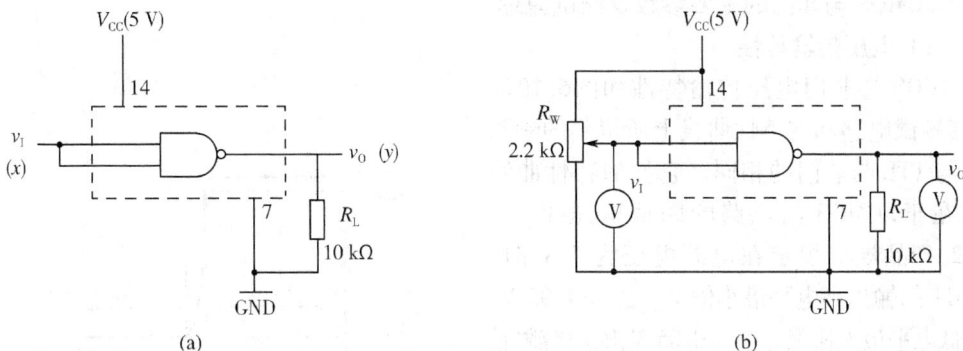

图 6.7　电压传输特性测试电路

（a）示波器测试法；　（b）逐点测试法

通过电压传输特性可得到门电路的一些静态参数,如输出高电平 V_{OH},输出低电平 V_{OL},关门电平 V_{OFF},开门电平 V_{ON},阈值电压 V_{TH} 和输入端噪声容限等。

① 输出高电平 V_{OH} 是指与非门有一个或几个输入端接地或接低电平时的输出电压。产品规范规定,74LS00 的输出高电平最小值 $V_{OH(min)} = 2.7$ V。

② 输出低电平 V_{OL} 是指与非门所有的输入端都接高电平时的输出电压。产品规范规定,74LS00 的输出低电平最大值 $V_{OL(max)} = 0.4$ V。

③ 关门电平 V_{OFF} 是指保证与非门输出高电平所允许的最大输入电压。

④ 开门电平 V_{ON} 是指保证与非门输出低电平所允许的最小输入电压。

⑤ 阈值电压 V_{TH} 是指与非门输出高、低电平急速转变区域(转折区)的中点所对应的输入电压。

⑥ 输入端噪声容限是指保证与非门输出高、低电平基本不变的条件下所允许输入信号的高、低电平波动范围。

输入为高电平时的噪声容限 $V_{NH} = V_{OH(min)} - V_{ON}$；输入为低电平时的噪声容限 $V_{NL} = V_{OFF} - V_{OL(max)}$。

（4）平均传输延迟时间 t_{pd}

传输延迟时间是指与非门输出电压变化落后于输入电压变化的时间。图 6.8 为传输延迟时间示意图,其中,输出由高电平跳变为低电平时的传输延迟时间记作 t_{pHL},输出由低电平跳变为高电平时的传输延迟时间记作 t_{pLH},则平均传输延迟时间 $t_{pd} = (t_{pHL} + t_{pLH})/2$。

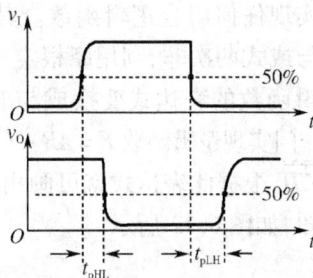

图 6.8　传输延迟时间示意图

TTL 门电路的延迟时间较小,t_{pd} 一般为 $(10 \sim 20)$ ns,而 74LS 系列则可达到 9 ns 左右,因此可采用如图 6.9 所示的测试电路,将多个门电路串接起来,加大输出 v_O 与输入 v_I 之间的延迟时间,以便于提高测量的精度,并将时钟脉冲信号送给输入 v_I,用示波器同时观察 v_I 与 v_O 的波形,如图 6.8 所示,则此时 $t_{pd} = (t_{pHL} + t_{pLH})/6$。

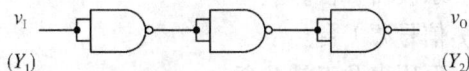

图 6.9　t_{pd} 测试电路

3．CMOS 与非门的主要参数及测试原理

（1）电压传输特性

CMOS 与非门电压传输特性如图6.10所示，其测试电路和在特性曲线上所得到的参数意义与 TTL 与非门的相同。它们的特性曲线差别在于，CMOS 门电路的阈值电压 $V_{TH} \approx V_{DD}/2$，产品规范规定在电源电压为 5 V 时，CD4011 的输出高电平最小值 $V_{OH(min)} = 4.95$ V，输出低电平最大值 $V_{OL(max)} = 0.05$ V，噪声容限较大。74HC00 在电源电压为 4.5 V 时，$V_{OH(min)} = 4.4$ V，$V_{OL(max)} = 0.1$ V。

（2）平均传输延迟时间 t_{pd}

CMOS 门电路的平均传输延迟时间的定

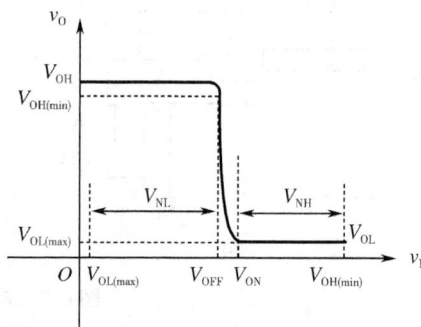

图 6.10　CMOS 与非门的电压传输特性

义及测试电路原理与 TTL 门电路完全相同，但 CMOS 门电路的延迟时间比 TTL 门电路要大得多，4000 系列一般为 $(100 \sim 200)$ ns，CMOS 高速系列 74HC 系列的 t_{pd} 可提高到 10 ns 左右。

注意：CMOS 门电路不用的输入端不能悬空；而 TTL 门电路的输入端悬空相当于逻辑"1"，但是不用的输入端尽量不要悬空，以避免干扰造成逻辑错误。

4．与非门的逻辑功能及逻辑变换

（1）与非门的逻辑功能

与非门的逻辑功能为：输入只要有低电平则输出为高电平；输入全为高电平输出才为低电平。2 输入与非门的逻辑图如图 6.11 所示，其逻辑表达式为 $Y = \overline{AB}$。

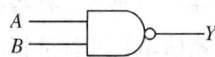

图 6.11　2 输入与非门的逻辑图

（2）与非门的逻辑变换

与非门具有逻辑完备性，即与非门通过逻辑变换可实现任何组合逻辑函数。其方法是：将逻辑函数的与或式两次非，利用摩根定理去掉一个非号，则将逻辑函数的表达式变换成与非 – 与非式。例如，用与非门实现逻辑函数 $F = AB + CD$，则 $F = \overline{\overline{AB + CD}} = \overline{\overline{AB} \cdot \overline{CD}}$，根据此表达式就可画出用与非门来实现的逻辑图，如图 6.12 所示。

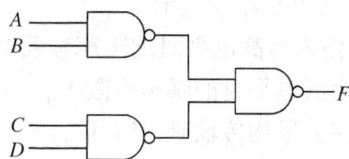

图 6.12　与非门构成的逻辑图

6.1.3　实验设备与器件

（1）实验箱 1 台。

（2）示波器 1 台。

（3）信号源 1 台。

（4）万用表及工具 1 套。

（5）74LS00，CD4011/ 74HC00 各 1 片，电位器 1 只，电阻若干。

6.1.4　实验内容

1．门电路参数测试

（1）根据实验原理中给出的 74LS00 引脚排列图 6.1 和参数测试电路图 6.3 至图 6.5 正确连接线路,测出 TTL 门电路的参数填入表 6.1 中。

表 6.1　TTL 门电路的参数测试

测试参数	I_{IL}/mA	$I_{IH}/\mu A$	$I_{OL(max)}/mA$	N_O
测试电路	见图 6.3	见图 6.4	见图 6.5 $V_{OL}=0.4$ V 时, $I_{OL}=I_{OL(max)}$	$N_O=N_{OL}=\dfrac{I_{OL(max)}}{I_{IL}}$
测试数据				

（2）根据 74LS00/74HC00,CD4011 引脚排列图 6.1 和图 6.2 以及参数测试电路图 6.7 正确连接线路,测出 TTL 门和 CMOS 门的电压传输特性,根据特性曲线和原理中给出的参数定义将参数测试结果记录在表 6.2 中。

表 6.2　参数测试数据表格

测试参数	V_{OFF}/V	V_{ON}/V	V_{TH}/V	V_{NH}/V	V_{NL}/V	V_N/V	t_{pd}/ns
TTL 门							
CMOS 门							

说明:如果采用图 6.7(a)的示波器测试法则可直接观测到电压传输特性曲线;若采用图 6.7(b)的逐点测试法则按表 6.3 进行测量并将数据记入表中,然后画出电压传输特性曲线。

表 6.3　采用图 6.7(b)逐点测试法测试电压传输特性的测试表格

TTL 门	V_I/V	0	0.2	0.4	0.8	0.9	1.0	1.1	1.2	1.4	1.5	1.6	1.8	2.0	2.4
	V_O/V														
CMOS 门	V_I/V	0	0.6	1.2	2.0	2.2	2.3	2.4	2.5	2.6	2.7	2.8	3.0	3.8	4.4
	V_O/V														

（3）根据引脚排列图和图 6.9 所示的 t_{pd} 测试电路,接好电路,调整示波器各挡位到合适的位置,测出 TTL 门和 CMOS 门的延迟时间 t_{pd} 记入表 6.2 中。

2. 验证与非门的逻辑功能

根据 74LS00 引脚排列图接好电源,将 2 输入与非门的输入 A 和 B 分别用开关控制,输出 Y 接指示灯,电路接好后根据表 6.4 进行逻辑功能测试,同时用万用表测量输入、输出的电压值,并将其结果记入表中。

3. 用与非门实现非门的逻辑功能

用 2 输入与非门 CD4011/ 74HC00 设计实现非门的逻辑功能。将逻辑变换后的表达式、逻辑图及测试结果记入表 6.5 中(注意:CMOS 门不用的输入端不能悬空)。

表 6.4　测试 TTL 2 输入与非门的逻辑功能

输入逻辑状态		输出逻辑状态	输入电压		输出电压
A	B	Y	V_A/V	V_B/V	V_Y/V
0	0		V_{IL}	V_{IL}	
0	1		V_{IL}	V_{IH}	
1	0		V_{IH}	V_{IL}	
1	1		V_{IH}	V_{IH}	

根据测试结果写出逻辑表达式：$Y=$

表 6.5　用 CMOS 2 输入与非门实现非门的逻辑功能

非门逻辑表达式	逻辑图	真值表		输入、输出电压测试	
		A	F	V_A/V	V_F/V
		0			
		1			

4. 用与非门实现异或门的逻辑功能

要求用最少的 2 输入与非门实现异或门功能。

提示：将 $F = A\overline{B} + \overline{A}B$ 用原理中介绍的变换方法变成与非 – 与非式 $F = \overline{\overline{A\overline{B}} \cdot \overline{\overline{A}B}}$，需要用的 2 输入与非门是五个并不是最少的，再利用 $A\overline{B} = A \cdot \overline{AB}$ 将表达式进一步变换，则用四个 2 输入与非门就可实现异或门功能。

将逻辑变换后的表达式、逻辑图及测试结果记入表 6.6 中。

表 6.6　用 2 输入与非门实现异或门的逻辑功能

逻辑表达式	逻辑图	真值表		
		A	B	F
		0	0	
		0	1	
		1	0	
		1	1	

5. 用 2 输入与非门实现下列门电路的逻辑功能（选做）

（1）与门：$F = AB$

（2）或门：$F = A + B$

（3）或非门：$F = \overline{A + B}$

将逻辑变换后的表达式、逻辑图及测试结果分别记入表 6.7 ~ 表 6.9 中。

表 6.7　用 2 输入与非门实现与门的逻辑功能

逻辑表达式	逻辑图	真值表		
		A	B	F
		0	0	
		0	1	
		1	0	
		1	1	

表 6.8　用 2 输入与非门实现或门的逻辑功能

逻辑表达式	逻辑图	真值表		
		A	B	F
		0	0	
		0	1	
		1	0	
		1	1	

表 6.9　用 2 输入与非门实现或非门的逻辑功能

逻辑表达式	逻辑图	真值表		
		A	B	F
		0	0	
		0	1	
		1	0	
		1	1	

6.1.5　实验报告要求

（1）将各个实验数据记录到相应的表格中,根据测试数据画出电压传输曲线,并标出各有关参数。

（2）对实验数据进行分析,比较 TTL 和 CMOS 两种门电路的性能。

6.2 【实验二】组合逻辑电路的设计与测试

根据逻辑功能的不同特点,可将数字电路分为组合逻辑电路(简称组合电路)和时序逻辑电路(简称时序电路)两大类。

组合逻辑电路的功能特点是在任何时刻电路的输出仅取决于该时刻的输入,而与电路原来的状态无关。因此,组合逻辑电路中不能包含存储单元,并且输入与输出之间不能有反馈,这是组合电路的结构特点。

6.2.1　组合逻辑电路的设计方法及设计实例

1. 组合逻辑电路的一般设计步骤

设计组合逻辑电路的主要任务就是根据给出的实际逻辑问题,设计出实现这一逻辑功能的逻辑电路或 HDL 程序。组合逻辑电路的一般设计步骤如下。

(1) 进行逻辑抽象,列出真值表

① 通常实际逻辑问题是用文字来描述的,需要设计者根据设计要求分析其中的因果关系,确定输入、输出逻辑变量。一般将引起事件的原因(条件)作为输入变量,而将事件的结果作为输出变量。

② 定义输入、输出逻辑变量取值所表示的含义。在二值逻辑中,变量只有两种取值"0"和"1",分别表示变量的两种不同的逻辑状态。

③ 根据输入、输出之间的因果关系列出真值表。

(2) 根据真值表写出逻辑表达式(逻辑函数式)

对于较简单、直观的逻辑问题,设计者可根据因果关系直接写出表达式,但对于大多数逻辑问题则很难做到,只有通过真值表才能写出逻辑表达式,有了表达式则可方便地画出逻辑图或进行逻辑化简和逻辑变换。

(3) 选择器件类型

要实现组合逻辑函数,可采用小规模集成门电路、中规模集成的常用组合逻辑器件或可编程逻辑器件(PLD)来实现,设计者可根据设计要求、设计规模、器件资源等具体情况来确定所采用的器件类型。

(4) 将逻辑表达式进行化简或变换

一般来说,在保证设计的逻辑功能正确并能按规定的速度工作的前提下,应使逻辑电路尽可能地简单,以便达到节省资源、降低成本、便于电路故障或错误的排查、提高可靠性等目的。要达到这个目的,采用不同的器件、不同的设计输入法,其具体做法也有所不同。

① 如果采用门电路进行设计,应将表达式化简成最简与或式,即与或表达式中含有的与项最少,每个与项中的因子最少。常用的手工化简方法有公式化简法和卡诺图化简法。如果对所用门电路的种类还有限制,则还需将表达式变换成相应的形式(如用与非门设计,则需变成与非 – 与非式;而用或非门则应变换成或非 – 或非式)。目前,采用计算机和辅助设计时,逻辑表达式的化简和变换都可由计算机自动完成。

② 如果采用中规模常用组合芯片,应根据芯片的功能和输出表达式,将要设计的逻辑函数表达式变换成适当的形式,以便使电路最简,即所用器件和连线都最少。

③ 如果采用 PLD 进行设计,且利用 EDA 设计软件中的原理图设计输入法,则可借鉴上述两种做法,以便使所设计的电路逻辑清晰、易懂;而利用软件中的硬件描述语言设计输入法,则可根据表达式的具体情况来决定是否需要进行化简或变换,只要满足 HDL 程序编写的需要即可。

(5) 根据化简或变换后的逻辑表达式,画出逻辑图或编写出 HDL 程序

到此,逻辑电路的原理性设计(或称逻辑设计)已经完成。上述组合电路的逻辑设计过程如图 6.13 所示。

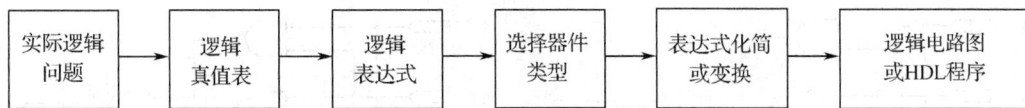

图 6.13　组合电路逻辑设计过程示意图

（6）逻辑仿真

完成逻辑设计后,为了经济、快速地验证设计的逻辑功能是否正确,可利用 EDA 设计软件(如 Quartus Ⅱ)进行逻辑功能仿真,如达不到要求可对设计进行修改,直到符合要求为止。进行仿真时,一定要注意在输入变量所有可能取值组合下,输出状态都是正确的(与真值表相符),才能说明电路的逻辑功能正确。

（7）硬件电路设计

为了将逻辑设计用实际硬件来实现,还须进行硬件的设计、安装与调试,这部分内容可参考第 5 章相关内容以及其他资料。

2. 组合逻辑电路设计实例

例 6.1　设计一个三人表决电路,表决规则是少数服从多数,即当有两个或两个以上的人表示同意时,决议通过。

解:(1) 进行逻辑抽象,列出真值表

取三个表决人为输入变量,分别用 A,B,C 表示,并规定同意时为"1",不同意时为"0";取表决结果作为输出,用 F 来表示,并规定决议通过时为"1",决议未通过时为"0"。

根据设计要求可列出表 6.10 所示的逻辑真值表。

（2）写出逻辑表达式

由表 6.10 知

$$F = \bar{A}BC + A\bar{B}C + AB\bar{C} + ABC \quad (6.2)$$

（3）选择器件类型为小规模集成门电路

（4）利用公式或图 6.14 所示的卡诺图将式(6.2)化简后得

$$F = AB + AC + BC \quad (6.3)$$

（5）画出逻辑电路图

① 如果用与门和或门来实现,则根据式(6.3)所示的最简与或式即可画出图 6.15 所示电路。

② 如果用与非门来实现,则需将表达式变换成与非 – 与非式,即

$$F = \overline{AB + AC + BC} = \overline{\overline{AB} \cdot \overline{AC} \cdot \overline{BC}} \quad (6.4)$$

根据式(6.4)即可画出用与非门组成的逻辑电路,如图 6.16 所示。

表 6.10　例 6.1 的逻辑真值表

输入			输出
A	B	C	F
0	0	0	0
0	0	1	0
0	1	0	0
0	1	1	1
1	0	0	0
1	0	1	1
1	1	0	1
1	1	1	1

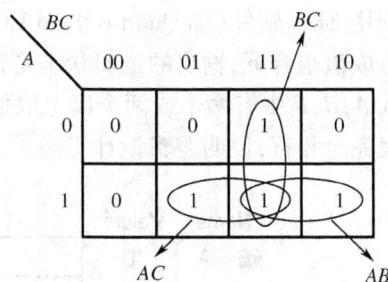

图 6.14　例 6.1 的卡诺图

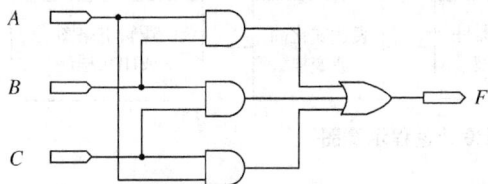

图 6.15　例 6.1 的逻辑图之一

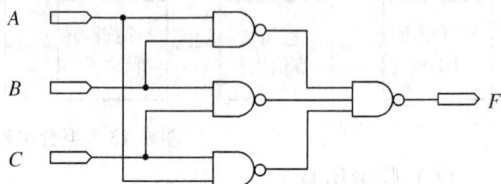

图 6.16　例 6.1 的逻辑图之二

③ 如果用或非门来实现,则需将表达式变换成或非－或非式,具体方法如下。

首先,通过合并卡诺图中的 0,如图 6.17 所示,得到反函数的最简与或式为

$$\overline{F} = \overline{A}\,\overline{B} + \overline{A}\,\overline{C} + \overline{B}\,\overline{C} \tag{6.5}$$

然后,利用反演定理将式(6.5)变换成原函数的或与式,即

$$F = (A + B)(A + C)(B + C) \tag{6.6}$$

最后,再将表达式(6.6)取两次反,利用一次摩根定理后可得

$$F = \overline{\overline{(A + B)(A + C)(B + C)}} = \overline{\overline{A + B} + \overline{A + C} + \overline{B + C}} \tag{6.7}$$

根据式(6.7)即可画出用或非门组成的逻辑电路,如图 6.17 所示。

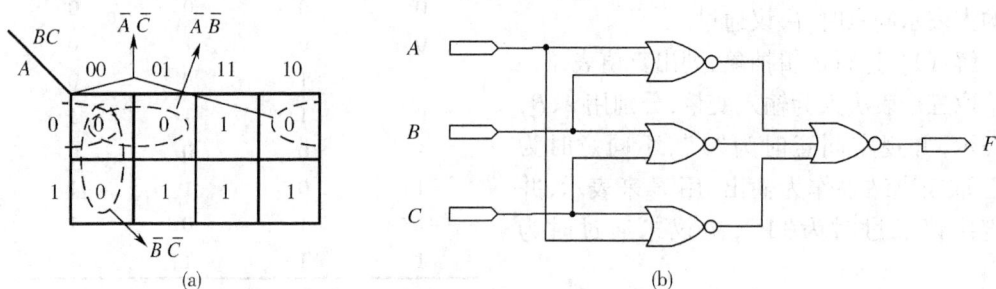

(a)

(b)

图 6.17　例 6.1 的卡诺图和逻辑图之三

(6) 软件仿真

利用 EDA 软件(如 Quartus Ⅱ ,MAX + plus Ⅱ)对设计的逻辑电路进行功能仿真,观察输入所有取值组合下,输出的逻辑状态是否正确。本例的仿真波形如图 6.18 所示,由图可见,当输入 A,B,C 中有两个或两个以上取值为 1 时,输出 F 就为 1,仿真结果与表 6.10 所示的真值表完全相符,说明逻辑设计正确。

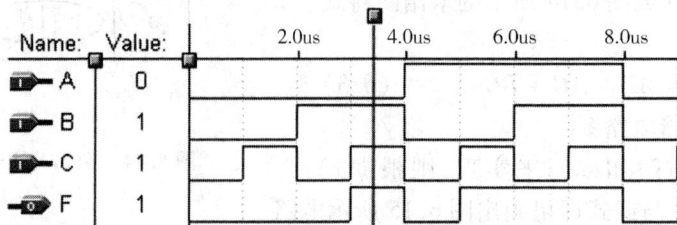

图 6.18　例 6.1 的仿真波形

完成例 6.1 逻辑设计的 VHDL 和 Verilog HDL 程序如下所示。

① VHDL 程序

library IEEE;

```
use IEEE. STD_LOGIC_1164. all;
entity biaojueqi_vhdl is
    port(a,b,c: in std_logic;
              f : out std_logic);
end biaojueqi_vhdl;
architecture behave of biaojueqi_vhdl is
signal t1,t2,t3,t4: std_logic; --定义内部信号
begin
  t1 < = (not a and b and c);
  t2 < = (a and not b and c);
  t3 < = (a and b and not c);
  t4 < = (a and b and c);
  f < = t1 or t2 or t3 or t4;
end behave;
```

也可根据式(6.2)或式(6.3)将程序中的输出 f 直接写成

f < = (not a and b and c) or (a and not b and c) or (a and b and not c) or (a and b and c);

或者 f < = (a and b)or(a and c)or(b and c) 。

②Verilog HDL 程序

```
module biaoqueqi_verilog (a ,b,c,f);
input a,b,c;
output f ;
reg f ;
always @ (a,b,c)
  begin
    f = ! a && b && c || a && ! b && c|| a && b && ! c|| a && b && c;
  end
endmodule
```

3. 组合逻辑电路中的竞争－冒险现象

在组合逻辑电路的设计中,通常没有考虑布线和门电路的延迟效应,将其看成理想情况。而实际情况是输入变化后输出并不是同时变化,而是需要一个响应时间。因此,在理想情况下设计完成的逻辑电路,在实际工作时,当输入信号发生变化时就可能出现瞬时的逻辑错误,即在输出端产生不应有的尖峰脉冲,这种现象称作竞争－冒险现象。

如果要从原理上检查所设计的组合逻辑电路是否存在竞争－冒险现象,可利用计算机仿真软件对电路进行时序仿真,但这种方法检查的结果与实际还是有所差别的。因此,最可靠的方法就是用实验的方法对实际电路进行动态测试。

消除竞争－冒险现象的常用方法有多种,现介绍下面三种。

(1) 加滤波电容法

由于所出现的冒险均为窄脉冲,因此在电路的输出端与地之间接入一个小电容(几十~几百皮法)就可消除冒险。这种方法简单易行,但输出波形的边沿会变坏,只适用于对输出信号边沿要求不高的电路。

（2）加选通脉冲法

因为冒险仅发生在输入变化的瞬间，所以可用一个选通脉冲来选取稳定时的输出状态作为输出端的状态，使得冒险这样瞬间出现的不稳定状态被封锁而不能出现在输出端。这种方法的缺点是对选通脉冲的宽度和作用时间均有严格要求。

（3）修改逻辑设计的方法

这种方法又分为代数法和卡诺图法。例如，逻辑函数 $F = AB + \bar{A}C$，它的逻辑图和卡诺图如图 6.19 所示。

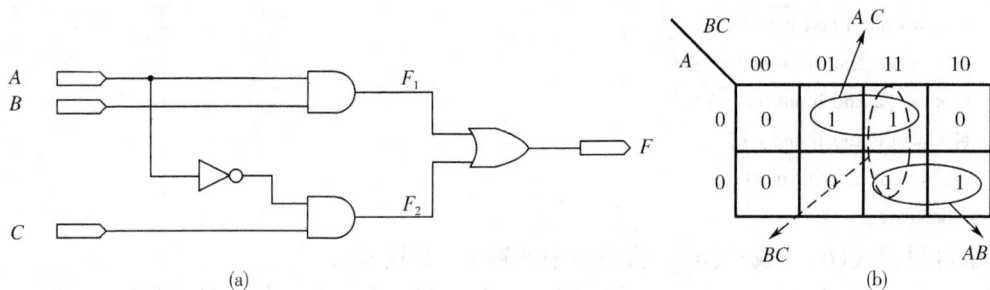

图 6.19　逻辑电路图和卡诺图

（a）逻辑电路图；　（b）卡诺图

在 $B = C = 1$ 的条件下，$F = A + \bar{A}$，可见，理想情况下输出始终为 1。但从实际时序角度分析，如图 6.20 所示，当输入变量 A 由 1 变 0 时，由于 F_1 和 F_2 的变化分别经过一级门和两级门的不同延迟，此时在输出端 F 产生了瞬间 0 冒险。

如果通过在表达式中加入冗余项 BC（即代数法），或通过在卡诺图中添加一个如图6.19所示的冗余圈（即卡诺图法），使表达变为 $F = AB + \bar{A}C + BC$，也就是在电路中增加了一个与门，修改后的电路就可消除这种逻辑冒险。这种方法的缺点是，不适用消除多个变量同时变化时产生的功能冒险。

组合电路中的竞争 – 冒险现象是否一定要消除，则取决于输出端所接的负载，如果负

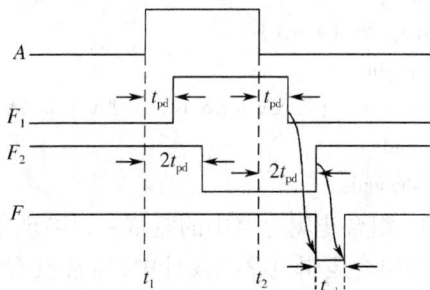

图 6.20　逻辑冒险产生波形图

载对尖峰脉冲敏感，则必须采取措施防止或消除；如果负载对尖峰脉冲不敏感（如发光二极管），就不必考虑这个问题。

6.2.2　常用组合电路及应用实例

在各种数字系统中，常用的组合电路有编码器、译码器、数据选择器、数值比较器、加法器、奇偶校验器等，为了使用方便，这些常用电路已被制成标准化集成芯片，多数还设置了附加控制端，使器件使用更加灵活、应用更加广泛。本节将介绍几种常用组合电路的逻辑功能、使用方法及其应用。

1. 译码器

译码器的逻辑功能是将每个输入的二进制代码译成对应的输出高、低电平信号或另外一个代码。译码器可分为通用译码器和显示译码器两大类。

(1) 通用译码器

通用译码器的功能是把输入的二进制代码进行"翻译",使输出通道中相应的一路有信号输出。对于有 N 个输入变量、2^N 个输出变量的通用译码器,通常称为 N 位二进制译码器或 N 线 -2^N 线译码器,如 2 线 $-$ 4 线译码器 74LS139、3 线 $-$ 8 线译码器 74LS138、4 线 $-$ 16 线译码器 74LS154 等,它们的每个输出对应一个输入变量组成的最小项,即 2^N 个输出含有 N 变量组成的全体最小项,可实现 N 变量的任意组合逻辑函数。

除此以外,还有 4 线 $-$ 10 线译码器(又称作二 $-$ 十进制译码器),如 74LS42,它的输出只含有 4 个输入变量组成的最小项 $m_0 \sim m_9$,而对应输入变量取值为 $1010 \sim 1111$(伪码),所有的 10 个输出都为 1(无有效信号输出),即具有拒绝伪码的功能。

下面以 3 线 $-$ 8 线译码器 74LS138 为例介绍译码器的功能及应用。

3 线 $-$ 8 线译码器 74LS138 的引脚排列图和图形符号如图 6.21 所示(注:Quartus Ⅱ 软件中的图形符号标注与理论书中的有所不同)。

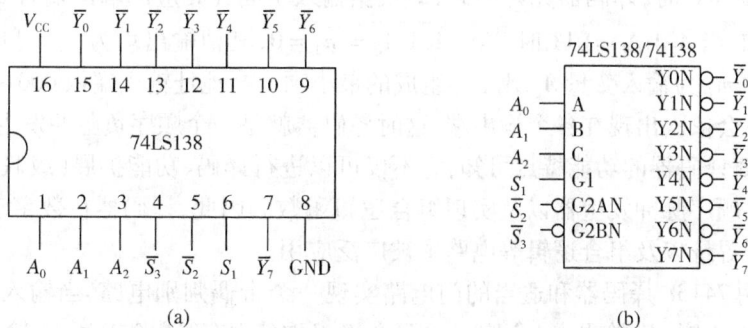

图 6.21　74LS138 译码器的引脚排列图和图形符号

(a) 引脚排列图;　(b) 图形符号

74LS138/ 74138 译码器功能如表 6.11 所示。

表 6.11　74LS138/ 74138 译码器功能表

输入					输出							
S_1	$\bar{S}_2 + \bar{S}_3$	A_2	A_1	A_0	$\bar{Y}_0$	$\bar{Y}_1$	$\bar{Y}_2$	$\bar{Y}_3$	$\bar{Y}_4$	$\bar{Y}_5$	$\bar{Y}_6$	$\bar{Y}_7$
G1	G2*	C	B	A	Y0N	Y1N	Y2N	Y3N	Y4N	Y5N	Y6N	Y7N
X	H	×	×	×	H	H	H	H	H	H	H	H
L	×	×	×	×	H	H	H	H	H	H	H	H
H	L	L	L	L	L	H	H	H	H	H	H	H
H	L	L	L	L	L	H	H	H	H	H	H	H

表 6.11 （续）

输入					输出							
S_1	$\overline{S}_2+\overline{S}_3$	A_2	A_1	A_0	$\overline{Y}_0$	$\overline{Y}_1$	$\overline{Y}_2$	$\overline{Y}_3$	$\overline{Y}_4$	$\overline{Y}_5$	$\overline{Y}_6$	$\overline{Y}_7$
G1	G2*	C	B	A	Y0N	Y1N	Y2N	Y3N	Y4N	Y5N	Y6N	Y7N
H	L	L	H	L	H	H	L	H	H	H	H	H
H	L	L	H	H	H	H	H	L	H	H	H	H
H	L	H	L	L	H	H	H	H	L	H	H	H
H	L	H	L	H	H	H	H	H	H	L	H	H
H	L	H	H	L	H	H	H	H	H	H	L	H
H	L	H	H	H	H	H	H	H	H	H	H	L

G2* = G2AN + G2BN

由功能表可知,$A_0\sim A_2$ 为代码输入端(也叫地址输入端);$S_1,\overline{S}_2,\overline{S}_3$ 是附加控制输入端(也叫使能端)。当 $S_1=0$ 或者 $\overline{S}_2+\overline{S}_3=1$ 时,译码器被禁止,所有输出都为1(无效信号);当 $S_1=1,\overline{S}_2+\overline{S}_3=0$ 时,译码器允许译码,即根据输入不同在相应的输出端有 0 输出(低电平有效)。例如,当 $A_2A_1A_0=011$ 时,$\overline{Y}_3=\overline{\overline{A}_2A_1A_0}=\overline{m}_3=0$,其他输出均为1。可见,译码器输出 $\overline{Y}_i=\overline{m}_i$,其中 m_i 为输入变量 A_2,A_1,A_0 组成的最小项。当地址输入端依 000~111 顺序变化时,低电平就会依次出现在各个输出端,这时译码器就是一个顺序负脉冲发生器。

根据 74138 译码器的功能特点可知,它不仅可以进行译码、功能扩展(级联),还可以用作数据分配器、顺序脉冲发生器以及实现组合逻辑函数。因此,译码器在数字动态显示、数据分配、存储器寻址以及组合逻辑等电路中被广泛应用。

例 6.2 用 74138 译码器和适当的门电路实现一个奇偶判别电路,当输入变量 A,B,C 取值中有奇数个 1 时,F_1 输出为 1;当输入变量 A,B,C 取值中有偶数个 1 时,F_2 输出为 1。

解:① 根据题意列出真值表,如表 6.12 所示。

② 根据真值表写出输出逻辑表达式,即

$$F_1=\overline{A}\,\overline{B}C+\overline{A}B\overline{C}+A\overline{B}\,\overline{C}+ABC=m_1+m_2+m_4+m_7 \tag{6.8}$$

$$F_2=\overline{A}BC+A\overline{B}C+AB\overline{C}=m_3+m_5+m_6 \tag{6.9}$$

③ 根据 74138 译码器的功能可知 $\overline{Y}_i=\overline{m}_i$,将表达式的形式进行变换得

$$F_1=\overline{\overline{m_1+m_2+m_4+m_7}}=\overline{\overline{m}_1\cdot\overline{m}_2\cdot\overline{m}_4\cdot\overline{m}_7}=\overline{\overline{Y}_1\cdot\overline{Y}_2\cdot\overline{Y}_4\cdot\overline{Y}_7} \tag{6.10}$$

$$F_2=\overline{\overline{m_3+m_5+m_6}}=\overline{\overline{m}_3\cdot\overline{m}_5\cdot\overline{m}_6}=\overline{\overline{Y}_3\cdot\overline{Y}_5\cdot\overline{Y}_6} \tag{6.11}$$

④ 根据式(6.10)和式(6.11)画出逻辑电路图,如图 6.22 所示(注意译码器的地址与逻辑函数输入变量 A,B,C 的对应关系,高、低位不要接反)。

⑤ 利用软件对图 6.22 的电路进行仿真,仿真波形如图 6.23 所示。

从仿真波形中可以看出,当输入变量 A,B,C 取值中有奇数个 1 时,F_1 输出为 1;有偶数个 1 时,F_2 输出为 1,仿真结果与表 6.12 完全相符。

由本例可知,用译码器实现多输出组合逻辑函数非常简单、方便。

表 6.12 例 6.2 的逻辑真值表

输入			输出	
A	B	C	F_1	F_1
0	0	0	0	0
0	0	1	1	0
0	1	0	1	0
0	1	1	0	1
1	0	0	1	0
1	0	1	0	1
1	1	0	0	1
1	1	1	1	0

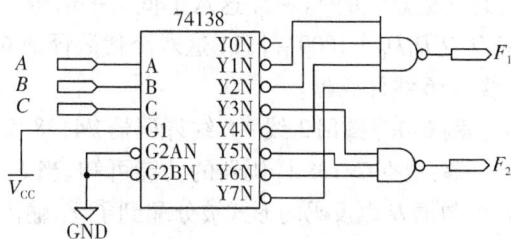

图 6.22 例 6.2 逻辑电路图

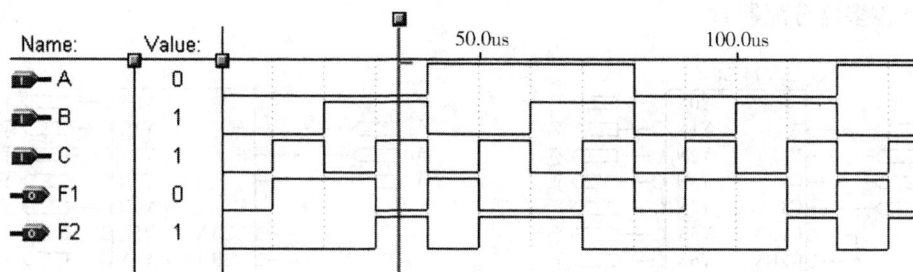

图 6.23 奇偶判别电路仿真波形

例 6.3 试用两片 3 线 – 8 线译码器 74138 实现 4 线 – 16 线译码器。

解:设 4 线 – 16 线译码器的代码输入为 $D_3D_2D_1D_0$,输出为 $\overline{Y}_0 \sim \overline{Y}_{15}$。

由图 6.21 可知,74138 仅有三位地址输入端,当想对四位二进制进行译码时,则只能利用使能端作为第四位地址输入端,以此控制两片译码器分时工作,如图 6.24 所示。

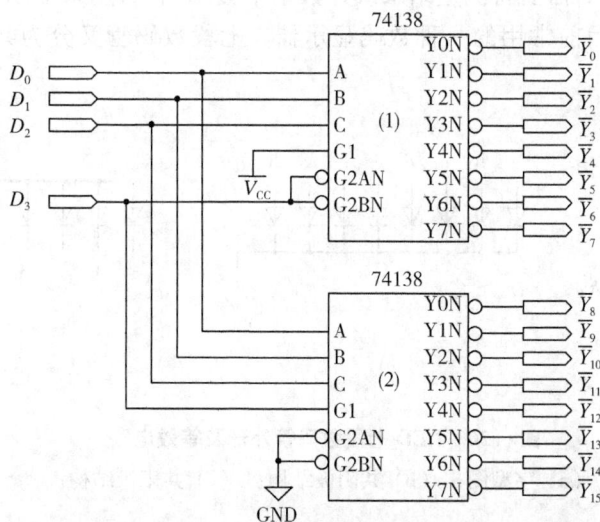

图 6.24 74138 扩展成 4 线 – 16 线译码器电路图

可见,当 $D_3 = 0$ 时译码器(1)片工作而(2)片禁止,将 $D_3 D_2 D_1 D_0 = 0000 \sim 0111$ 这八个代码译成对应的 $\overline{Y}_0 \sim \overline{Y}_7$ 这八个低电平信号;当 $D_3 = 1$ 时译码器(1)片禁止而(2)片工作,将 $D_3 D_2 D_1 D_0 = 1000 \sim 1111$ 这八个代码译成对应的 $\overline{Y}_8 \sim \overline{Y}_{15}$ 这八个低电平信号,从而实现了4 线 – 16 线译码器。

例 6.4 试用 3 线 – 8 线译码器 74138 实现一个八路数据分配器。

解:根据 74138 译码器的功能可知,当 $S_1 = D, \overline{S}_2 + \overline{S}_3 = 0$,地址为 $A_2 A_1 A_0 = 010$ 时,$\overline{Y}_2 = \overline{D}$,即数据 D 以反码的形式被分配到了 $\overline{Y}_2$ 输出端输出;当 $S_1 = 1, \overline{S}_2 + \overline{S}_3 = D$,地址为 $A_2 A_1 A_0 = 101$ 时,$\overline{Y}_5 = D$,即数据 D 以原码的形式被分配到了 $\overline{Y}_5$ 输出端输出(注意:$S_1 = G1, \overline{S}_2 = $ G2AN,$\overline{S}_3 = $ G2BN)。

可见,当利用某个使能端作为数据输入端时,就可以根据地址输入的不同将数据以原码或反码的形式分配到不同的输出端输出,如图 6.25 所示,此时译码器就成为了一个数据分配器(又称多路分配器)。

图 6.25　用译码器实现八路数据分配器的逻辑电路图

(a)反码输出的数据分配器;　(b)原码输出的数据分配器

(2)显示译码器

在数字系统中,有时需要将测量结果或计数结果显示出来,用来显示的器件种类很多,LED 七段数码管就是目前常用的一种数码显示器。七段数码管又分为共阴极和共阳极两类,如图 6.26 所示。

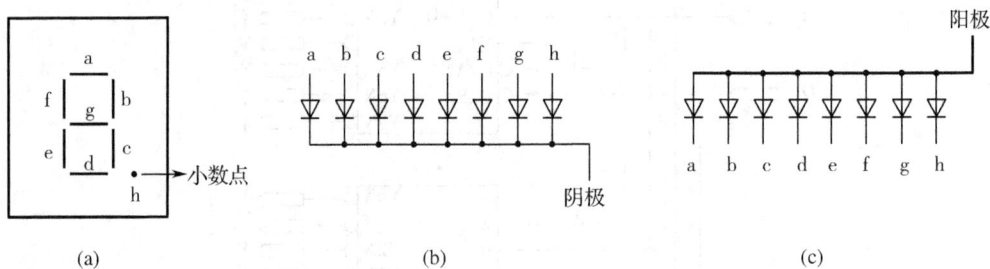

图 6.26　LED 七段数码管外形及等效电路

(a)字型图;　(b)共阴极结构;　(c)共阳极结构

LED 七段数码管的显示驱动译码器有 7448,7449,7446 和 7447 等,其中 7448 和 7449 必须使用共阴极数码管,7446 和 7447 必须使用共阳极数码管。附录 A 中的实验箱采用的是共阳极数码管,因此以 7447 为例对显示译码器加以介绍。7447 显示译码器的引脚排列图和图形符号如图 6.27 所示。

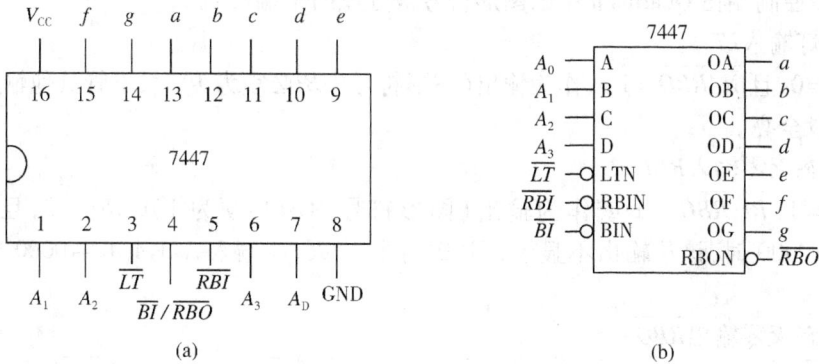

图 6.27　7447 引脚排列图和图形符号

（a）引脚排列图；　（b）图形符号

7447 显示译码器的功能如表 6.13 所示。

表 6.13　7447 显示译码器功能表

数字或功能	输入					输入/输出	输出							显示字形
	$\overline{LT}$	$\overline{RBI}$	A_3	A_2	A_1	A_0	$\overline{BI}/\overline{RBO}$	a	b	c	d	e	f	g	
	LTN	RBIN	D	C	B	A	BIN/RBON	OA	OB	OC	OD	OE	OF	OG	
0	H	H	L	L	L	L	H	L	L	L	L	L	L	H	0
1	H	×	L	L	L	H	H	H	L	L	H	H	H	H	1
2	H	×	L	L	H	L	H	L	L	H	L	L	H	L	2
3	H	×	L	L	H	H	H	L	L	L	L	H	H	L	3
4	H	×	L	H	L	L	H	H	L	L	H	H	L	L	4
5	H	×	L	H	L	H	H	L	H	L	L	H	L	L	5
6	H	×	L	H	H	L	H	H	H	L	L	L	L	L	b
7	H	×	L	H	H	H	H	L	L	L	H	H	H	H	7
8	H	×	H	L	L	L	H	L	L	L	L	L	L	L	8
9	H	×	H	L	L	H	H	L	L	L	H	H	L	L	9
10	H	×	H	L	H	L	H	H	H	H	L	L	H	L	c
11	H	×	H	L	H	H	H	H	H	L	L	H	H	L	크
12	H	×	H	H	L	L	H	H	L	H	H	H	L	L	凵
13	H	×	H	H	L	H	H	L	H	H	L	H	L	L	Ŀ
14	H	×	H	H	H	L	H	H	H	H	L	L	L	L	Ŀ
15	H	×	H	H	H	H	H	H	H	H	H	H	H	H	
灭灯	×	×	×	×	×	×	L(输入)	H	H	H	H	H	H	H	
动态灭零	H	L	L	L	L	L	L	H	H	H	H	H	H	H	
试灯	L	×	×	×	×	×	H	L	L	L	L	L	L	L	8

由功能表可知,7447 除了四位代码输入端以外,还附加了试灯输入 $\overline{LT}$、灭灯输入 $\overline{BI}$、动态灭零输入 $\overline{RBI}$ 和动态灭零输出 $\overline{RBO}$ 等控制信号,其功能说明如下。

① 灭灯输入 $\overline{BI}$

当 $\overline{BI}/\overline{RBO}$ 作为输入使用,且 $\overline{BI}=0$ 时,不管其他任何输入如何,数码管的七段全灭(注意: $\overline{BI}/\overline{RBO}$ 控制端在 Quartus Ⅱ 中的图形符号被分成两个端口)。

② 试灯输入 $\overline{LT}$

当 $\overline{LT}=0$,且 $\overline{BI}/\overline{RBO}=1$ 或作为输出(图形符号中 $\overline{BI}$ 必须为 1)时,不管其他输入如何,数码管的七段全亮。

③ 动态灭零输入 $\overline{RBI}$

当 $\overline{LT}=1$, $\overline{BI}/\overline{RBO}=1$ 或作为输出(图形符号中 $\overline{BI}$ 必须为 1), $\overline{RBI}=0$,且代码输入 $A_3A_2A_1A_0=0000$ 时,该位输出不显示,即"0"字被熄灭,而输入 $A_3A_2A_1A_0\neq0000$ 时,则正常显示。

④ 动态灭零输出 $\overline{RBO}$

$\overline{BI}/\overline{RBO}$ 作为输出使用(图形符号中 $\overline{BI}$ 必须为 1)时, $\overline{RBO}$ 受控于 $\overline{LT}$ 和 $\overline{RBI}$。当 $\overline{LT}=1$, $\overline{RBI}=0$,且代码输入 $A_3A_2A_1A_0=0000$ 时, $\overline{RBO}=0$,该端主要用于实现多位数码显示的灭零控制。如图 6.28 所示,在整数部分将高位的 $\overline{RBO}$ 与低位的 $\overline{RBI}$ 相连,在小数部分将低位的 $\overline{RBO}$ 与高位的 $\overline{RBI}$ 相连,就可以把前后多余的零熄灭,而中间的零以及小数点前、后各一位的零则不会被熄灭。

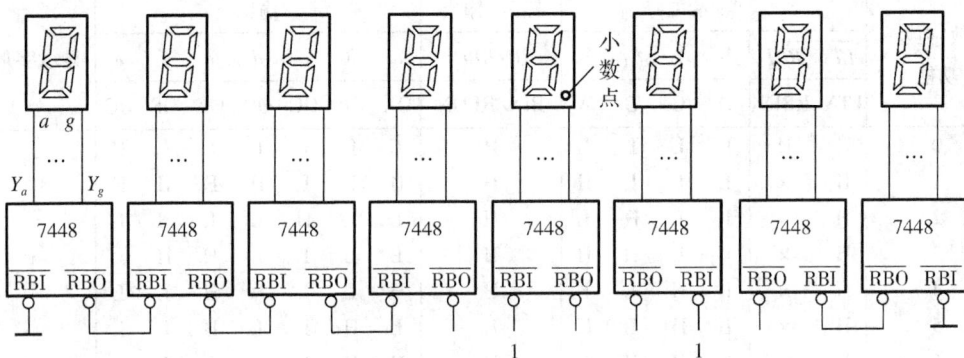

图 6.28 多位数码显示的灭零控制应用电路

⑤ 数码显示

当 $\overline{LT}=\overline{RBI}=1$, $\overline{BI}/\overline{RBO}=1$ 或作为输出(图形符号中 $\overline{BI}$ 必须为 1)时, $A_3A_2A_1A_0=0000\sim1111$,则数码管显示的字形如表 6.13 所示,可见数码管只能正常显示 $0\sim9$ 十个数字,因此 7447 也叫 BCD 码七段显示译码器。

例 6.5 已知实验箱上有多个共阳极数码管,各数码管之间的连接方式是同段共阴极,如图 6.29 所示。试用一片三态门 74244 和一片显示译码器 7447 实现一个两位数码的动态显示逻辑电路。

解:根据题意可知,所有数码管同名段的发光二极管的阴极都是连在一起的,要想显示多位数码,则必须由扫描脉冲来控制数码管分时显示,当分时显示转换较快时,由于人眼的滞留效应,使人眼分辨不出这种分时显示,看起来多位数码就像同时显示一样。

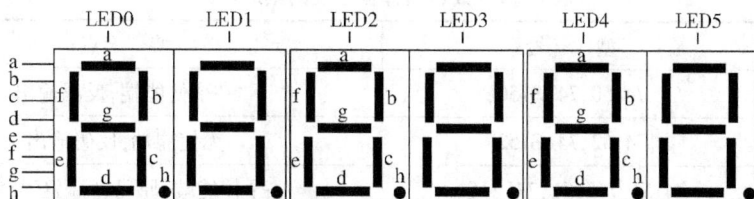

图 6.29 数码管连接示意图

根据要求设计的动态显示逻辑电路如图 6.30 所示,图中的 74244 是三态输出八缓冲器,内部含有八个三态门,每四个为一组,两组三态门的工作状态分别由使能端 1GN 和 2GN 控制。图中的非门实际上是一个 1 线 − 2 线译码器,用来控制 74244 的两个使能端和两个数码管的阳极,其显示原理如下。

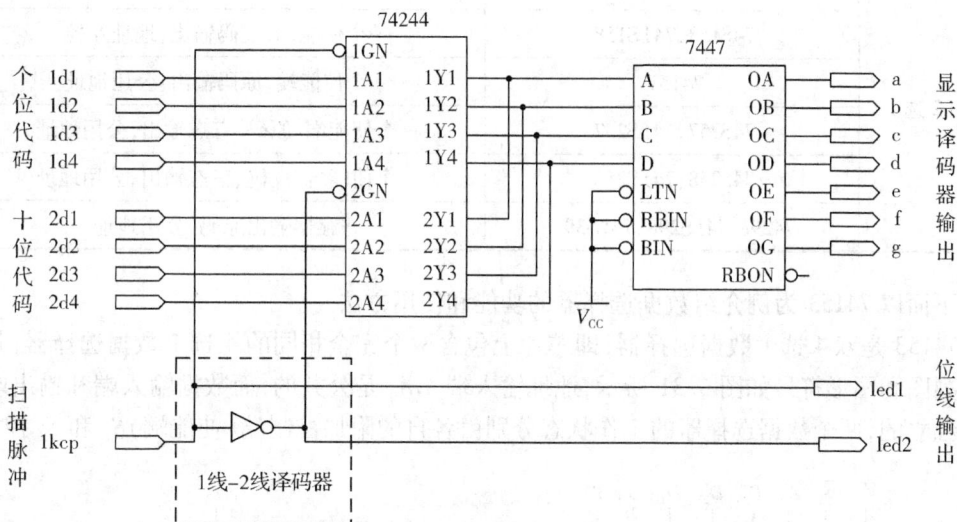

图 6.30 数码管动态显示电路

当扫描脉冲 1kcp = 0 时,经非门使第二组三态门的使能端 2GN = 1,控制其输出为高阻态,十位代码无法通过,而此时第一组三态门的使能端与扫描脉冲的状态相同 1GN = 0,三态门处于工作状态,个位代码 1d1 ~ 1d4 分别经过三态门送给显示译码器 7447 译码;同时,扫描脉冲经过非门,产生两个互补的位线输出 led1 = 0,led2 = 1,分别用来控制数码管 LED1 和 LED2 的阳极,可见这时个位数码就会显示在 LED2 这个数码管上。同理,当 1kcp = 1 时,个位代码被三态门阻止,而十位代码通过三态门被显示在 LED1 数码管上。扫描脉冲快速变化,两位数码也跟着快速轮流在两个数码管上显示。

2. 数据选择器(MUX)

数据选择器又叫多路开关,在选择控制端(也叫地址端)的控制下,它可以从多路数据中选择一路数据传送到输出端,类似一个单刀多掷转换开关。

数据选择器根据不同的需要有多种输出形式和类型,主要的集成产品见表 6.14 所示。

表 6.14　数据选择器主要的集成产品

类　　型	型　　号	特　　点
16 选 1	74150,74LS150	一个使能端,反码输出
8 选 1	74152,74LS152	无使能端,反码输出
	74151,74S151,74LS151	一个使能端,原码、反码互补输出
	74251,74S251,74LS251	一个使能端,原码、反码、三态互补输出
双 4 选 1	74153,74S153,74LS153	两个独立使能端,原码输出,公用地址
	74LS253	两个独立使能端,原码、三态输出,公用地址
	74LS352	两个独立使能端,反码输出,公用地址
	74LS353	两个独立使能端,反码、三态输出,公用地址
四 2 选 1	74S157,74LS157	一个使能端,原码输出,地址互控
	74S158,74LS158	一个使能端,反码输出,地址互控
	74157	一个使能端,原码输出,公用地址
	74S257,74LS257	一个使能端,原码、三态输出,公用地址
	74S258,74LS258	一个使能端,反码、三态输出,公用地址
	74298,74LS298,74LS399	寄存器输出原码,公用地址

下面以 74153 为例介绍数据选择器的功能和使用方法。

74153 是双 4 选 1 数据选择器,即芯片上包含两个完全相同的 4 选 1 数据选择器,其引脚排列图和图形符号如图 6.31 所示,地址输入端 A_1A_0 是公共的,而数据输入端和输出端是各自独立的,两个数据选择器的工作状态分别由各自的附加控制端(使能端)$\overline{S}_1$ 和 $\overline{S}_2$ 控制。

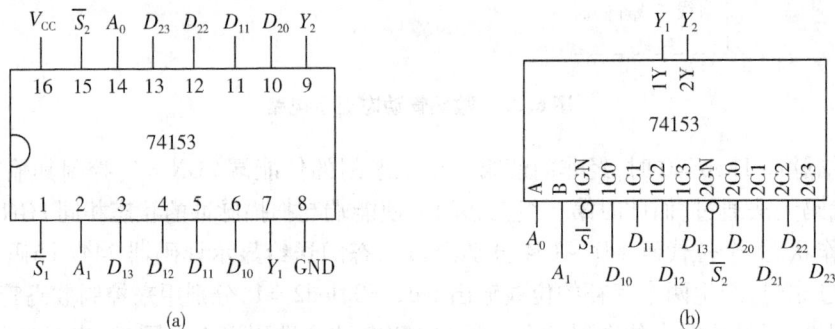

图 6.31　74153 引脚排列图和图形符号
（a）引脚排列图；　（b）图形符号

4 选 1 数据选择器的功能见表 6.15 所示,当使能端 $\overline{S}=1$ 时,数据选择器被禁止,无论地址 A_1A_0 和数据 $D_0 \sim D_3$ 如何变化,输出 $Y=0$ 始终不变;当使能端 $\overline{S}=0$ 时,数据选择器正常工作,其等效开关模型如图 6.32 所示,根据地址 A_1A_0 的状态从数据 $D_0 \sim D_3$ 中选取相应的数据输出。如 $A_1A_0=10$ 时,$Y=D_2$,相当于开关接在 D_2 位置上。由功能表和等效模型可知,数据选择器在正常工作状态下,输出的逻辑表达式为

表 6.15　4 选 1 数据选择器功能表

输入							输出
A_1	A_0	D_0	D_1	D_2	D_3	$\bar{S}$	Y
B	A	C0	C1	C2	C3	GN	Y
X	X	X	X	X	X	H	L
L	L	L	X	X	X	L	L
L	L	H	X	X	X	L	H
L	H	X	L	X	X	L	L
L	H	X	H	X	X	L	H
H	L	X	X	L	X	L	L
H	L	X	X	H	X	L	H
H	H	X	X	X	L	L	L
H	H	X	X	X	H	L	H

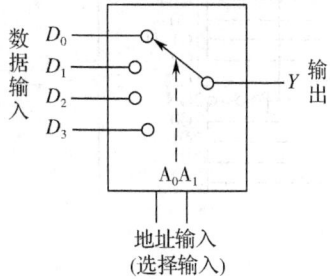

图 6.32　4 选 1 MUX 等效模型

$$Y = \bar{A}_1\bar{A}_0 D_0 + \bar{A}_1 A_0 D_1 + A_1\bar{A}_0 D_2 + A_1 A_0 D_3$$
$$= m_0 D_0 + m_1 D_1 + m_2 D_2 + m_3 D_3 \tag{6.12}$$

可见,输出包含了两位地址变量组成的全部最小项,因此,不需加任何门电路就可实现含有两个变量的任何组合逻辑电路。

由于 N 位地址的数据选择器可选择的输入数据有 2^N 个(即 2^N 选 1 数据选择器),它的输出表达式可根据式(6.12)推广得到,即

$$Y = m_0 D_0 + m_1 D_1 + \cdots + m_{2^N-1} D_{2^N-1} = \sum_{i=0}^{2^N-1} m_i D_i \tag{6.13}$$

其中,m_i 为 N 个地址变量组成的最小项。

数据选择器除了可以进行数据选择外,还可用来实现多通道数据传输、数据的并 - 串转换以及逻辑函数发生器等多种功能,应用十分广泛。

例 6.6　试用双 4 选 1 数据选择器 74153 实现一个 8 选 1 数据选择器。

解:根据 74153 的功能,有图 6.33 所示的两种方案可供参考。

方案一:如图 6.33(a)所示,一片 74153 中的两个 4 选 1 数据选择器有八个数据输入端,但只有两位地址输入端 $A_1 A_0$,要构成 8 选 1 还缺少一位地址 A_2,只能利用使能端。用 A_2 和 $\bar{A}_2$ 分别控制数据选择器(1)和(2)的使能端,使其分时工作,用或门将两个输出合为一个输出,即 $Y = 1Y + 2Y$。

当 $A_2 = 0$ 时,(1)工作,(2)禁止,$A_1 A_0$ 从 00 ~ 11 变化时,依次选择 $D_0 \sim D_3$ 从 1Y 经或门送到输出端 Y,则此时 $Y = 1Y + 2Y = 1Y$;而当 $A_2 = 1$ 时,(1)禁止,(2)工作,$A_1 A_0$ 从 00 ~ 11 变化时,依次选择 $D_4 \sim D_7$ 从 2Y 经或门送到输出端 Y,则此时 $Y = 1Y + 2Y = 2Y$。可见,图 6.33(a)完成了 8 选 1 数据选择器的功能,如用表达式来表示输出与输入之间的逻辑关系,则为

$$Y = \bar{A}_2(\bar{A}_1\bar{A}_0 D_0 + \bar{A}_1 A_0 D_1 + A_1\bar{A}_0 D_2 + A_1 A_0 D_3) +$$
$$A_2(\bar{A}_1\bar{A}_0 D_4 + \bar{A}_0 A_0 D_5 + A_1\bar{A}_0 D_6 + A_1 A_0 D_7) \tag{6.14}$$
$$= m_0 D_0 + m_1 D_1 + m_2 D_2 + m_3 D_3 + m_4 D_4 + m_5 D_5 + m_6 D_6 + m_7 D_7$$

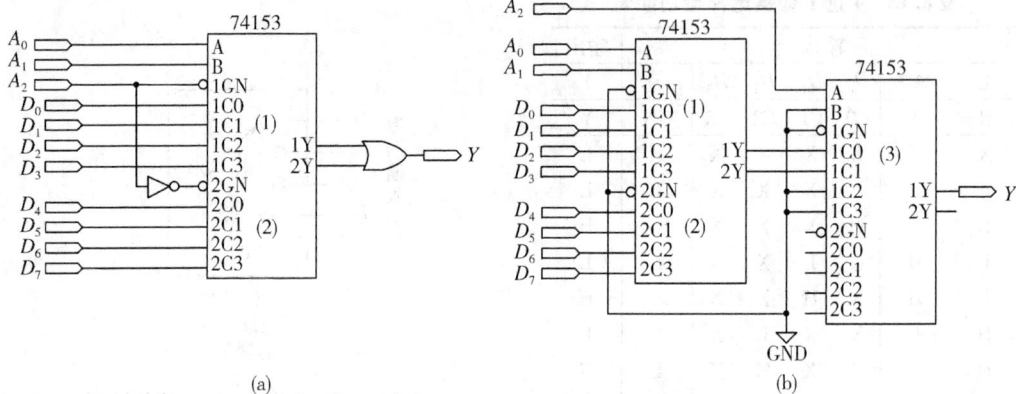

图 6.33　用 74153 扩展成的 8 选 1 数据选择器

(a) 方案一；　(b) 方案二

方案二:如图 6.33(b)所示,此方案用了三个 4 选 1 数据选择器,当地址 A_1A_0 每取一个状态时,数据选择器(1) 和(2) 就从 $D_0 \sim D_7$ 中各取一个对应的数据,如 $A_1A_0 = 00$ 时,$1Y = D_0$,$2Y = D_4$,即完成了 8 选 2 的任务,然后再将选出的两个数据送到数据选择器(3),通过地址 A_2 的控制从这两个数据中选择一个送到输出端,此时数据选择器(3) 完成的是 2 选 1 功能。

以上两种方案所构成的 8 选 1 数据选择器都没有设置使能端,如要增加一个使能控制端,只要将电路稍加修改就可实现,如在图 6.33(a) 中的或门上增加一个控制输入端,在图 6.33(b) 中将三个数据选择器的使能端连在一起作为控制输入端就可以满足要求了。

例 6.7　试用数据选择器实现逻辑函数 $F = \bar{A}B\bar{C} + A\bar{B}C + AB\bar{C} + ABC$。

解:(1) 用 8 选 1 数据选择器实现逻辑函数

8 选 1 数据选择器有三位地址 A_2,A_1,A_0,逻辑函数 F 含有三个变量 A,B,C,则可令 $A_2 = A$,$A_1 = B$,$A_0 = C$,根据式(6.14)知 8 选 1 数据选择器输出表达式为

$$Y = m_0D_0 + m_1D_1 + m_2D_2 + m_3D_3 + m_4D_4 + m_5D_5 + m_6D_6 + m_7D_7 \qquad (6.15)$$

而　　　　$$F = \bar{A}B\bar{C} + A\bar{B}C + AB\bar{C} + ABC = m_2 + m_5 + m_6 + m_7 \qquad (6.16)$$

将上面两式比较可知,当 $D_2 = D_5 = D_6 = D_7 = 1$,$D_0 = D_1 = D_3 = D_4 = 0$ 时,数据选择器的输出 Y 就是要实现的逻辑函数 F。逻辑电路图如图 6.34(a)所示(注意:Quartus Ⅱ 软件中 74151 的地址用 A,B,C 表示,C 是高位地址)。

(2) 用 4 选 1 数据选择器实现逻辑函数

用 4 选 1 数据选择器的两位地址 A_1,A_0 分别表示 F 式中的 A,B,则将 F 表示为 A,B 组成的最小项形式,即

$$F = \bar{A}B\bar{C} + A\bar{B}C + AB\bar{C} + ABC = m_1\bar{C} + m_2C + m_3 \qquad (6.17)$$

将式(6.17)和 4 选 1 数据选择器输出表达式(6.12)比较,可知:当 $A_1 = A$,$A_0 = B$,$D_0 = 0$,$D_1 = \bar{C}$,$D_2 = C$,$D_3 = 1$ 时,数据选择器的输出 Y 就是要实现的逻辑函数 F,其逻辑电路图如图 6.34(b)所示。

利用软件对图 6.34 的电路进行仿真,仿真波形如图 6.35 所示。

图 6.34　用数据选择器实现逻辑函数 F 的逻辑电路图

（a）用 8 选 1 MUX 实现；　（b）用 4 选 1 MUX 实现

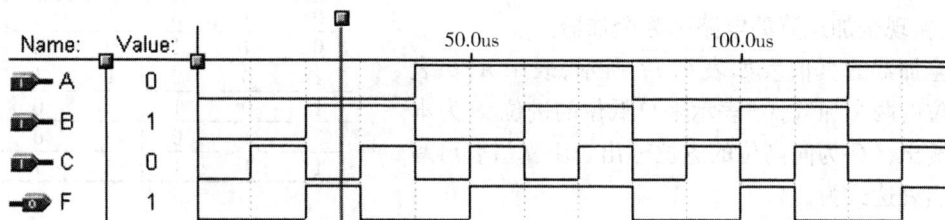

图 6.35　用数据选择器实现逻辑函数 F 的逻辑电路仿真波形

从仿真波形中可以看出，当输入变量 ABC 取值为 010,101,110 和 111 时，输出逻辑函数 F 为 1，由此可写出 F 的表达式为 $F = \overline{A}B\overline{C} + A\overline{B}C + AB\overline{C} + ABC$。可见结果与设计要求完全相符，说明逻辑设计正确。

3. 加法器

加法器是一种最基本的算术运算电路，其功能就是实现两个二进制数的加法运算。常用的集成产品有一位全加器 74LS183 和四位二进制全加器 74LS283 等。下面对加法器进行介绍。

（1）一位加法器

① 一位半加器

两个一位二进制数相加时，若不考虑来自低位的进位，则称为半加，实现半加运算的电路就叫半加器。半加器的真值表如表 6.16 所示，表中 A,B 为加数，S 为本位和输出，CO 为向高位的进位输出。由真值表可写出表达式为

表 6.16　半加器的真值表

输入		输出	
A	B	CO	S
0	0	0	0
0	1	0	1
1	0	0	1
1	1	1	0

$$\begin{cases} CO = AB \\ S = \overline{A}B + A\overline{B} \end{cases} \tag{6.18}$$

半加器的逻辑电路图和图形符号如图 6.36 所示。

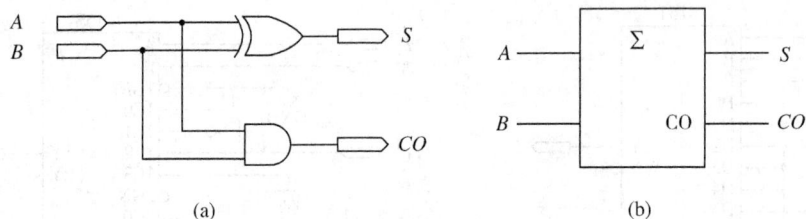

图 6.36　半加器的逻辑电路图和图形符号

（a）逻辑电路图；　（b）图形符号

② 一位全加器

在多位二进制数相加时,除最低位外,其他各位都需要考虑来自低位的进位。这种对两个本位二进制数连同来自低位的进位一起进行相加的运算称为全加,实现全加运算的电路称为全加器。

全加器的真值表如表 6.17 所示,表中 A, B 表示本位的两个加数,CI 表示来自低位的进位,S 为本位和输出,CO 为向高位的进位输出。由真值表可写出输出表达式为

表 6.17　全加器的真值表

输入			输出	
A	B	CI	CO	S
0	0	0	0	0
0	0	1	0	1
0	1	0	0	1
0	1	1	1	0
1	0	0	0	1
1	0	1	1	0
1	1	0	1	0
1	1	1	1	1

$$\begin{cases} CO = \overline{A}BCI + A\overline{B}CI + AB\,\overline{CI} + ABCI = AB + (A \oplus B)CI \\ S = \overline{A}\overline{B}CI + \overline{A}B\,\overline{CI} + A\overline{B}\,\overline{CI} + ABCI \\ \quad = \overline{A \oplus B}CI + (A \oplus B)\,\overline{CI} = A \oplus B \oplus C \end{cases} \tag{6.19}$$

一位全加器的逻辑电路图和图形符号如图 6.37 所示。

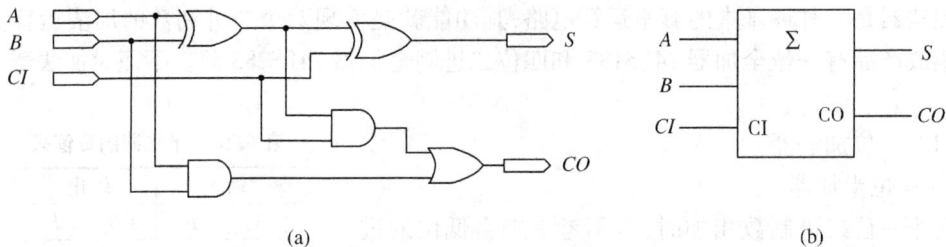

图 6.37　一位全加器的逻辑电路图和图形符号

（a）逻辑图；　（b）符号

（2）多位加法器

① 串行进位加法器

在进行多位二进制数相加时每一位都是带进位相加的,因此必须使用多个全加器,只要依次将低位全加器的进位输出端 CO 接到高位全加器的进位输入端 CI,就可构成多位加法器。图 6.38 就是用一位全加器构成的四位加法电路,可见,必须等到低位的进位产生以后高位才能得到正确的相加结果,因此这种结构的加法器称为串行进位加法器(又称行波进位加法器)。

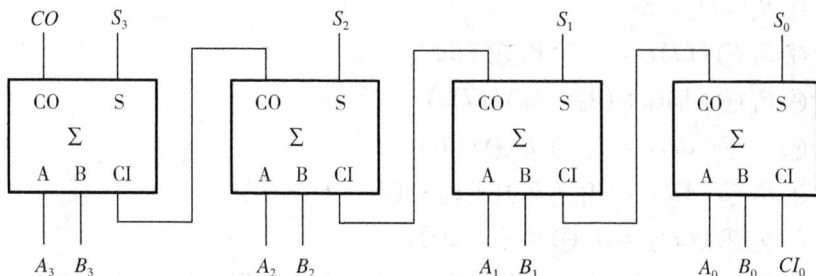

图 6.38　四位串行进位加法器电路

串行加法器结构简单,但速度慢,最高位的运算结果要经过所有加法器的进位传递之后才能形成,位数越多,工作速度越慢,只适用于运算速度要求不高的场合。

② 超前进位加法器

为了提高运算速度,必须减小由于进位信号逐级传递所耗费的时间。所谓超前进位,就是指加法运算过程中,各级的进位信号同时送到各位全加器的进位输入端,要实现这一点,就要使所有的输出表达式中不能含有进位这个中间变量,而只含有并行输入变量($A_3A_2A_1A_0, B_3B_2B_1B_0, CI_0$)。常用四位集成产品多采用这种结构(如 74LS283/ 74283)。

74283 的引脚排列图和图形符号如图 6.39 所示。

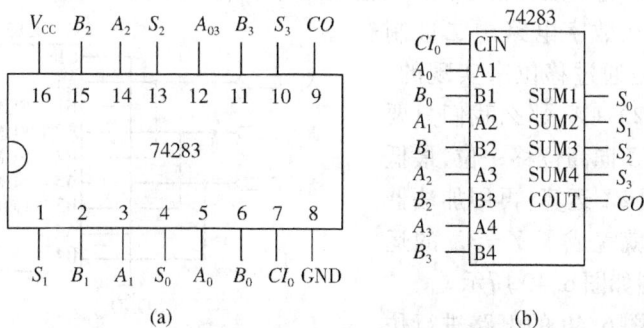

图 6.39　74283 引脚排列图和图形符号

(a) 引脚排列图;　(b) 图形符号

其中,输入四位二进制数分别为 $A_3A_2A_1A_0$ 和 $B_3B_2B_1B_0$,CI_0 为最低位的进位输入,四位和输出为 $S_3S_2S_1S_0$,CO 为向高位的进位输出。加法器 74283 具有的算术运算功能可表示为

$$
\begin{array}{cccccc}
 & A_3 & A_2 & A_1 & A_0 & \\
 & B_3 & B_2 & B_1 & B_0 & \\
+ & & & & CI_0 & \\
\hline
CO & S_3 & S_2 & S_1 & S_0 &
\end{array}
\tag{6.20}
$$

加法器 74283 的输出逻辑表达式为

$$
\begin{cases}
S_0 = A_0 \oplus B_0 (CI)_0 \\
S_1 = A_1 \oplus B_1 \oplus (CI)_1 = A_1 \oplus B_1 \oplus (CO)_0 \\
\quad = A_1 \oplus B_1 \oplus (A_0 B_0 + (A_0 + B_0)(CI)_0) \\
S_2 = A_2 \oplus B_2 \oplus (CI)_2 = A_2 \oplus B_2 \oplus (CO)_1 \\
\quad = A_2 \oplus B_2 \oplus (A_1 B_1 + (A_1 + B_1)(A_0 B_0 + (A_0 + B_0)(CI)_0)) \\
S_3 = A_3 \oplus B_3 \oplus (CI)_3 = A_2 \oplus B_2 \oplus (CO)_2 \\
\quad = A_3 \oplus B_3 \oplus (A_2 B_2 + (A_2 + B_2)(A_1 B_1 + (A_1 + B_1)(A_0 B_0 + (A_0 + B_0)(CI)_0))) \\
CO = A_3 B_3 + (A_3 + B_3) CO_2 \\
\quad = A_3 B_3 + (A_3 + B_3)(A_2 B_2 + (A_2 + B_2)(A_1 B_1 + (A_1 + B_1)(A_0 B_0 + (A_0 + B_0)(CI)_0)))
\end{cases}
$$

$$(6.21)$$

利用 74283 的进位输入 CI_0 和进位输出 CO,采用串行进位的方式可将四位加法器扩展成八位、十六位等位数更多的加法器。

加法器不但可用于加、减、乘、除等各种算术运算电路,还常用于各种代码转换电路,也是一种应用较广的组合电路。

例 6.8 已知 X 是三位二进制数(其值小于等于5),试用 74283 实现 $Y = 3X$ 的乘法运算。

解:由于 X 是小于等于5的三位二进制数,那么 $Y = 3X$ 则是一个小于等于15的二进制数。因此设输入二进制数 X 为 $X_3 X_2 X_1$,输出运算结果 Y 为 $Y_4 Y_3 Y_2 Y_1$。

我们知道,在数字电路中二进制数的乘、除运算是通过移位来实现的。而输出 $Y = 3X = 2X + X$,那么我们只要将输入二进制数 X 向高位移一位,最低位补0,就可实现 $2X$ 运算,再用加法器将 $2X$ 和 X 相加就完成了 $Y = 3X$ 的运算,其逻辑电路图如图 6.40 所示。

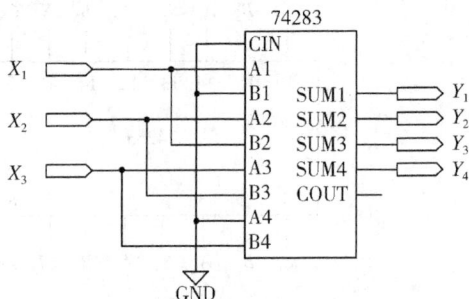

图 6.40 用加法器 74283 实现 $Y = 3X$ 的逻辑电路图

利用软件对图 6.40 的电路进行仿真,仿真波形如图 6.41 所示(注:为方便观察波形,将输入 $X_3 X_2 X_1$ 和输出 $Y_4 Y_3 Y_2 Y_1$ 用十进制数组的形式显示,分别命名为 $X[3..1]$ 和 $Y[4..1]$)。

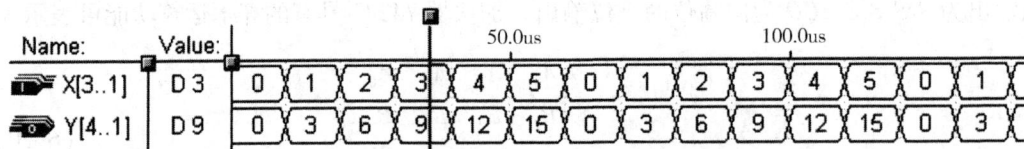

图 6.41 用加法器 74283 实现 $Y = 3X$ 的逻辑电路仿真波形

从仿真波形中可以看出,该电路实现了将输入二进制数 X 乘以3的运算,即输出 $Y = 3X$,与设计要求完全相符,说明逻辑设计正确。

例 6.9 试用 74283 和门电路组成一位 8421BCD 码十进制加法电路。

解:二进制数进行加法运算时,进位规则是逢2进1。74283 是一个四位二进制数加法器,逢 16 才有进位输出;而十进制数的加法规则是逢 10 进 1。因此用二进制加法器不能直接实现十进制加法电路。

设相加的两个一位 8421BCD 码十进制数分别为 $A_3A_2A_1A_0$ 和 $B_3B_2B_1B_0$。若用四位二进制加法器 74283 将这两个数相加,加法器的输出是用二进制数表示的和,而不是 8421BCD码。两个 8421BCD 码十进制数相加的和是 0~18,其分别用二进制和十进制表示的值如表6.18 所示(注:表中两行变量的表示分别为习惯表示和在软件中的表示,在软件中将变量命名为 S_0' 是不允许的)。

表 6.18　十进制数 0~18 的两种代码表示

十进制数	二进制代码					8421BCD 码				
	CO	S_3	S_2	S_1	S_0	CO'	S_3'	S_2'	S_1'	S_0'
N	1CO	1S3	1S2	1S1	1S0	2CO	2S3	2S2	2S1	2S0
0	0	0	0	0	0	0	0	0	0	0
1	0	0	0	0	1	0	0	0	0	1
2	0	0	0	1	0	0	0	0	1	0
3	0	0	0	1	1	0	0	0	1	1
4	0	0	1	0	0	0	0	1	0	0
5	0	0	1	0	1	0	0	1	0	1
6	0	0	1	1	0	0	0	1	1	0
7	0	0	1	1	1	0	0	1	1	1
8	0	1	0	0	0	0	1	0	0	0
9	0	1	0	0	1	0	1	0	0	1
10	0	1	0	1	0	1	0	0	0	0
11	0	1	0	1	1	1	0	0	0	1
12	0	1	1	0	0	1	0	0	1	0
13	0	1	1	0	1	1	0	0	1	1
14	0	1	1	1	0	1	0	1	0	0
15	0	1	1	1	1	1	0	1	0	1
16	1	0	0	0	0	1	0	1	1	0
17	1	0	0	0	1	1	0	1	1	1
18	1	0	0	1	0	1	1	0	0	0

从表 6.18 中可以看出,当两数相加结果 ≤9(1001)时,得到的和 $S_3S_2S_1S_0$ 就是所求的8421BCD 码十进制和 $S_3'S_2'S_1'S_0'$;而当两数相加结果 ≥10(1010)时,则要将得到的二进制和加 6(0110)进行修正,才能得到 8421BCD 码十进制的和 $S_3'S_2'S_1'S_0'$ 及进位输出 CO'。

由表 6.18 可知,进位输出 CO' 的表达式为

$$CO' = CO + S_3S_2 + S_3S_1 \tag{6.22}$$

根据上述分析,设计得到一位 8421BCD 码十进制加法电路,如图 6.42 所示。其中,74283(1) 片完成的功能是将两个一位 8421BCD 码十进制数相加,74283(2) 片完成的是代码转换功能,即将二进制代码转换成 8421BCD 码。

利用软件对图 6.42 的电路进行仿真,仿真波形如图 6.43 所示(注:为方便观察波形,将输入数据 $A_3A_2A_1A_0$,$B_3B_2B_1B_0$ 与输出和 $S_3'S_2'S_1'S_0'$ 都以十进制数组的形式显示,分别命名

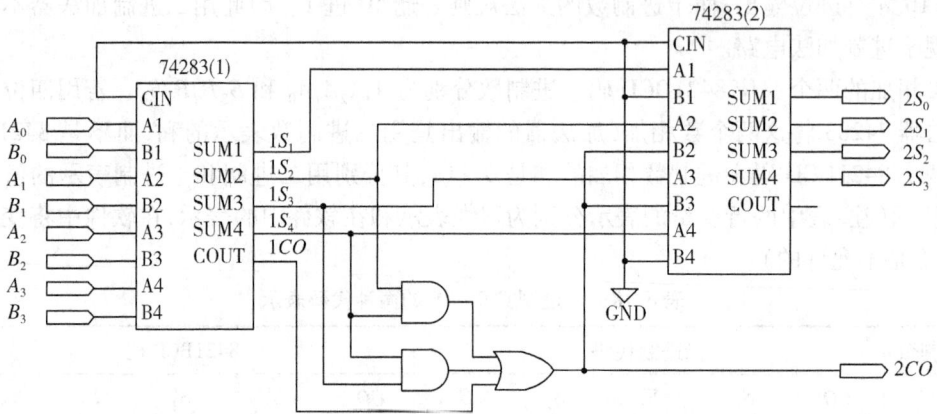

图 6.42　一位 8421BCD 码十进制加法电路

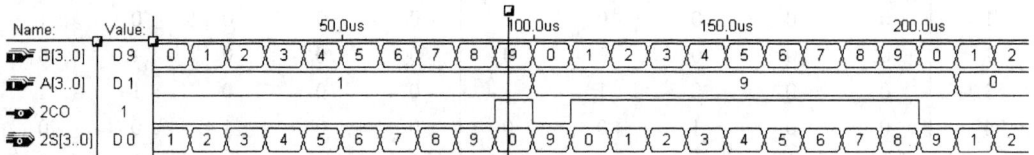

图 6.43　一位 8421BCD 码十进制加法电路仿真波形

为 A[3..0],B[3..0]和 2S[3..0];将进位输出 CO′以高、低电平的形式显示,命名为 2CO)。

从图 6.43 中可以看出,当输入 $A_3A_2A_1A_0 = 0001$,$B_3B_2B_1B_0 = 1001$ 时,将两数相加,输出的结果为:和输出 $S_3'S_2'S_1'S_0' = 0000$,进位输出 $CO' = 1$,即 $9 + 1 = 10$。观察整个波形可知,该电路符合设计要求,实现了一位 8421BCD 码十进制加法电路的功能。

例 6.10　已知带符号位的四位二进制数为 $X_4X_3X_2X_1X_0$,其中最高位 X_4 是符号位。试用 74283 和适当的门电路设计一个求带符号位的四位二进制数 $X_4X_3X_2X_1X_0$ 的补码电路。

解:设补码输出为 $Y_4Y_3Y_2Y_1Y_0$,其中 Y_4 为符号位。

当输入二进制数为正数时,则 $Y_4 = X_4 = 0$,其他各位输出补码与原码相同,即 $Y_3Y_2Y_1Y_0 = X_3X_2X_1X_0$;当输入二进制数为负数时,则 $Y_4 = X_4 = 1$,其他各位输出补码等于原码取反加 1,即 $Y_3Y_2Y_1Y_0 = \overline{X_3}\,\overline{X_2}\,\overline{X_1}\,\overline{X_0} + 0001$。

根据上述分析和异或运算公式 $A \oplus 0 = A, A \oplus 1 = \overline{A}$,可设计出求补码逻辑电路,如图 6.44 所示。

利用软件对图 6.44 的电路进行

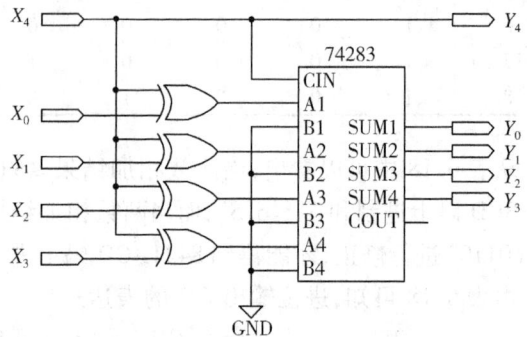

图 6.44　求补码逻辑电路图

仿真,仿真波形如图 6.45 所示(注:为方便观察波形,将输入 $X_4X_3X_2X_1X_0$,输出 $Y_4Y_3Y_2Y_1Y_0$ 都以二进制数组的形式显示,分别命名为 X[4..0]和 Y[4..0])。

Name:	Value:		20.0us		40.0us		60.0us		80.0us		100.0us	
X[4..0]	B 10010	00000	00011	00110	01001	01100	01111	10010	10101	11000	11011	11110	00001
Y[4..0]	B 11110	00000	00011	00110	01001	01100	01111	11110	11011	11000	10101	10010	00001

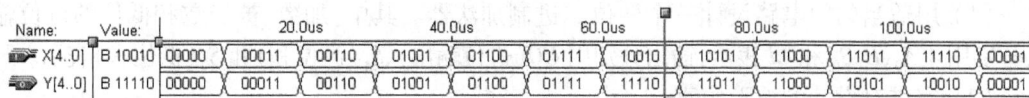

图 6.45　求补码逻辑电路的仿真波形

从仿真波形中可以看出,当输入为正数时,输出与输入相同;当输入为负数时,输出与输入符号位不变,其余各位取反后在最低位加 1,可见该电路实现了对带符号位二进制数求补码的设计要求。

通过本例我们知道,加法器可用来求补码,而减法运算可以用补码的加法运算来实现,即 $[A-B]_{补} = [A]_{补} + [-B]_{补}$,因此,用加法器既可以完成加法运算,也可以完成减法运算。

6.2.3　实验目的

(1) 掌握组合逻辑电路的设计方法及调试技巧。

(2) 熟练掌握常用 MSI 组合逻辑芯片的功能及使用方法。

(3) 熟悉 PLD 实验箱的结构和使用以及 Quartus Ⅱ 软件的基本操作。

(4) 掌握采用 Quartus Ⅱ 软件和附录中的实验箱设计与实现组合逻辑电路的基本过程。

6.2.4　设计任务

1. 设计选题 A:四人表决器

(1) 用一片双 4 选 1 数据选择器和适当的门电路设计一个四人无弃权表决电路,多数赞成则提案通过。

(2) 完成对逻辑设计的波形仿真。

(3) 将设计下载到附录 A 中的实验箱并进行硬件功能测试。要求:四个输入变量的状态用四个开关来控制,输出状态用一个发光二极管来显示。少于三人同意时,灯不亮,表示未通过;否则灯亮,表示通过。

2. 设计选题 A:一位二进制全减器

(1) 用译码器和适当的门电路设计一个 1 位二进制全减器。

(2) 完成对逻辑设计的波形仿真。

(3) 将设计下载到附录 A 中的实验箱并进行硬件功能测试。要求:用三个开关分别作为被减数、减数和低位借位输入,输出结果(向高位借位和本位差)分别用一组彩灯中的两种颜色发光二极管来显示。

3. 设计选题 A:函数发生器

(1) 试设计一个函数发生器,函数发生器能够实现的逻辑功能如表 6.19 所示。

(2) 完成对逻辑设计的波形仿真。

(3) 将设计下载到附录 A 中的实验箱并进行硬件功能测试。要求:输入变量分别用开关来控制,输出状态用一个发光二极管来显示。

4. 设计选题 B:两位加法器

表 6.19　函数发生器功能表

S_1	S_0	Y
0	0	$A \cdot B$
0	1	$A + B$
1	0	$A \oplus B$
1	1	$\overline{A}$

（1）用适当的门电路设计一个两位二进制加法器。其中,加数、被加数和低位的进位输入分别用 A_1A_0,B_1B_0 和 CI 表示,输出分别用 CO(进位输出)、S_1(高位和)和 S_0(低位和)表示。

（2）完成对设计的波形仿真。

（3）将设计下载到附录 A 中的实验箱并进行硬件功能测试。要求:输入变量分别用五个开关来控制,输出分别用一组红、黄、绿三个发光二极管来显示。

5. 设计选题 B:血型检测器

（1）人的血型有 A,B,AB,O 四种,输血者的血型与受血者的血型必须符合图 6.46 所示的授受关系。试设计一个判断输血者与受血者的血型是否匹配的血型检测器(提示:可用两个变量的四种取值分别代表输血者的四种血型,用另外两个变量的四种取值分别代表受血者的四种血型)。

（2）完成对逻辑设计的波形仿真。

（3）将设计下载到附录 A 中的实验箱并进行硬件功能测试。要求:输入变量分别用开关来控制,输出状态用一个发光二极管来显示。

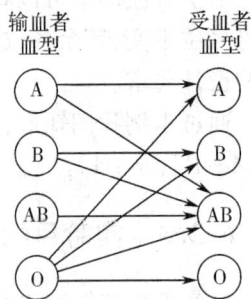

图 6.46 血型匹配图

6. 设计选题 B:多用户呼叫系统

（1）用优先编码器 74148 设计一个具有六个用户的呼叫系统。要求:六个用户呼叫信号的优先级按用户的编号依次递增,即 1 号优先级最低,6 号优先级最高。有用户呼叫时,用数码管显示用户编号并同时用蜂鸣器声响提示(注:高电平使蜂鸣器发出声响),无呼叫时数码管不显示。当多用户同时呼叫时,只响应优先级高的用户。

（2）完成对逻辑设计的波形仿真。要求:在仿真波形中,用户编号输出以 8421BCD 码十进制数组的形式显示,其他输入、输出以高、低电平的形式显示。

（3）将设计下载到附录 A 中的实验箱并进行硬件功能测试。要求:用六个开关模拟用户的呼叫信号,用一个数码管显示用户编号。

7. 设计选题 B,C:代码转换器

（1）表 6.20 为几种常用的 BCD 码。按下列要求试设计一种 BCD 码转换电路。

① 8421 码与 5421 码之间的转换。

B 要求:用四位二进制加法器 74283 和适当的门电路实现单向代码转换,即可将 8421 码转换成 5421 码,或者将 5421 码转换成 8421 码。

C 要求:用四位二进制加法器 74283 和其他中、小规模组合电路(MSI 芯片)实现 8421 码与 5421 码之间的双向可控转换,即用输入控制变量 M 来控制转换方向。当 $M=0$ 时,将 8421 码转换成 5421 码;当 $M=1$ 时,将 5421 码转换成 8421 码。

② 余 3 码与 5421 码之间的转换,要求同①。

③ 8421 码与 2421 码之间的转换,要求同①。

④ 5421 码与 2421 码之间的转换,要求同①。

（2）完成对逻辑设计的波形仿真。

（3）将设计下载到附录 A 中的实验箱并进行硬件功能测试。要求:输入代码用开关控制,输出转换结果用一位数码管来显示。

表 6.20　几种常用的 BCD 码

十进制数码	0	1	2	3	4	5	6	7	8	9
8421 码	0000	0001	0010	0011	0100	0101	0110	0111	1000	1001
余 3 码	0011	0100	0101	0110	0111	1000	1001	1010	1011	1100
2421 码	0000	0001	0010	0011	0100	1011	1100	1101	1110	1111
5421 码	0000	0001	0010	0011	0100	1000	1001	1010	1011	1100

8.设计选题 C:数值比较器

(1) 用最少的与非门设计一个两位无符号的二进制数比较器。

(2) 完成对逻辑设计的波形仿真。

(3) 将设计下载到附录 A 中的实验箱并进行硬件功能测试。要求:用四个开关作为两个两位二进制数的数据输入端,比较结果即输出逻辑函数 R(小于)、Y(等于)、G(大于)分别用一组彩灯中的红色、黄色和绿色发光二极管来显示。

9.设计选题 C:汽车转向灯控制器

(1) 控制器有三个灯光控制开关,即左转开关、右转开关和应急开关,将这三个开关作为电路的输入变量;控制器的输出变量分别控制左仪表灯、左前灯、左后灯和右仪表灯、右前灯、右后灯的工作状态,左、右两组灯分别采用附录 A 中实验箱上的两组红、黄、绿共六个彩灯来显示。控制器的具体工作状态见表 6.21 所示。要求用最少数量的门电路来设计控制器。

提示:根据要求,本设计选题在进行设计时不但要考虑控制器的工作状态还要考虑实验箱的硬件结构,使设计的难度加大了。要特别注意,实验箱上的四组彩灯的连接方式是"同色共阳极,同组共阴极",因此左侧灯和右侧灯的阴极是分开的,而左右两侧相对应的灯即两组同颜色的灯它们的阳极则是连在一起的。要想使两个同颜色灯的状态不同,则只能通过控制两组灯的阴极状态不同来实现。另外,灯的闪烁是通过连续脉冲信号的高、低电平交替变化来实现的。

表 6.21　汽车转向灯控制器的工作状态表

控制开关状态			转向灯工作状态					
左转	右转	应急	左仪表灯	左前灯	左后灯	右仪表灯	右前灯	右后灯
高电平	低电平	低电平	闪	闪	闪	灭	灭	灭
低电平	高电平	低电平	灭	灭	灭	闪	闪	闪
低电平	低电平	高电平	亮	闪	闪	亮	闪	闪
高电平	低电平	高电平	闪	闪	闪	亮	亮	亮
低电平	高电平	高电平	亮	亮	亮	闪	闪	兴
低电平	低电平	低电平	灭	灭	灭	灭	灭	灭
高电平	高电平	低电平	灭	灭	灭	灭	灭	灭
高电平	高电平	高电平	灭	灭	灭	灭	灭	灭

（2）对逻辑设计进行波形仿真。

（3）将设计下载到实验箱并进行硬件功能测试。要求：用实验箱上的三个开关作为控制器的控制开关，用左、右两组红、黄、绿三色彩灯分别作为汽车的左、右两组仪表灯、前灯和后灯，灯闪烁的频率为 1 Hz 且亮灭时间相同。

提示：因为要求灯闪烁的频率为 1 Hz 且亮灭时间相同，即需要一个 1 Hz 的方波信号。

10. 设计选题：用硬件描述语言设计组合逻辑电路

（1）从上述 1~9 这九个设计选题中选择一个设计选题，用 VHDL 或 Verilog HDL 来完成设计选题的逻辑设计。

（2）完成对逻辑设计的波形仿真。

（3）将设计下载到附录 A 中的实验箱并进行硬件功能测试。

设计选题说明：以上为组合逻辑电路的设计选题，根据难易程度分成 A,B,C 三个等级供大家选择，同时每个设计选题又包括逻辑设计、波形仿真、硬件实现（采用附录 A 中的实验箱实现）与功能测试三部分任务要求，以便根据需要、学时以及硬件资源等情况对任务要求进行选择和修改。

6.2.5　实验准备

（1）根据要求，从设计任务中确定设计选题。

（2）复习实验中用到的分析与设计方法以及元件功能和使用方法等相关知识。

（3）熟悉本实验所用到的硬件设备和 Quartus Ⅱ 软件。

（4）设计出实现设计任务的方案，完成《设计报告》的书写（参考附录 C 中的实验报告样本），掌握设计的原理。

6.2.6　实验报告要求

记录实验中完成的对逻辑功能的软件仿真波形和硬件测试结果，得出相应的结论；总结实验收获和体会，并对实验中出现的问题进行分析、讨论，完成实验报告的书写（参考附录 C 中的实验报告样本）。

6.3　【实验三】时序逻辑电路的设计与测试

时序逻辑电路的功能特点是任一时刻的输出不仅取决于该时刻的输入，还与电路原来的状态有关。因此，时序逻辑电路包括存储电路和组合电路，而存储电路是必不可少的，存储电路的输出状态必须反馈到组合电路的输入端，与输入信号一起共同决定组合电路的输出，这是时序电路的结构特点。

6.3.1　时序逻辑电路的设计方法及设计实例

1. 时序逻辑电路的一般设计步骤

设计时序逻辑电路的主要任务就是根据给出的实际逻辑问题，设计出实现这一逻辑功能的逻辑电路或源程序。时序逻辑电路的一般设计步骤如下。

（1）逻辑抽象，求出状态转换图或状态转换表

把要求实现的时序逻辑功能表示成时序逻辑函数，可以用状态转换表的形式，也可以用状态转换图的形式。这就需要：

① 分析给定的逻辑问题，确定输入变量、输出变量以及电路的状态数。通常都是将原因（或条件）作为输入逻辑变量，将结果作为输出逻辑变量。

② 定义输入、输出逻辑状态和每个电路状态的含意，并将电路状态顺序编号。

③ 按照题意列出电路的状态转换表或画出电路的状态转换图。

这样，就把给定的逻辑问题抽象为一个时序逻辑函数了。

（2）状态化简

若两个电路状态在相同的输入下有相同的输出，并转换到同一个次态，则称这两个状态为等价状态。显然等价状态是重复的，可以合并为一个。电路的状态数越少，设计出来的电路也越简单。状态化简的目的就在于将等价状态合并，以求得最简的状态转换图。

（3）状态分配（编码）

状态分配又称状态编码。时序逻辑电路的状态是用触发器状态的不同组合来表示的。首先，需要确定触发器的数目 n。因为 n 个触发器共有 2^n 种状态组合，所以为获得时序电路所需的 M 个状态必须取

$$2^{n-1} < M \leqslant 2^n \tag{6.23}$$

其次，要给每个电路状态规定对应的触发器状态组合。每组触发器的状态组合都是一组二值代码，因而又将这项工作称为状态编码。在 $M < 2^n$ 的情况下，从 2^n 个状态中取 M 个状态的组合可以有多种不同的方案，而每个方案中 M 个状态的排列顺序又有许多种。如果编码方案选择得当，设计结果可以很简单。反之，编码方案选得不好，设计出来的电路就会复杂得多。

此外，为便于记忆和识别，一般选用的状态编码和它们的排列顺序都遵循一定的规律。

（4）选定触发器类型，求出状态方程，驱动方程，输出方程

因为不同逻辑功能的触发器驱动方式不同，所以用不同类型触发器设计出的电路也不一样。为此，在设计具体的电路前必须选定触发器的类型。选择触发器类型时应考虑到器件的供应情况，并应力求减少系统中所用的触发器种类。

根据状态转换图（或状态转换表）和选定的状态编码、触发器的类型，就可以写出电路的状态方程、驱动方程和输出方程了。

（5）画出逻辑图

（6）检查自启动

如果电路不能自启动，则需采取措施加以解决。一种解决办法是在电路开始工作时通过预置数将电路的状态置成有效状态循环中的某一种，另一种解决方法是通过修改逻辑设计加以解决。

上述时序电路的逻辑设计过程如图 6.47 所示。

（7）逻辑仿真

（8）硬件电路设计

以上两个步骤可参看组合逻辑电路的设计方法，不再赘述。

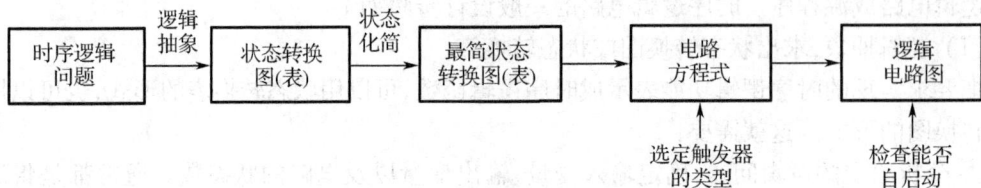

图 6.47　时序电路逻辑设计过程示意图

2. 时序逻辑电路设计实例

例 6.11　设计一个带有进位输出端的五进制加法计数器。

解:首先进行逻辑抽象,画出状态转换图与状态转换表。

计数器无输入逻辑信号,只有进位输出信号,属于摩尔型电路。令 CO 为进位信号,$CO=1$ 有进位输出,$CO=0$ 无进位输出。五进制计数器应有五个状态:$S_0 \sim S_4$。画出状态转换图如图 6.48 所示。

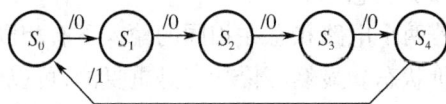

图 6.48　例 6.11 的状态转换图

因为五进制计数器必须用五个不同的状态表示已输入的脉冲数,所以状态转换图已不能再化简。根据式(6.23)知,现要求 $M=5$,故应取触发器位数 $n=3$,因为 $2^2<5<2^3$,可以取自然二进制数 $000 \sim 100$ 作为 $S_0 \sim S_4$ 的编码,于是得到了表 6.22 中的状态编码。

表 6.22　例 6.11 的状态转换表

状态顺序	状态编码			进位输出 CO	等效十进制数
	Q_2	Q_1	Q_0		
S_0	0	0	0	0	0
S_1	0	0	1	0	1
S_2	0	1	0	0	2
S_3	0	1	1	0	3
S_4	1	0	0	1	4
S_0	0	0	0	0	0

由于电路的次态和进位输出唯一地取决于电路现态的取值,故可根据表 6.22 画出表示次态逻辑函数和进位输出函数的卡诺图,如图 6.49 所示。因为计数器正常工作时不会出现 $101,110$ 和 111 三个状态,所以可将 $Q_2\bar{Q_1}Q_0,Q_2Q_1\bar{Q_0},Q_2Q_1Q_0$ 三个最小项作为约束项处理,在卡诺图中用 × 表示。

Q_2 \ Q_1Q_0	00	01	11	10
0	001/0	010/0	100/0	011/0
1	000/1	××××/×	××××/×	××××/×

图 6.49　例 6.11 电路次态/输出($Q_2^{n+1}Q_1^{n+1}Q_0^{n+1}/CO$)的卡诺图

为清晰起见,将图 6.49 的卡诺图分解为图 6.50 中的四个卡诺图。

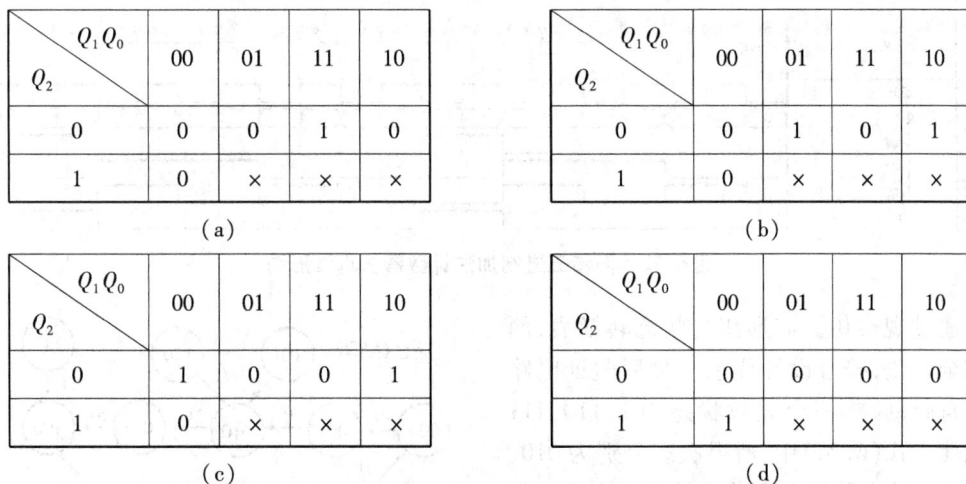

Q_2 \ $Q_1 Q_0$	00	01	11	10
0	0	0	1	0
1	0	×	×	×

(a)

Q_2 \ $Q_1 Q_0$	00	01	11	10
0	0	1	0	1
1	0	×	×	×

(b)

Q_2 \ $Q_1 Q_0$	00	01	11	10
0	1	0	0	1
1	0	×	×	×

(c)

Q_2 \ $Q_1 Q_0$	00	01	11	10
0	0	0	0	0
1	1	×	×	×

(d)

图 6.50　图 6.49 卡诺图的分解

(a) Q_2^{n+1}；　(b) Q_1^{n+1}；　(c) Q_0^{n+1}；　(d) CO

根据图 6.50 分别表示 Q_2^{n+1}, Q_1^{n+1}, Q_0^{n+1}, CO 四个逻辑函数,得到电路的状态方程为

$$\begin{cases} Q_2^{n+1} = Q_1 Q_0 \overline{Q_2} + Q_1 Q_0 Q_2 \\ Q_1^{n+1} = Q_0 \overline{Q_1} + Q_0 Q_1 \\ Q_0^{n+1} = \overline{Q_2}\, \overline{Q_0} \end{cases} \tag{6.24}$$

得到电路的输出方程为

$$CO = Q_2 \tag{6.25}$$

若用 JK 触发器组成这个电路,根据 JK 触发器特性方程的标准形式 $Q^{n+1} = J\overline{Q} + \overline{K}Q$,写出触发器的驱动方程为

$$\begin{cases} J_2 = Q_1 Q_0, & K_2 = \overline{Q_1 Q_0} \\ J_1 = Q_0, & K_1 = Q_0 \\ J_0 = \overline{Q_2}, & K_0 = 1 \end{cases} \tag{6.26}$$

根据式(6.25)和式(6.26)画出计数器的逻辑图,如图 6.51 所示。

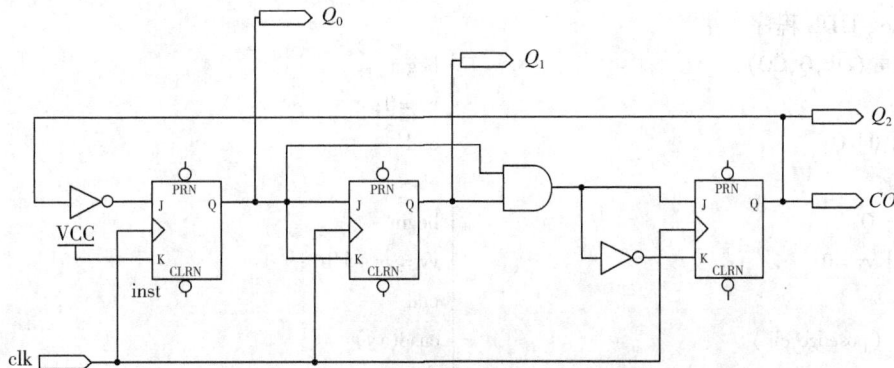

图 6.51　同步五进制加法计数器电路图

为验证电路逻辑功能的正确性,进行波形仿真,仿真图如图 6.52 所示。

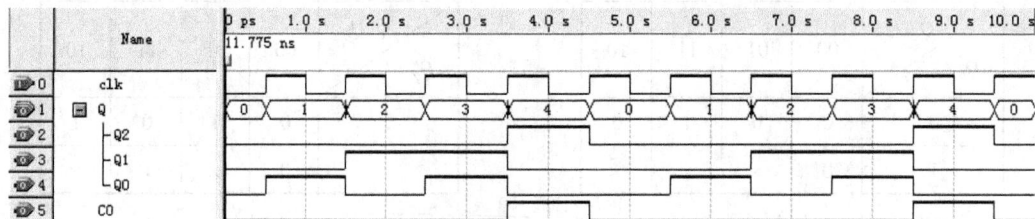

图 6.52 同步五进制加法计数器仿真波形图

通过观察仿真波形图与状态转换表,两者完全一致,符合设计要求。最后验证电路能否自启动,将三个无效状态 101,110,111 分别代入式(6.24)中,所得次态分别为 010, 010,100,故电路能自启动。并得出电路的完整状态转换图,如图 6.53 所示。

图 6.53 例 6.11 的完整状态转换图

实现例 6.11 逻辑设计的 VHDL 和 Verilog HDL 源程序如下所示。

① VHDL 程序

```
library IEEE;
use IEEE. STD_LOGIC_1164. all;
use IEEE. STD_LOGIC_unsigned. all ;
entity five_vhdl is
port( clk : in std_logic;
    CO : out std_logic;
    Q : out std_logic_vector(2 downto 0));
end entity;
architecture rtl of five_vhdl is
    signal cnt : std_logic_vector(2 downto 0);
begin
    process ( clk)
    begin
        if ( rising_edge( clk) ) then
            if cnt(2) = '1' then
                cnt < = "000";
            else
                cnt < = cnt + '1';
            end if;
        end if;
        Q < = cnt;
        CO < = cnt(2) ;
    end process;
end rtl;
```

② Verilog HDL 程序

```
module five ( clk,Q,CO);
input clk;
output [2:0] Q;
output CO;
reg [2:0] Q;
reg [4:0] vv = 0;
reg CO;
always @ ( posedge clk)
begin
if( vv = =4)
begin
vv = 0;
end
else
begin
vv = vv + 1'b1;
end
case( vv)
'd0:Q = 3'b000;
'd1:Q = 3'b001;
```

$'d2:Q = 3'b010;$

$'d3:Q = 3'b011;$

$'d4:Q = 3'b100;$

endcase

$CO = Q[2];$

end

endmodule

例 6.12　设计一个串行数据检测器,要求:连续输入四个或四个以上的 1 时输出为 1,其他输入情况下输出为 0。

解:首先进行逻辑抽象,画出状态转换图。

取输入数据为输入变量,用 X 表示;取检测结果为输出变量,以 Y 表示。

设电路在没有输入 1 以前的状态为 S_0,输入一个 1 以后的状态为 S_1,连续输入两个 1 以后的状态为 S_2,连续输入三个 1 以后的状态为 S_3,连续输入四个或四个以上 1 以后的状态为 S_4。若以 S^n 表示电路的现态,以 S^{n+1} 表示电路的次态,依据设计要求即可得到表 6.23 所示的状态转换表和图 6.54 所示的状态转换图。

表 6.23　例 6.12 的状态转换表

S^{n+1}/Y＼S^n 　 X	S_0	S_1	S_2	S_3	S_4
0	$S_0/0$	$S_0/0$	$S_0/0$	$S_0/0$	$S_0/0$
1	$S_1/0$	$S_2/0$	$S_3/0$	$S_4/1$	$S_4/1$

通过观察状态转换表和状态转换图,可以发现 S_3,S_4 两个状态在相同的输入下有着相同的输出,并转换到同样的次态。由此可见,S_3,S_4 是等价状态,可以合并成一个状态,得到化简后的状态转换图如图 6.55 所示。

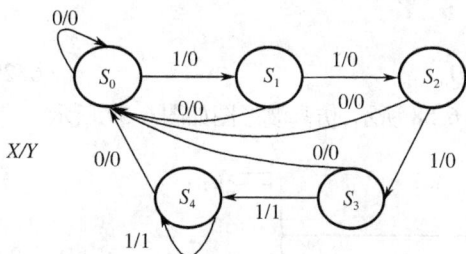

图 6.54　例 6.12 的状态转换图

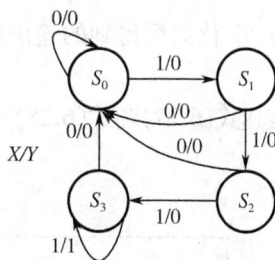

图 6.55　例 6.12 化简后的状态转换图

在电路状态 $M = 4$ 的情况下,根据式(6.23)可知,应取触发器的位数 $n = 2$。

如果令触发器输出 Q_1Q_0 的 00,01,10,11 四个状态分别代表 S_0,S_1,S_2,S_3,并选定 D 触发器组成这个检测电路,则可以根据状态转换图画出电路次态、输出的卡诺图,如图 6.56 所示。

Q_1Q_0＼ 　 X	00	01	11	10
0	00/0	00/0	00/0	00/0
1	01/0	10/0	11/1	11/0

图 6.56　例 6.12 电路次态/输出($Q_1^{n+1}Q_0^{n+1}/Y$)的卡诺图

将图 6.56 的卡诺图分解成分别表示 Q_1^{n+1},Q_0^{n+1},Y 的三个卡诺图,如图 6.57 所示。

X \ Q_1Q_0	00	01	11	10
0	0	0	0	0
1	0	1	1	1

（a）

X \ Q_1Q_0	00	01	11	10
0	0	0	0	0
1	1	0	1	1

（b）

X \ Q_1Q_0	00	01	11	10
0	0	0	0	0
1	0	0	1	0

（c）

图 6.57　图 6.56 卡诺图的分解

（a）Q_1^{n+1}；　（b）Q_0^{n+1}；　（c）Y

由图 6.57 化简后得到的状态方程为

$$\begin{cases} Q_1 = X(Q_1 + Q_0) \\ Q_0 = X(Q_1 + \overline{Q_0}) \end{cases} \tag{6.27}$$

由上式得到的驱动方程为

$$\begin{cases} D_1 = X(Q_1 + Q_0) \\ D_0 = X(Q_1 + \overline{Q_0}) \end{cases} \tag{6.28}$$

由图 6.57 化简后得到的输出方程为

$$Y = XQ_1Q_0 \tag{6.29}$$

根据表达式(6.27)和式(6.28)画出电路图如图 6.58 所示,仿真波形图如图 6.59 所示。

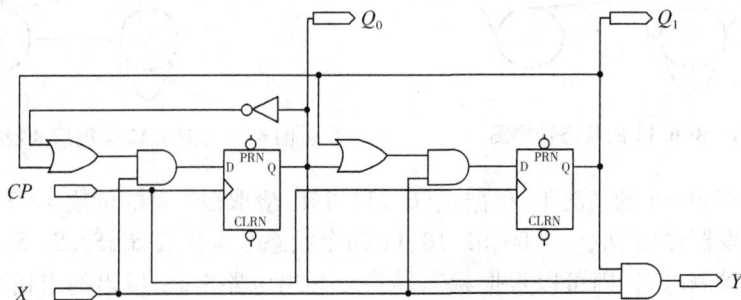

图 6.58　"1111"串行数据检测器电路图

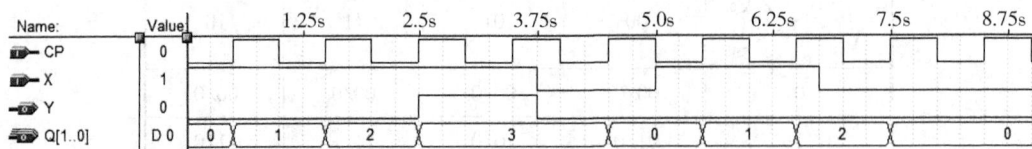

图 6.59　"1111"串行数据检测器电路仿真波形图

设计中没有涉及到无效状态,因此不用检测电路的自启动问题。通过观察波形图可以确定电路设计符合要求。

3. 时序逻辑电路中的竞争 – 冒险现象

因为时序逻辑电路通常都包括组合逻辑电路和存储电路两个组成部分,所以它的竞争 – 冒险现象也包含两个方面。

一方面是其中的组合逻辑电路部分可能发生的竞争 – 冒险现象。产生这种现象的原因在 6.2.1 节中介绍过。这种由于竞争而产生的尖峰脉冲并不影响组合逻辑电路的稳态输出,但如果它被存储电路中的触发器接收,就可能引起触发器的误翻转,造成整个时序电路的误动作,这种现象必须绝对避免。消除组合逻辑电路中竞争 – 冒险现象的方法已在 6.2.1 节中作了介绍,这里不再重复。

另一方面是存储电路(或者说是触发器)工作过程中发生的竞争 – 冒险现象,这也是时序电路所特有的一个问题。

为了保证触发器可靠地翻转,输入信号和时钟信号在时间配合上应满足一定的要求。然而当输入信号和时钟信号同时改变,而途经不同路径到达同一触发器时便产生了竞争。竞争的结果有可能导致触发器误动作,这种现象称为存储电路(或触发器)的竞争 – 冒险现象。

6.3.2　常用时序电路及应用实例

在各种数字系统中,常用的时序电路有寄存器、计数器、顺序脉冲发生器、序列信号发生器。本节就介绍几种常用的时序电路的逻辑功能、使用方法及其应用。

1. 寄存器

寄存器用于储存一组二值代码,它被广泛地用于各类数字系统和数字计算机中。

因为一个触发器能储存一位二值代码,所以用 N 个触发器组成的寄存器能储存一组 N 位的二值代码。

寄存器中的触发器只要具有置 1、置 0 的功能即可,因而无论是用同步 RS 结构触发器,还是用主从结构或边沿触发结构的触发器,都可以组成寄存器。常见的寄存器有 7475,74175。

7475 是同步 RS 触发器组成的四位寄存器,其引脚排列图和图形符号如图 6.60 所示。

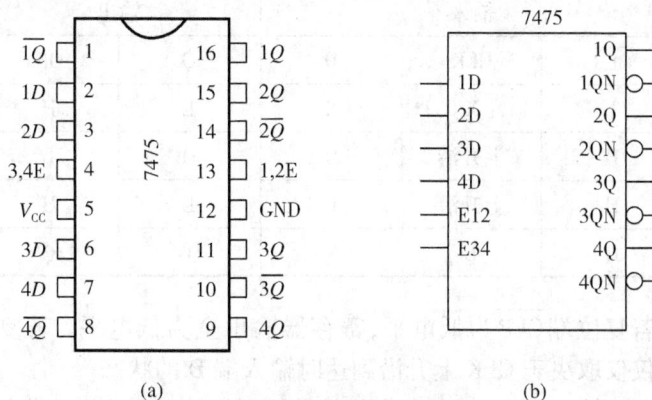

图 6.60　7475 的引脚排列图和图形符号
(a)引脚排列图;　(b)图形符号

7475 寄存器功能如表 6.24 所示。

表 6.24　7475 寄存器功能表

输入		输出	
D	E	Q	QN
L	H	L	H
H	H	H	L
X	L	Q^n	$/Q^n$

由上表可知,在 E 为高电平期间输出端 Q 的状态跟随输入端 D 状态而变;在 E 变成低电平以后,输出端 Q 将保持 E 变为低电平时输入端 D 的状态。

74175 则是用维持阻塞触发器组成的四位寄存器,其引脚排列图和图形符号如图 6.61 所示。

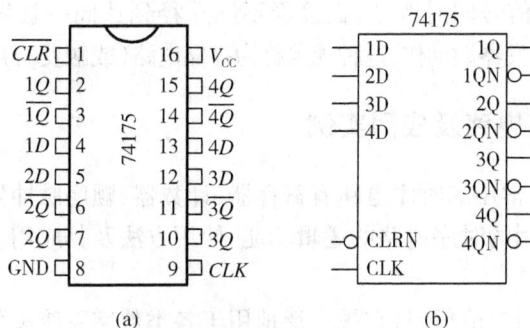

图 6.61　74175 的引脚排列图和图形符号
（a）引脚排列图；（b）图形符号

74175 寄存器功能如表 6.25 所示。

表 6.25　74175 寄存器功能表

输入			输出	
$\overline{CLR}$	CLK	D	Q	QN
L	X	X	L	H
H	上升沿	H	H	L
H	上升沿	L	L	H
H	L	X	Q^n	$/Q^n$

由上表可知,若复位端 $\overline{CLR}$ 为低电平,寄存器输出全为低电平。若复位端 $\overline{CLR}$ 为高电平,寄存器的状态仅仅取决于 CLK 上升沿到达时输入端 D 的状态。

以上两个寄存器,接收数据时,所有代码都是同时输入的,而寄存器中的数据是并行地出现在输出端的,因此这种输入、输出方式称为并行输入、并行输出方式。

2. 移位寄存器

移位寄存器除了具有存储代码的功能以外,还具有移位功能。所谓移位功能,是指寄存器里存储的代码能在移位脉冲的作用下依次左移或右移。因此,移位寄存器不但可以用来寄存代码,还可以用来实现数据的串行－并行转换、数值的运算以及数据处理等。

移位寄存器按移位功能来分,可分为单向移位寄存器和双向移位寄存器两种;按输入与输出信息的方式来分有并行输入并行输出、并行输入串行输出、串行输入并行输出、串行输入串行输出及多功能方式五种。

在使用移位寄存器时,可根据任务要求从器件手册或有关资料中,选出合适器件,查该器件功能表,掌握其器件功能特点,就可以正确地使用。如果再能认真分析一下内部逻辑图,则可以应用得更加灵活。表 6.26 为 TTL 型中规模移位寄存器的主要品种。

表 6.26　移位寄存器主要品种

型　号	功　能
7494	四位移位寄存器(并行输入)
7495,74LS95,74195,74LS195,74178,74179	四位移位寄存器(并行存取)
7496,74LS96	五位移位寄存器(并行存取)
7491,74LS91,94164,74LS164,74165,74LS165, 74166,74LS166,74199,74LS299,74LS323	八位移位寄存器
74LS295,74LS395	四位移位寄存器(三态输出)
74LS673,74LS674	十六位移位寄存器
74194,74LS194	四位双向移位寄存器(并行存取)
74198	八位双向移位寄存器(并行存取)

74194 为四位双向移位寄存器,其引脚排列图和图形符号如图 6.62 所示,功能表如表 6.27 所示。

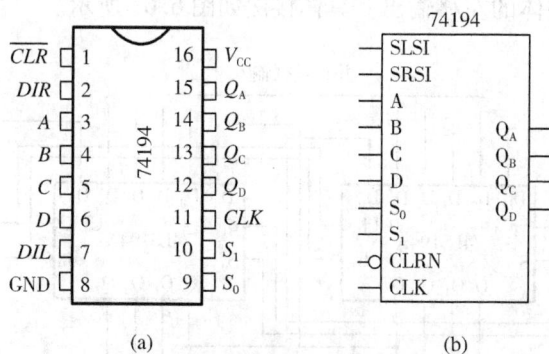

图 6.62　74194 的引脚排列图和图形符号

(a) 引脚排列图; (b) 图形符号

表 6.27　74194 功能表

清零	控制信号		串行输入		时钟	并行输入				输出				功能
$\overline{CLR}$	S_1	S_0	DIR	DIL	CLK	D_0	D_1	D_2	D_3	Q_0	Q_1	Q_2	Q_3	
$CLRN$			$SRSI$	$SLSI$	CP	A	B	C	D	Q_A	Q_B	Q_C	Q_D	
0	×	×	×	×	×	×	×	×	×	0	0	0	0	清零
1	×	×	×	×	1	×	×	×	×	Q_0^n	Q_1^n	Q_2^n	Q_3^n	保持
1	1	1	×	×	上升沿	d_0	d_1	d_2	d_3	d_0	d_1	d_2	d_3	置数
1	0	1	1	×	上升沿	×	×	×	×	1	Q_0^n	Q_1^n	Q_2^n	右移
1	0	1	0	×	上升沿	×	×	×	×	0	Q_0^n	Q_1^n	Q_2^n	右移
1	1	0	×	1	上升沿	×	×	×	×	Q_1^n	Q_2^n	Q_3^n	1	左移
1	1	0	×	0	上升沿	×	×	×	×	Q_1^n	Q_2^n	Q_3^n	0	左移
1	0	0	×	×	上升沿	×	×	×	×	Q_0^n	Q_1^n	Q_2^n	Q_3^n	保持

由功能表可以看出,该移位寄存器具有左移、右移、并行输入数据、保持及清零五种功能。

当 $CLRN=0$ 时,无论其他输入信号为何状态,$Q_A Q_B Q_C Q_D$ 均为"0",即在清零端加上低电平时,寄存器完成消零功能。

当 $CLRN=1$,$CP=1$(无时钟脉冲输入)时,寄存器保持原状态不变。

当 $CLRN=1$,$S_0=S_1=1$ 时,在时钟脉冲上升沿作用下,寄存器完成并行存入数据功能。

当 $CLRN=1$,$S_0=0$,$S_1=1$ 时,在时钟脉冲上升沿作用下,寄存器完成由高位向低位移位(左移)的功能,同时 $SLSI$ 的数据送入 Q_D。

当 $CLRN=1$,$S_0=1$,$S_1=0$ 时,在时钟脉冲上升沿作用下,寄存器完成由低位向高位移位(右移)的功能,同时 $SRSI$ 的数据送入 Q_A。

当 $CLRN=1$,$S_0=S_1=0$ 时,时钟脉冲被封锁,寄存器处于保持状态。

例 6.13　将两片 74194 级联成八位双向移位寄存器。

解:将两片 74194 的工作模式控制端 S_0 和 S_1 和时钟输入 CLK 接在一起,做到同步置数、左移、右移。将第一片的 D_{IR} 作为整体的右移输入,第一片的 Q_3 接第二片的 D_{IR},第二片的 Q_3 作为整体的右移输出;将第二片的 D_{IL} 作为整体的左移输入,第二片的 Q_0 接第一片的 D_{IL},第二片的 Q_0 作为整体的左移输出。具体接法如图 6.63 所示。

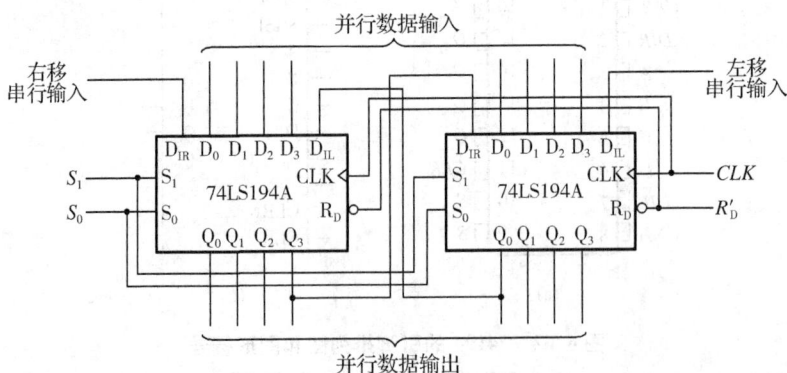

图 6.63　两片 74194 级联成八位双向移位寄存器

例 6.14　用 74194 与门电路构成环形计数器。

解：环形计数器实际上就是一个自循环的移位寄存器。根据初态设置的不同，这种电路的有效循环常常是循环移位一个"1"或一个"0"。图 6.64 是由 74194 构成的能自启动的环形计数器。

当启动信号 start 输入一个负脉冲时，使 $S_1 S_0 = 11$，寄存器执行并行置数功能，即 $Q_0 Q_1 Q_2 Q_3 = 1110$。

当启动信号撤出后，由于 $Q_3 = 0$，使 $S_1 S_0 = 01$ 开，寄存器执行移位操作。由于 $Q_0 \sim Q_3$ 始终有一个为低电平，且 start 保持高电平，因此状态 $S_1 S_0 = 01$ 能得以保持，即循环移位也能一直持续下去。电路移位情况如表 6.28 所示，仿真波形图如图 6.65 所示。

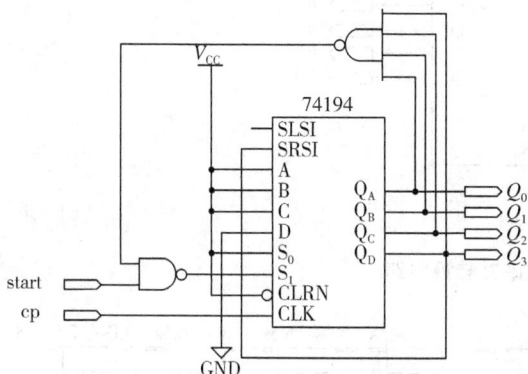

图 6.64　74194 构成的环形计数器

表 6.28　环形计数器状态转换表

SRSI	Q_0	Q_1	Q_2	Q_3
0	1	1	1	0
1	0	1	1	1
1	1	0	1	1
1	1	1	0	1
0	1	1	1	0
1	0	1	1	1

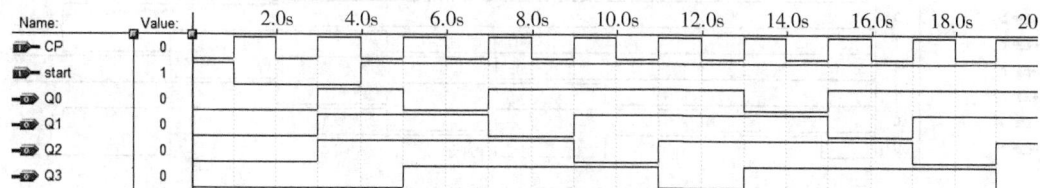

图 6.65　环形计数器仿真波形图

由表 6.28 可知，该环形计数器有效状态数为四个，因此触发器利用率低（即使用 n 个触发器仅有 n 个有效状态），但这种计数器中仅有一个"0"在其中循环，所以在使用时可省略译码器，而且输出无毛刺。由仿真波形图可知，寄存器的输出按照固定的时序输出低电平脉冲，因此这种电路又称为环形脉冲分配器。

例 6.15　用两片 74194 构成一个八位串并转换电路。

解：利用 74194 的右移功能，令 $S_1 S_0 = 01$。第一片的 SRSI 作为串行数据的输入，第一片的 Q_D 接第二片的 SRSI。第一片 74194 的输出作为低四位，第二片 74194 的输出作为高四位。构成的电路图如图 6.66 所示，仿真波形图如图 6.67 所示。

通过观察波形图可知，输入八位串行数据为 11011100，在八个时钟周期之后并行数据输出端 $b_7 \sim b_0 = 11011100$，由此可见符合设计要求，达到了串并转换的目的。

例 6.16　通过分析图 6.68，归纳电路实现的功能。

图 6.66 八位串并转换电路

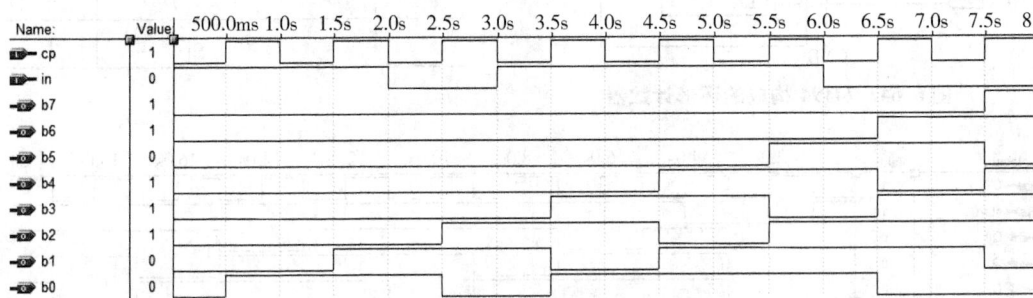

图 6.67 八位串并转换电路仿真波形图

解：该电路由两片四位加法器 74283 和四片移位寄存器 74194 组成。两片 74283 接成了一个八位并行加法器。四片 74194 分别接成了两个八位的双向移位寄存器。由于两个八位移位寄存器的输出分别加到了八位并行加法器的两组输入上，所以该电路是将两个八位移位寄存器里的内容相加的运算电路。

由图 6.69 可知，当 1 s 时，CP_1 和 CP_2 的第一个上升沿同时到达，此时 $S_1 = S_0 = 1$，所以移位寄存器处在数据并行输入工作状态，M 和 N 的数值便被分别存入两个移位寄存器中并相加，即 $G = M + N = 2 + 3 = 5$。

当 3 s 时，CP_1 和 CP_2 的第二个上升沿同时到达，$S_1 = 0$，$S_0 = 1$，M 和 N 同时右移一位，相当于两数各乘以 2 再相加，即 $G = M \times 2 + N \times 2 = 4 + 6 = 10$。

当 5 s 时，CP_1 的第三个上升沿同时到达，$S_1 = 0$，$S_0 = 1$，仅 M 右移一位，即 $G = M \times 2 \times 2 + N \times 2 = 8 + 6 = 14$。

当 7 s 时，CP_1 的第四个上升沿同时到达，$S_1 = 0$，$S_0 = 1$，仅 M 右移一位，即 $G = M \times 2 \times 2 \times 2 + N \times 2 = 16 + 6 = 22$。

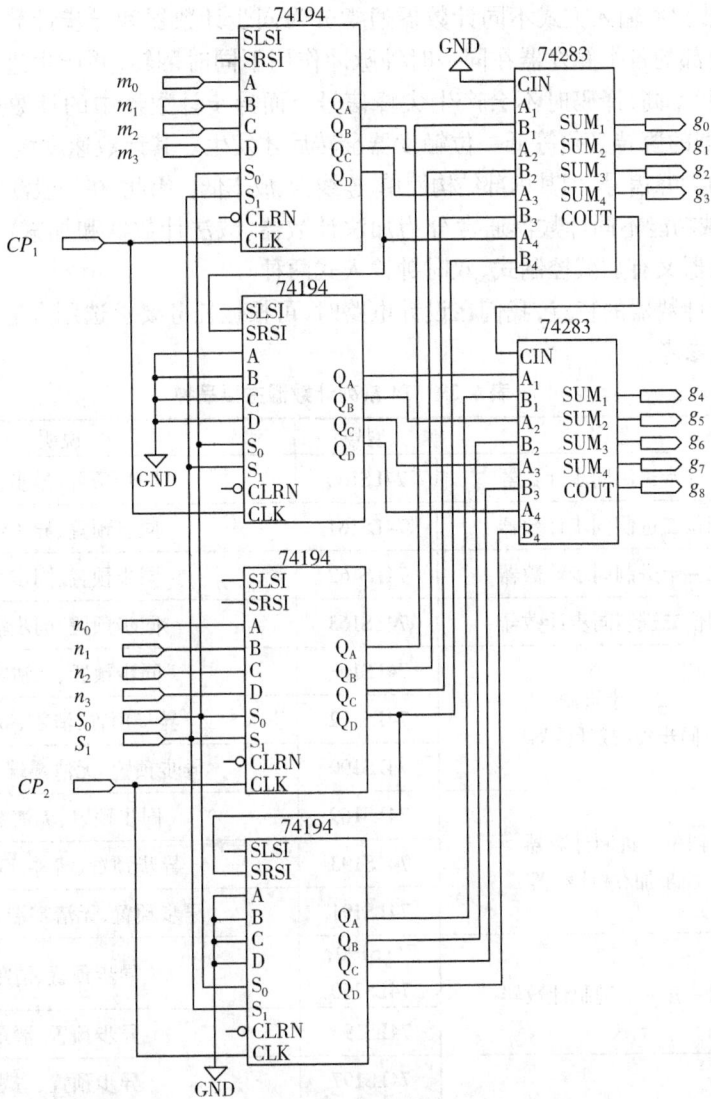

图 6.68　移位相加电路

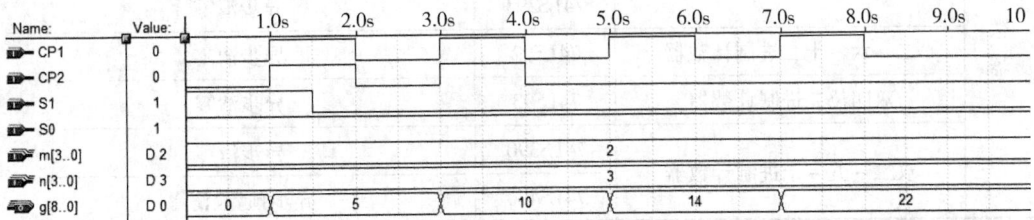

图 6.69　移位相加电路仿真波形图

3. 计数器

计数器是数字系统中必不可少的组成部分,它不仅用来计输入脉冲的个数,还经常用于分频、程序控制、逻辑控制。计数器种类繁多,其分类方式大致有以下三种。

① 按进制不同计数器通常分为二进制、十进制和 N 进制计数器。

② 按计数脉冲输入方式不同计数器通常分为同步计数器和异步计数器两大类。同步计数器是指内部的各个触发器在同一时钟脉冲作用下同时翻转,并产生进位信号。其计数速度快、工作频率高,译码时不会产生尖峰信号。而异步计数器中的计数脉冲是逐级传送的,高位触发器的翻转必须等低一位触发器翻转后才发生。其计数速度慢,译码时输出端会出现不应有的尖峰信号,但其内部结构简单、连线少、成本低。因此,在一般低速场合中应用。

③ 按加减功能不同计数器通常分为加法计数器、减法计数器和加减可逆计数器,其中加减可逆计数器又有加减控制式、双时钟输入式两种。

针对以上计数器的特点,我们在设计电路时,可根据任务要求选用合适的器件。表6.29所列器件可供参考。

表6.29 74 系列计数器主要品种

名称		型号	说明
同步计数器	二－十进制同步计数器	74LS160	同步预置、异步清零
	四位二进制同步计数器	74LS161	同步预置、异步清零
	二－十进制同步计数器	74LS162	同步预置、同步清零
	四位二进制同步计数器	74LS163	同步预置、同步清零
	二－十进制同步加/减计数器	74LS168	同步预置、无清零端
		74LS192	异步预置、清零,双时钟
		74LS190	异步预置、无清零端,单时钟
	四位二进制计数器同步加/减计数器	74LS169	同步预置、无清零端
		74LS193	异步预置、清零,双时钟
		74LS191	异步预置、无清零端,单时钟
异步计数器	二－五－十进制计数器	74LS190,74LS290	异步预置、清零
		74LS196	异步预置、清零
	二－八－十六进制计数器	74LS197	异步预置、清零
		74LS193	异步预置、清零
		74LS293	异步清零
	二－六－十二进制计数器	74LS92	异步清零
	双四位二进制计数器	74LS93	异步清零
	双二－五－十进制计数器	74LS390	异步清零
		74LS490	异步预置、清零

（1）74290

74290 为二－五－十进制计数器,其引脚排列图和图形符号如图 6.70 所示,功能表如表 6.30 所示。

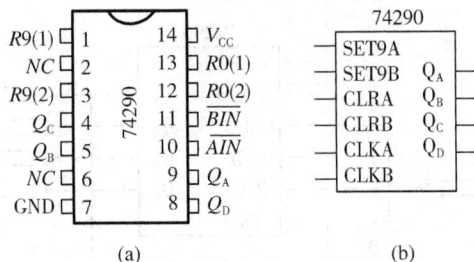

图 6.70　74290 的引脚排列图和图形符号

（a）引脚排列图；　（b）图形符号

表 6.30　74290 功能表

输入						输出			
$\overline{AIN}$	$\overline{BIN}$	$R0(1)$	$R0(2)$	$R9(1)$	$R9(2)$	Q_A	Q_B	Q_C	Q_D
CLKA	CLKB	CLRA	CLRB	SET9A	SET9B	Q_A	Q_B	Q_C	Q_D
×	×	1	1	0	×	0	0	0	0
×	×	1	1	×	0	0	0	0	0
×	×	×	×	1	1	1	0	0	1
下降沿	下降沿	×	0	×	0	计数			
下降沿	下降沿	0	×	0	×				
下降沿	下降沿	0	×	0	×				
下降沿	下降沿	×	0	×	0				

74290 从 CLKA 输入计数时钟，从 Q_A 输出，则组成二进制计数器；从 CLKB 输入计数时钟，从 $Q_D Q_C Q_B$ 输出，则组成五进制计数器。若以 CLKA 为时钟输入，Q_A 与 CLKB 相连，从 $Q_D Q_C Q_B Q_A$ 输出，则构成 8421BCD 码十进制计数器；若以 CLKB 为时钟输入，Q_C 与 CLKA 相连，从 $Q_A Q_D Q_C Q_B$ 输出，则构成 5421BCD 码十进制计数器。因此，74290 被称为二 − 五 − 十进制计数器。

此外，电路中还有两个置 0 输入端与置 9 输入端，可将计数器分别异步置成 0000 和 1001。

例 6.17　用 74290 设计一个五进制计数器，计数状态分别为 0，1，2，3，9。

解：设计要求 3 的下一状态为 9，因此可以应用计数器的异步置 9 功能。首先将 74290 接成可以输出 8421BCD 码的十进制计数器，当计数器的输出 $Q_D Q_C Q_B Q_A$ 为 0100 时产生异步置 9（1001）的控制信号。由于此时只有 Q_C（Q_2）为高电平，因此将 Q_C（Q_2）与置 9 端相连，计数器置 9 后正常计数，即 9（1001）的下一状态为 0（0000）。由于置 9 是异步操作，因此 0100（4）为暂态不计入有效循环中，则计数器的计数状态分别为 0，1，2，3，9。

具体实现电路图与仿真波形图分别如图 6.71 和 6.72 所示。

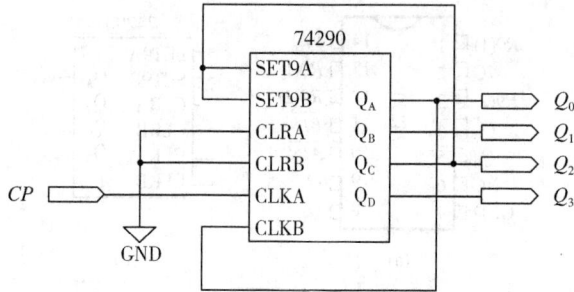

图 6.71 五进制计数器电路图

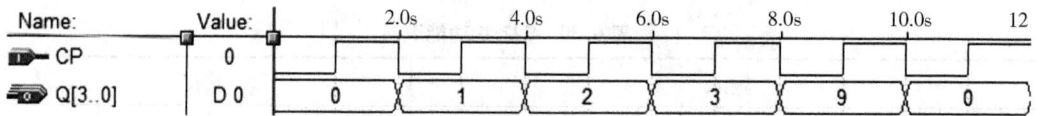

图 6.72 五进制计数器仿真波形图

例 6.18 用 74290 设计一个 37 进制加法计数器。

解:这个电路有多种连接方法,最常见的为将两片 74290 接成一个 100 进制计数器,然后在计数器计到 37 时异步置 0。由于 37 是暂态,因此能观察到的计数结果为 0~36。此接法缺点为输出有暂态,在译码时可能存在不稳定因素。

另外一种方法,在计数器计到 36 时将反馈的异步置 0 信号接在 D 触发器的输入端,触发器由时钟的上升沿控制。这样实现的 37 进制计数器计数结果依然为 0~36,但输出无暂态,计数结果稳定。此接法缺点为输出状态 36 持续时间缩短为半个周期。具体实现电路图与仿真波形图分别如图 6.73 和图 6.74 所示。

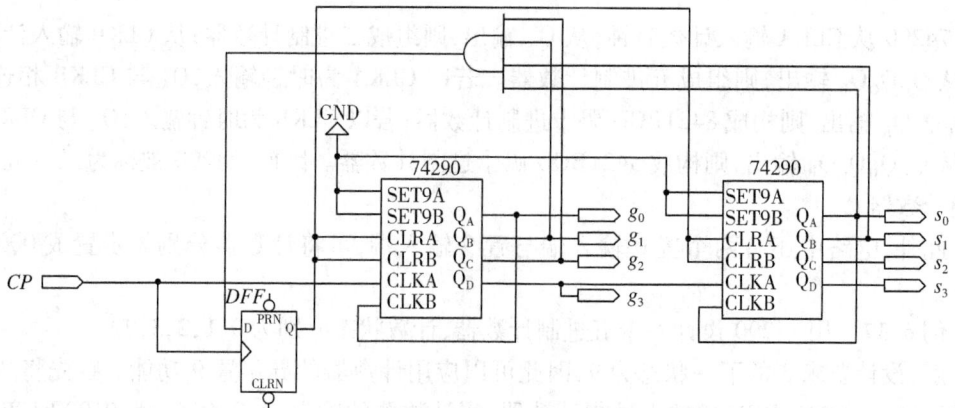

图 6.73 37 进制加法计数器

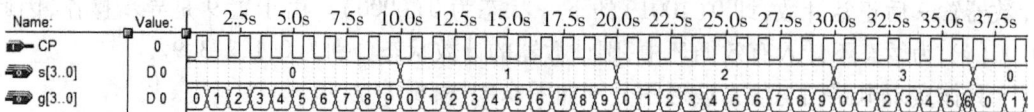

图 6.74 37 进制加法计数器仿真波形图

例 6.19　通过分析图 6.75，归纳电路实现的功能。

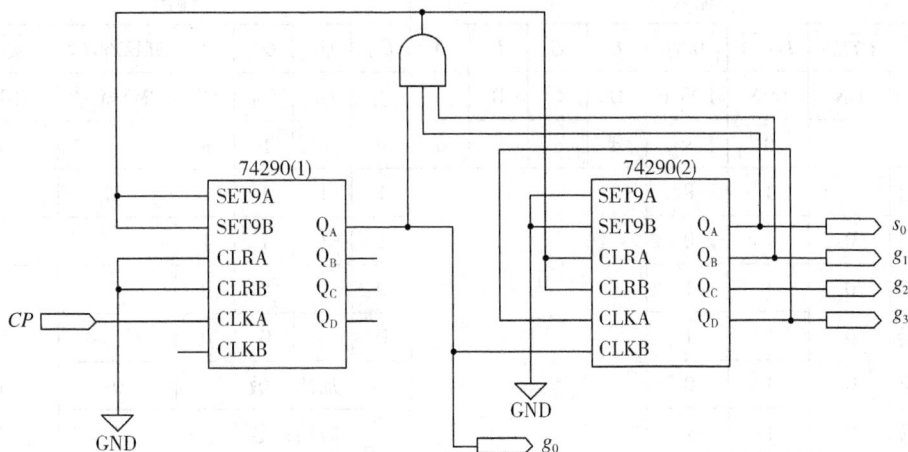

图 6.75　例 6.19 电路图

解:通过观察该电路图,第一片 74290 从 CLKA 输入,从 Q_A 端输出,并接到第二片 74290 的 CLKB 输入端,从 $Q_D Q_C Q_B$ 输出,因此两片计数器的输出 $g_3 g_2 g_1 g_0$ 构成 8421BCD 码十进制计数器。第二片计数器 Q_D 与 CLKA 相连,第二片 Q_A 输出构成了二进制计数器。当计数值为 13 时,第一片 74290 异步置 9,第二片 74290 异步清零,因此构成了一至十二进制计数器。仿真结果如图 6.76 所示。

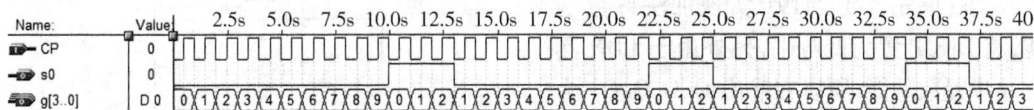

图 6.76　十二进制计数器

（2）74191

74191 为同步十六进制加减计数器,其引脚排列图和图形符号如图 6.77 所示,功能表如表 6.31 所示。

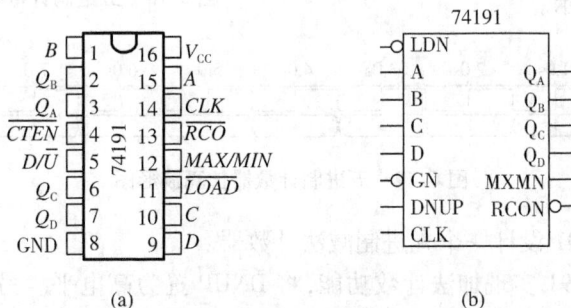

(a)　　　　　　　　　　　(b)

图 6.77　74191 的引脚排列图和图形符号

(a) 引脚排列图；　(b) 图形符号

表 6.31   74191 功能表

输入								输出					
CLK	$\overline{CTEN}$	$\overline{LOAD}$	$D/\overline{U}$	D	C	B	A	Q_D	Q_C	Q_B	Q_A	MAX/MIN	$\overline{RCO}$
CLK	GN	LDN	DNUP	D	C	B	A	Q_D	Q_C	Q_B	Q_A	MXMN	RCON
×	×	0	×	d	c	b	a	d	c	b	a	×	×
上升沿	0	1	0					1	1	1	1	1	
下降沿	0	1	0					1	1	1	1		0
上升沿	0	1	1					0	0	0	0	1	
下降沿	0	1	1					0	0	0	0		0
上升沿	0	1	0					加法计数				0	1
上升沿	0	1	1					减法计数				0	1
上升沿	1	1	×					保持				0	1

由以上功能表可知,当 LDN 为低电平时计数器异步置数,当 GN 为高电平时计数器处于保持状态。DNUP 输入端为低电平时加法计数,高电平时减法计数。当加法计数结果为最大值减法计数结果为最小值时,随着 CLK 的上升沿,MXMN 将变为高电平,随着 CLK 的下升沿,RCON 将变为低电平。

例 6.20   用 74191 设计一个五进制加法计数器。

解:首先若要 74191 实现加法计数功能,将 DNUP 置为低电平,另外由于 LDN 具有异步置数功能,所以在输出 $Q_D Q_C Q_B Q_A$ 为 0101(5) 时异步置 0(注:若计数器置数输入端 ABCD 不接,在仿真软件中默认为低电平)。由于 5 为暂态不计入有效循环里,则计数器的循环状态为 0,1,2,3,4。

具体实现电路图与仿真波形图分别如图 6.78 和图 6.79 所示。

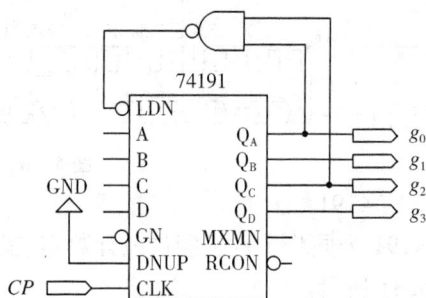

图 6.78   五进制计数器实现电路图

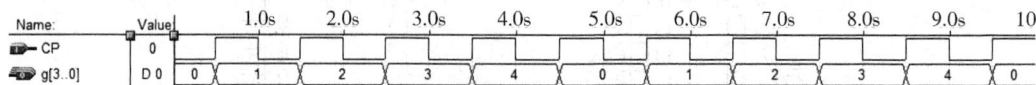

图 6.79   五进制计数器仿真波形图

例 6.21   用 74191 设计一个九进制减法计数器。

解:首先若要 74191 实现加法计数功能,将 DNUP 置为高电平。另外由于 LDN 具有异步置数功能,所以在输出 $Q_D Q_C Q_B Q_A$ 为 0110(6) 时异步置 1111(15)。由于 6 为暂态不计入有效循环,则计数器的循环状态为 15,14,13,12,11,10,9,8,7。具体实现电路图与仿真波形图分别如图 6.80 和图 6.81 所示。

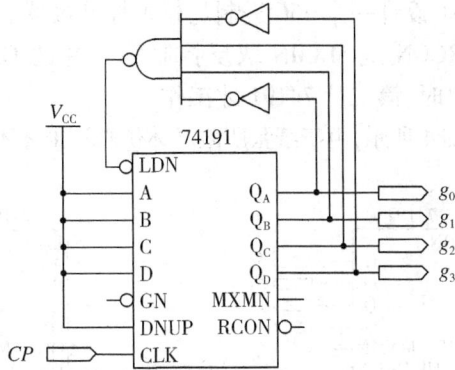

图 6.80　九进制计数器实现电路图

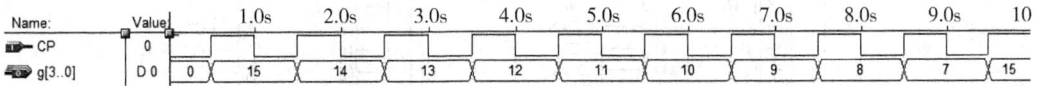

图 6.81　九进制计数器仿真波形图

例 6.22　用 74191 设计一个十六进制加减可控计数器,要求计数计到最大值(1111)和最小值(0000)时保留计数结果。

解:由题意可知要求用 74191 实现十六进制计数器,由于 74191 本身就是十六进制的,因此不必在置数控制端(LDN)添加任何反馈。对于计数计到极值保留结果这一要求可以这样实现:在加法计数中计数结果为 1111、减法计数中计数结果为 0000 时,计数器的使能控制端 GN 为高电平,令计数器处于保持状态。这一要求使用简单门电路即可实现,不再赘述。

具体实现电路图与仿真波形图分别如图 6.82 和图 6.83 所示。

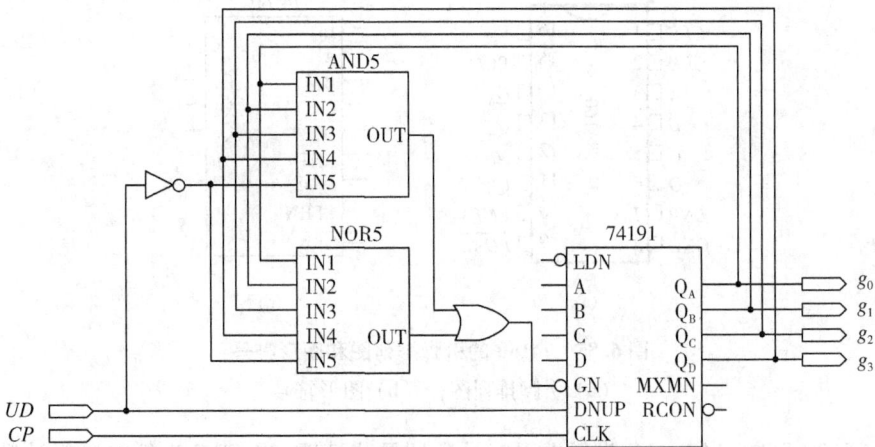

图 6.82　十六进制加减可控计数器实现电路图

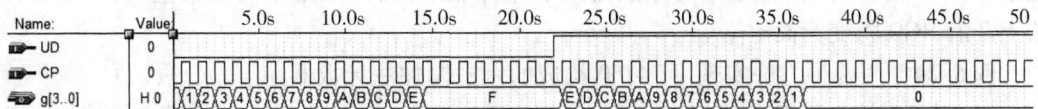

图 6.83　十六进制加减可控计数器仿真波形图

例6.23 用两片74191设计一个256进制加减可控计数器。

解：可以用第一片的RCON或MXMN取反控制第二片的GN使能端，只有在第一片74191产生进位或借位输出时，第二片74191才工作。

具体实现电路图如图6.84所示，由于纸张所限具体仿真波形图不能展示，可自行仿真。

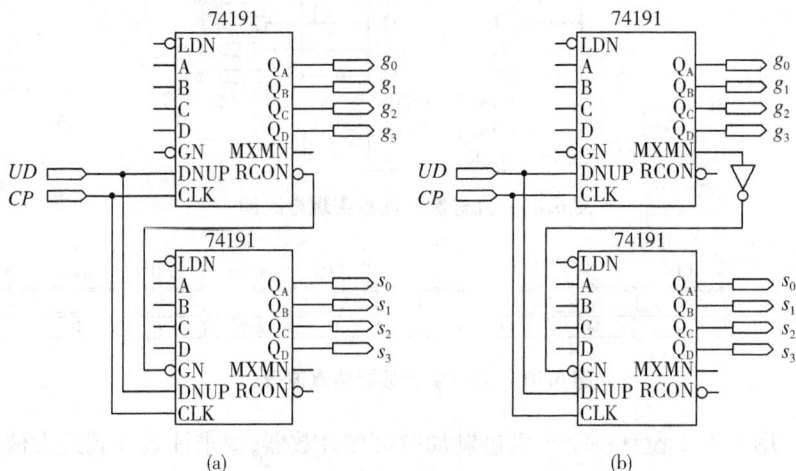

图6.84　256进制加减可控计数器实现电路图

74190为同步十进制加减计数器，其功能除进制不同外皆与74191相同，在此不再赘述。

（3）74160

74160为同步十进制加法计数器，其引脚排列图和图形符号如图6.85所示，其功能表如表6.32所示。

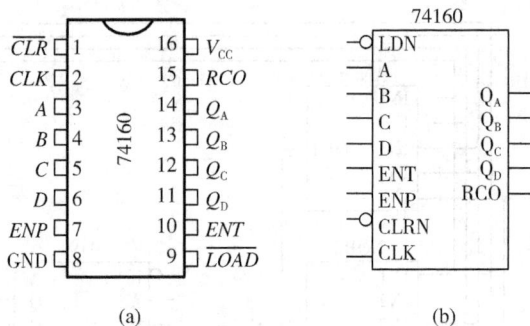

图6.85　74160的引脚排列图和图形符号

（a）引脚排列图；　（b）图形符号

由表6.32可知，当CLRN为低电平时计数器异步清零；当LDN为低电平时计数器同步置数；当ENT和ENP为低电平时计数器处于保持状态；当计数结果为最大值时，随着CLK的上升沿RCO将变为高电平。

例6.24 用两种方法实现用74160构成的六进制加法计数器。

解：可以在输出结果 $Q_D Q_C Q_B Q_A$ 为0101时同步置数，也可以在输出结果 $Q_D Q_C Q_B Q_A$ 为0110时异步清零。具体实现电路图与仿真波形图分别如图6.86和图6.87所示。

表 6.32　74160 功能表

输入									输出				
CLK	$\overline{LOAD}$	$\overline{CLR}$	ENP	ENT	D	C	B	A	Q_D	Q_C	Q_B	Q_A	RCO
CLK	LDN	CLRN	ENP	ENT	D	C	B	A	Q_D	Q_C	Q_B	Q_A	RCO
×	×	0	×	×	×	×	×	×	0	0	0	0	0
×	1	1	0	1					保持				
×	1	1	×	0					保持				0
上升沿	0	1	×	×	d	c	b	a	d	c	b	a	计数为9时进位输
上升沿	1	1	×	×					计数				出为1,反之为0

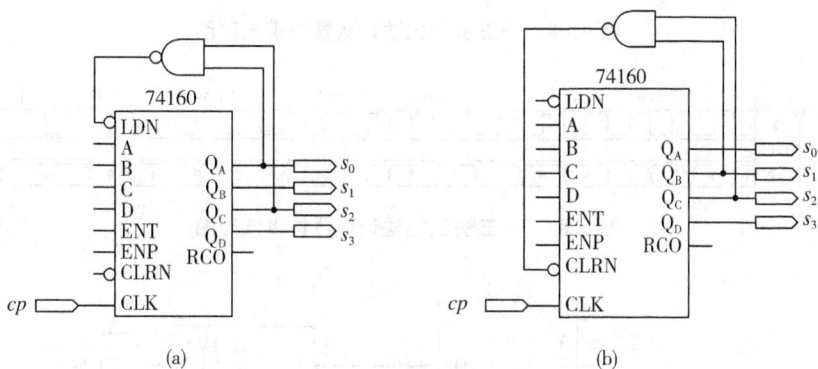

(a)　　　　　　　　　　　　(b)

图 6.86　六进制加法计数器实现电路图

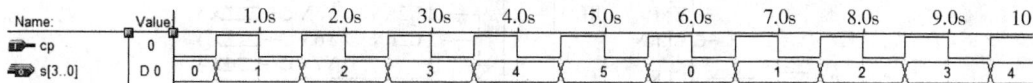

图 6.87　六进制加法计数器仿真波形图

例 6.25　用三种方法实现用 74160 构成的十五进制加法计数器。

解：可以将两片 74160 用异步串行方式接成 100 进制计数器,即用第一片进位输出 RCO 的反向控制第二片的 CLK 时钟输入,然后在计数计到 15 时异步清零,实现电路如图 6.88(a) 所示。将两片 74160 用同步并行方式接成 100 进制计数器,即用第一片进位输出 RCO 的反向控制第二片的 ENT、ENP 输入,然后分别在计数计到 15 时异步清零,计到 14 时同步置零,实现电路图分别如图 6.88(b)、(c)所示。仿真波形图如图 6.89 所示。

4. 顺序脉冲发生器

在一些数字系统中,有时需要系统按照事先规定的顺序进行一系列的操作。这就要求系统的控制部分能给出一组在时间上有一定先后顺序的脉冲信号,再用这组脉冲形成所需要的各种控制信号。顺序脉冲发生器就是用来产生这样一组顺序脉冲的电路。

在设计过程中可以用计数器和译码器组合成顺序脉冲发生器,如图 6.90 所示。十六进制计数器 74161 的低三位 $Q_C Q_B Q_A$ 始终处于 $000 \sim 111$ 的循环过程中,可以把其看作八进制加法计数器。用 74161 低三位控制 3 线 - 8 线译码器 74138,这样便可在译码器的输出得到顺序脉冲。其仿真波形图如图 6.91 所示。

(a)　　　　　　　　　　(b)　　　　　　　　　　(c)

图6.88　十五进制加法计数器实现电路图

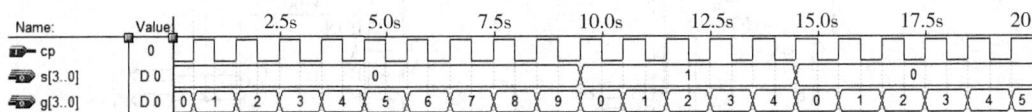

图6.89　十五进制加法计数器仿真波形图

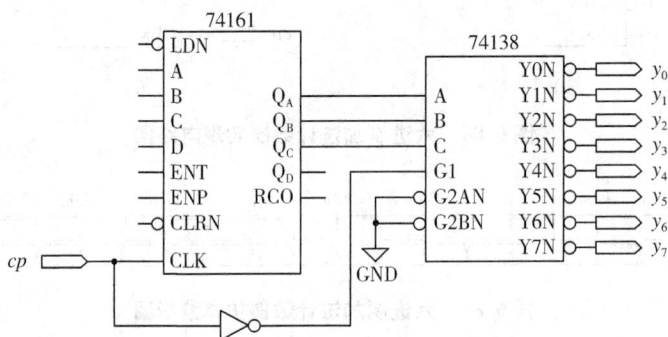

图6.90　顺序脉冲发生器

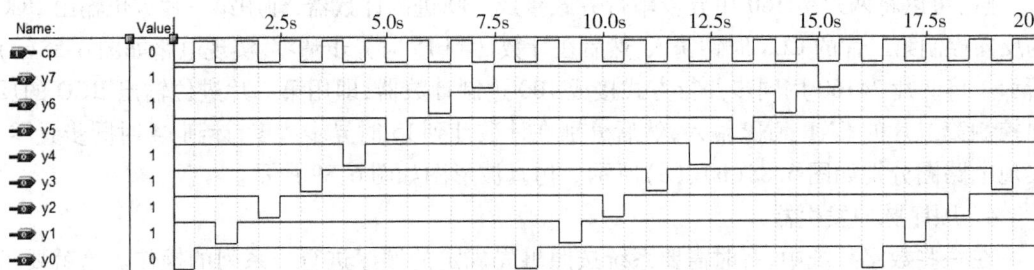

图6.91　顺序脉冲发生器仿真波形图

5. 序列信号发生器

在数字信号的传输和数字系统的测试中,有时需要用到一组特定的串行数字信号。通常把这种串行数字信号称为序列信号。产生序列信号的电路称为序列信号发生器。

序列信号发生器的构成方法有多种。一种比较简单、直观的方法是用计数器和数据选择器组成,如图6.92所示。十六进制计数器74161的低三位 $Q_C Q_B Q_A$ 始终处于 $000 \sim 111$

的循环过程中,可以把其看作八进制加法计数器。用 74161 低三位控制 8 选 1 数据选择器 74151,可以将数据选择器的八位并行输入数据转换成串行数据输出。其仿真波形图如图 6.93 所示。由此可见序列信号发生器可实现并串转换功能。

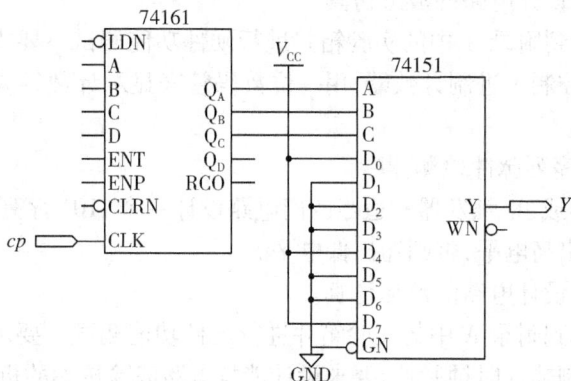

图 6.92　序列信号发生器

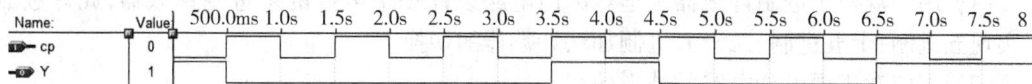

图 6.93　序列信号发生器仿真波形图

6.3.3　实验目的

(1) 掌握时序逻辑电路的设计方法及调试技巧。
(2) 掌握触发器的功能及应用。
(3) 熟练掌握常用 MSI 时序逻辑芯片的功能及应用。

6.3.4　设计任务

1. 设计选题 A:循环码计数器
(1) 用 D 触发器或 JK 触发器和适当的门电路设计一个三位循环码计数器。
(2) 完成对逻辑设计电路的波形仿真。
(3) 将设计下载到附录 A 中的实验箱并进行硬件功能测试。要求:用 1 Hz 连续脉冲作为计数器的时钟输入,用一位数码管来显示它的计数状态,用数码管上的小数点来显示进位输出。

2. 设计选题 A:循环检测报警器
(1) 用十进制计数器、数据选择器、显示译码器和适当的门电路设计一个八路循环检测报警器,报警器正常状态下输入低电平,当有高电平输入时产生报警信号。
(2) 完成对逻辑设计电路的波形仿真。
(3) 将设计下载到附录 A 中的实验箱并进行硬件功能测试。要求:循环检测八路并行数据,检测数据由八位开关提供。要求输入回路编码信号在数码管上显示出来。循环检测周期为八秒。

3. 设计选题 A:消抖电路的设计

(1) 用触发器、计数器和适当的门电路设计消抖电路,可以消除按键的机械抖动,消抖脉冲为 500 Hz。

(2) 完成对逻辑设计电路的波形仿真。

(3) 将设计下载到附录 A 中的实验箱并进行硬件功能测试。要求:用按键作为消抖电路的输入,消抖结果控制十进制计数器,用一位数码管来显示计数结果,用数码管上的小数点来显示进位输出。

4. 设计选题 B:序列脉冲检测器

(1) 用 D 触发器或 JK 触发器和适当的门电路设计一个 1101 序列信号检测器。当检测输入 1101 序列时输出高电平,否则输出低电平。

(2) 完成对逻辑设计电路的波形仿真。

(3) 将设计下载到附录 A 中的实验箱并进行硬件功能测试。要求:用开关控制输入的高低电平,用按键控制输入时钟脉冲,要求设计消抖电路滤除按键的机械抖动。

5. 设计选题 B:可控的多进制计数器

(1) 用中规模十进制计数器和适当的门电路设计一个可控的多进制计数器,此计数器可实现五进制、十五进制、二十五进制加法计数器的切换。

(2) 完成对逻辑设计电路的波形仿真。

(3) 将设计下载到附录 A 中的实验箱并进行硬件功能测试。要求:在开关控制下,实现三种进制计数器的切换,用 1 Hz 连续脉冲作为计数器的时钟输入,用两位数码管来显示它的计数状态,并用数码管上的小数点来显示进位输出;同时再用另外两位数码管来显示计数容量(进制数)。

6. 设计选题 B:扭环形计数器

(1) 用移位寄存器和适当的门电路设计一个四位扭环形计数器,此计数器具有 1111,0111,0011,0001,0000,1000,1100,1110 等八个有效状态。计数器的频率为 1 Hz。

(2) 完成对逻辑设计电路的波形仿真。

(3) 将设计下载到附录 A 中的实验箱并进行硬件功能测试。要求:使用四位发光二极管显示此扭环形计数器的计数状态。

7. 设计选题 C:数据存储控制器

(1) 用适当的中、小规模组合和时序电路设计一个数据存储控制器。要求:实现四个四位二进制数的存储、调用。

(2) 完成对逻辑设计电路的波形仿真。

(3) 将设计下载到附录 A 中的实验箱并进行硬件功能测试。要求:存储器的数据输入、地址输入用开关控制,存储、调用同步脉冲用按键经过消抖处理后控制,并且存储、调用的数据要用数码管显示出来。

8. 设计选题 C:定时器

(1) 用适当的中、小规模集成电路设计一个定时器。要求:可实现 60 秒以内的定时功能,并可以设置 60 秒以内的任何时间作为倒计时的起点;同时定时器启动后采取倒计时计数(定时器的最小计时单位为秒),当计时结束时给出提示输出(提示:在对定时设置和计时结束提示输出进行设计时要考虑到附录 A 中的实验箱提供的硬件资源)。

（2）完成对逻辑设计电路的波形仿真。

（3）将设计下载到附录 A 中的实验箱并进行硬件功能测试。要求：定时器的定时设置可用开关或按键来控制，用数码管来实时显示其倒计时计数状态，计时结束时用彩灯或声响作为提示。

9. 设计选题 C：抢答器

（1）用触发器和适当的门电路设计一个具有主持人控制功能三人抢答器，每个抢答者对应一个指示灯。主持人发出开始信号后，抢先按动者抢答成功，对应指示灯常亮，并封锁其他人的抢答动作；若主持人未发出开始信号，抢先按动者犯规，对应指示灯闪烁。

（2）完成对逻辑设计电路的波形仿真。

（3）将设计下载到附录 A 中的实验箱并进行硬件功能测试。要求：主持人、抢答者输入采用按键控制，红、黄、绿三色发光二极管分别对应三人抢答指示灯。

10. 设计选题：用硬件描述语言设计时序逻辑电路

（1）从上述 1～9 这九个设计选题中选择一个设计选题，用 VHDL 或 Verilog HDL 硬件描述语言来完成设计选题的逻辑设计。

（2）完成对逻辑设计的波形仿真。

（3）将设计下载到附录 A 中的实验箱并进行硬件功能测试。

6.3.5　实验准备

本实验准备同 6.2.5。

6.3.6　实验报告要求

本实验报告要求同 6.2.6。

6.4　【实验四】存储器及其应用

6.4.1　实验目的

（1）掌握存储器的功能及其应用。

（2）熟悉 Quartus Ⅱ 中 lpm_rom 的参数设置和使用方法。

（3）熟悉 Quartus Ⅱ 中 lpm_ram_dq 的参数设置和使用方法。

6.4.2　实验原理

半导体存储器是一种能存储大量二值信息（或称为二值数据）的半导体器件。在电子计算机以及其他一些数字系统的工作过程中，都需要对大量的数据进行存储。因此，存储器也就成了这些数字系统中不可缺少的组成部分。

半导体存储器的种类很多，从存取功能上可以分为只读存储器和随机存储器两大类。近年来随着 FPGA 芯片容量的飞速增加，使用 FPGA 芯片内部例化 ROM 和 RAM 的方法也十分流行。Quartus Ⅱ 中有许多可调用的 LPM（Library Parameterized Modules）参数化的模块库，可使 FPGA 构成如 lpm_rom,lpm_ram_io,lpm_fifo,lpm_ram_dq 的存储器结构。这里我们主要介绍 Quartus Ⅱ 软件内部例化好的 lpm_rom 和 lpm_ram_dq 的使用与测试方法。

1. lpm_rom 的使用方法

lpm_rom 一般有地址信号 address、数据信号 q 和时钟信号 clock,其参数都是可以设定的。lpm_rom 的调用与参数设定方法已在 2.3.2 节中介绍过,在此不再赘述。我们以一位全加器为例,说明如何在数字系统设计中用 lpm_rom 实现逻辑函数。

例 6.26 用 lpm_rom 实现一位全加器。

解:首先设 A 和 B 为两个加数,CI 为进位输入,q_0 为本位和输出,q_1 为进位输出。根据设计要求可列出真值表如表 6.33 所示。

表 6.33　一位全加器真值表

CI	A	B	q_1	q_0
0	0	0	0	0
0	0	1	0	1
0	1	0	0	1
0	1	1	1	0
1	0	0	0	1
1	0	1	1	0
1	1	0	1	0
1	1	1	1	1

可将 CI,A,B 作为地址线输入到 lpm_rom 上,CI 为高位。这样可根据真值表设置 mif 文件,如图 6.94 所示。

Addr	+000	+001	+010	+011	+100	+101	+110	+111
0	00	01	01	10	01	10	10	11

图 6.94　一位全加器的 mif 文件

在设置 lpm_rom 的参数时,将字数设为 8,字长设为 2,并得出电路图,如图 6.95 所示。

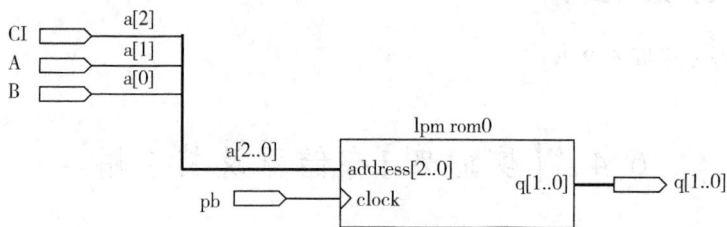

图 6.95　一位全加器电路图

注意,由于 lpm_rom 在时钟输入信号 clock 第一个上升沿读入地址,第二个上升沿才输出数据。为了使输出的变化不长时间地滞后于地址输入的变化,因此时钟输入信号 clock 的频率应比较高一些。依据此规则得出的仿真波形图如图 6.96 所示。

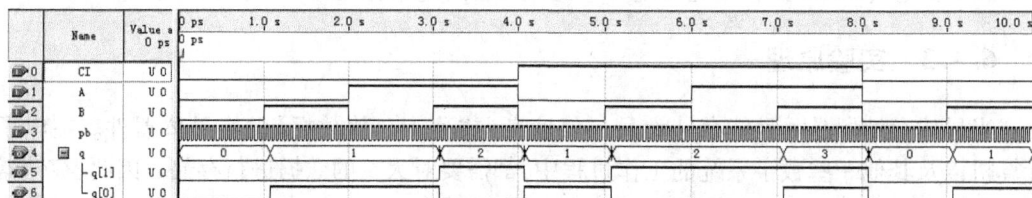

图 6.96　一位全加器仿真波形图

比较仿真波形图与真值表,结果一致,因此一位全加器设计符合要求。

2. lpm_ram_dq 的使用方法

lpm_ram_dq 一般有地址信号 address、数据信号输入 data、数据信号输出 q、时钟信号 clock、读写控制端 wren(低电平时进行读操作,高电平时进行写操作)等信号,其参数一样是可以设定的。lpm_ram_dq 的调用和参数设定方法与 lpm_rom 类似,在此不再赘述。我们以偶数存取随机存储器为例,说明 lpm_ram_dq 的使用方法。

例 6.27 用 lpm_ram_dq 实现一个能存取 63 以内偶数的随机存储器。

解:由于 63 以内偶数只有 0~62,共计 32 个,因此存储器的字数为 32,控制其五位地址线的为 32 进制加法计数器。如果将每个字的宽度设为八位,因为最大数值为 62 (00111110),所以将输入数据线最高位、次高位分别接低电平。又因为要求数据是偶数,因此最低位也接低电平,这样就可用一个 32 进制加法计数器的五位输出作为其他各位的数据输入。根据上述分析可得出偶数随机存储器电路图,如图 6.97 所示,其仿真波形图如图 6.98所示。

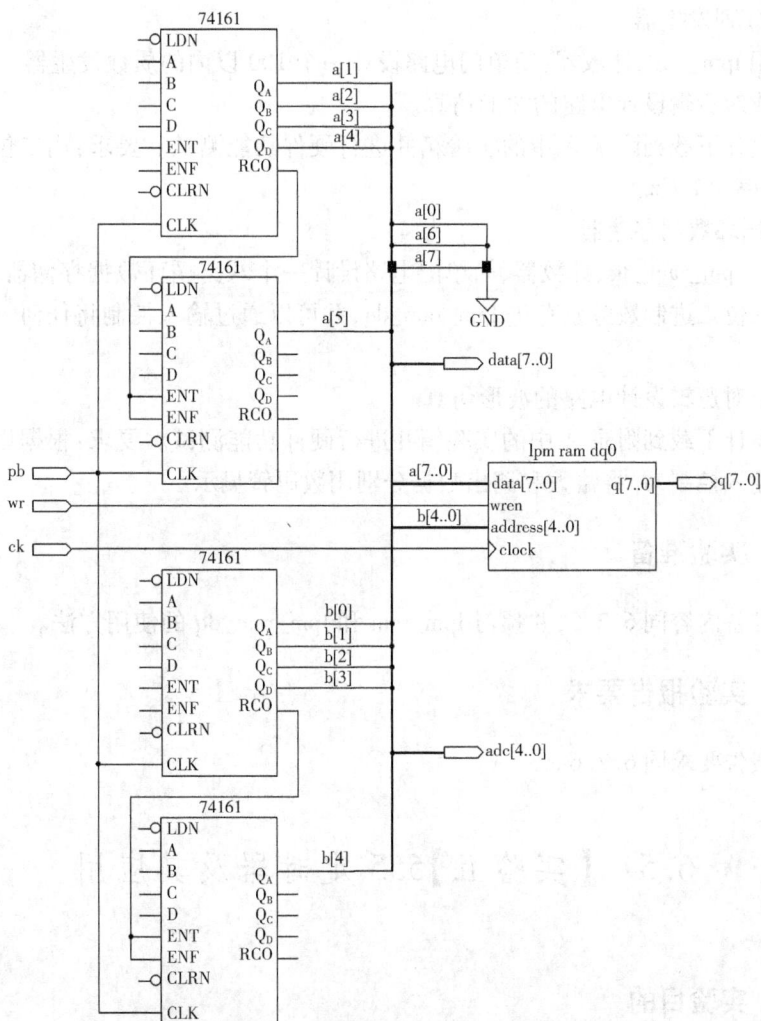

图 6.97 偶数随机存储器电路图

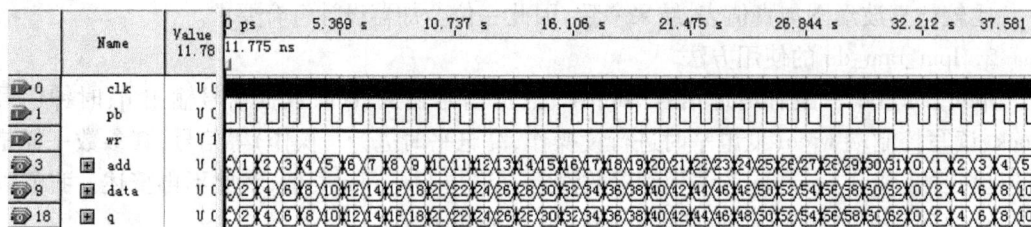

图 6.98　偶数随机存储器仿真波形图

由仿真波形图可知,在 0 ~ 31 计数周期内,控制线 wr 高电平进行写操作,分别写入 0 ~ 62 偶数数据;在此之后,wr 低电平进行读操作,将 lpm_ram_dq 中存储的数据依次读出,观察仿真波形图符合设计要求。

6.4.3　设计任务

1. 质数序列发生器

(1) 使用 lpm_rom、计数器、简单门电路设计一个 100 以内的质数发生器。

(2) 完成对逻辑设计电路的波形仿真。

(3) 将设计下载到附录 A 中的实验箱并进行硬件功能测试。要求:用二位数码管显示结果,变换频率为 1 Hz。

2. 八路循环数据存储器

(1) 使用 lpm_ram_dq、计数器、简单门电路设计一个八路循环数据存储器。要求:将循环输入八路八位二进制数分别存进 lpm_ram_dq,并可以通过输入控制将任何一路所存储的数据调出。

(2) 完成对逻辑设计电路的波形仿真。

(3) 将设计下载到附录 A 中的实验箱并进行硬件功能测试。要求:根据设计选用开关或按键进行输入控制,并将路数和调出数据分别用数码管显示。

6.4.4　实验准备

本实验准备内容同 6.2.5,并预习 lpm_rom 和 lpm_ram_dq 的使用方法。

6.4.5　实验报告要求

本实验报告要求同 6.2.6。

6.5　【实验五】555 定时器及其应用

6.5.1　实验目的

(1) 掌握 555 定时器(时基电路)的基本工作原理及功能。

（2）掌握用 555 定时器构成多谐振荡器、单稳态触发器和施密特触发器这三种电路的方法和工作原理。

（3）掌握在 Multisim10 环境下 555 电路的仿真方法。

（4）熟悉使用示波器观测波形的方法。

6.5.2　实验原理

1. 555 定时器原理介绍

555 定时器是供仪器、仪表、自动化装置、各种民用电器定时器、时间延迟器等电子控制电路用的时间功能电路,也可作为自激多谐振荡器、脉冲调制电路、脉冲相位调谐电路、脉冲丢失指示器、报警器以及单稳态、双稳态等各种电路,应用范围十分广泛。

（1）555 定时器的特点

① 外部连接几个阻容元件,可以方便地构成施密特触发器、多谐振荡器和单稳态触发器等脉冲产生与整形电路。

② 具有一定的输出功率,因此可直接驱动微电机、指示灯和扬声器等。该器件有双极型和 CMOS 型两类产品,双极型产品型号最后三位为 555,CMOS 型产品型号最后四位为7555,它们的功能及外部引线排列完全相同。

③ 电源电压范围宽 3～18 V,双极型的电源电压为 5～15 V,CMOS 型的电源电压为 3～18 V,能够提供与 TTL 及 CMOS 数字电路兼容的逻辑电平。

（2）555 定时器的电路结构及功能

图 6.99（a）是 555 定时器的管脚排列图,图 6.99（b）是 Multisim10 环境下 555 定时器的图形符号。

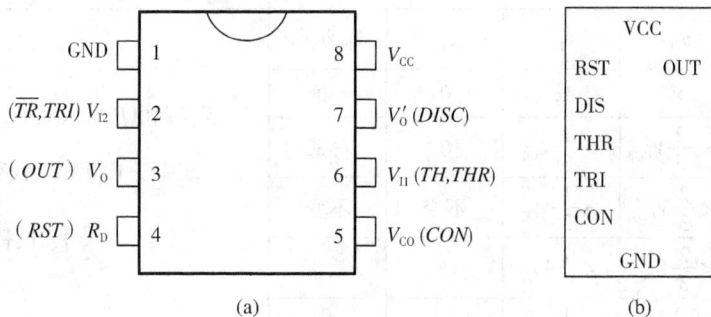

图 6.99　555 定时器管脚排列图和图形符号

（a）管脚排列图；（b）图形符号

555 定时器的各个引脚功能为:1 引脚,芯片的接地端;2 引脚,芯片的触发输入端(也叫低触发端);3 引脚,芯片的输出端;4 引脚,芯片的直接清零端;5 引脚,芯片的控制电压输入端;6 引脚,芯片的阈值输入端(也叫高触发端);7 引脚,芯片的放电端 DISC;8 引脚,芯片的外接电源 V_{CC}。

图 6.100 是 555 的内部电路结构图。它由比较器 C_1 与 C_2、SR 锁存器和集电极开路的放电三极管 T_D 三部分组成。

v_{11}（TH）是比较器 C_1 的输入端,v_{12}（$\overline{TR}$）是比较器 C_2 的输入端,C_1 和 C_2 的参考电压

（电压比较的基准）V_{R1} 和 V_{R2} 由 V_{CC} 经三个 5 kΩ 电阻分压给出。在控制电压 V_{CO} 不起作用时（即在 V_{CO} 端没有外接电源电压），$V_{R1} = \frac{2}{3}V_{CC}$，$V_{R2} = \frac{1}{3}V_{CC}$。如果 V_{CO} 外接固定电压，则 $V_{R1} = V_{CO}$，$V_{R2} = \frac{1}{2}V_{CO}$。

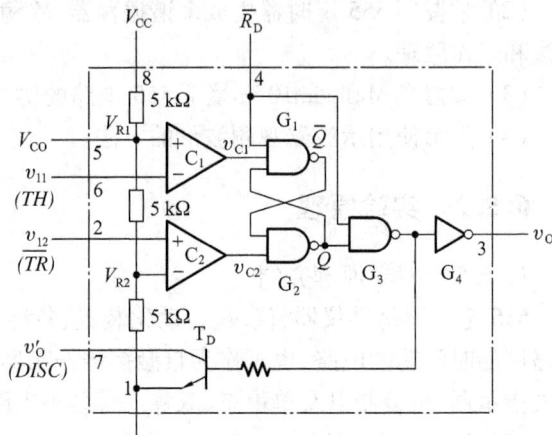

图 6.100 555 的内部电路结构图

由图 6.100 可知，只要在 $\bar{R}_D$ 加上低电平，输出端便立即被置成低电平，不受其他输入端状态的影响。正常工作时必须使 $\bar{R}_D$ 处于高电平。

当 $v_{11} > V_{R1}$，$v_{12} > V_{R2}$ 时，比较器 C_1 的输出 $v_{C1} = 0$，比较器 C_2 的输出 $v_{C2} = 1$，SR 锁存器被置 0，T_D 导通，同时输出端 v_0 为低电平。

当 $v_{11} < V_{R1}$，$v_{12} > V_{R2}$ 时，$v_{C1} = 1$，$v_{C2} = 1$，锁存器的状态保持不变，因而 T_D 和输出的状态也维持不变。

当 $v_{11} < V_{R1}$，$v_{12} < V_{R2}$ 时，$v_{C1} = 1$，$v_{C2} = 0$，锁存器被置 1，T_D 截止，同时输出端 v_0 为高电平。

当 $v_{11} > V_{R1}$，$v_{12} < V_{R2}$ 时，$v_{C1} = 0$，$v_{C2} = 0$，锁存器处于 $Q = \bar{Q} = 1$ 的状态，T_D 截止，同时输出端为高电平。

555 定时器的功能如表 6.34 所示。

表 6.34 555 定时器功能表

输入			输出		备注
$\bar{R}_D$	v_{11}	v_{12}	v_0	T_D 状态	
0	×	×	0	导通	当控制电压输入端 V_{CO} 外接电压时，表中 $\frac{2}{3}V_{CC}$ 用 V_{CO} 代替，$\frac{1}{3}V_{CC}$ 用 $\frac{1}{2}V_{CO}$ 代替
1	$> \frac{2}{3}V_{CC}$	$> \frac{1}{3}V_{CC}$	0	导通	
1	$< \frac{2}{3}V_{CC}$	$> \frac{1}{3}V_{CC}$	不变	不变	
1	$< \frac{2}{3}V_{CC}$	$< \frac{1}{3}V_{CC}$	1	截止	
1	$> \frac{2}{3}V_{CC}$	$< \frac{1}{3}V_{CC}$	1	截止	

2. 用 555 定时器组成施密特触发器

将 555 定时器的 v_{11} 和 v_{12} 两个输入端连在一起作为信号输入端，如图 6.101 所示，即可得到施密特触发器。

比较器 C_1 和 C_2 的参考电压不同，因而 SR 锁存器的置"0"信号（$v_{C_1} = 0$）和置"1"信号（$v_{C_2} = 0$）必然发生在输入信号的不同电平。因此，输出电压 V_0 由高电平变为低电平和由低电平变为高电平所对应的 V_1 值也不同，这样就形成了施密特触发器，其电压传输特性如图 6.102 所示。

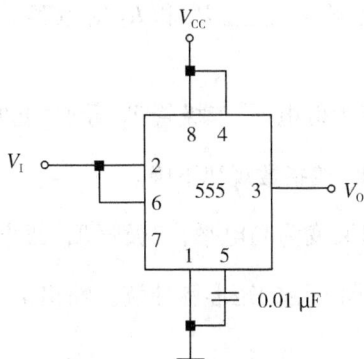

图 6.101　用 555 定时器构成的
施密特触发器

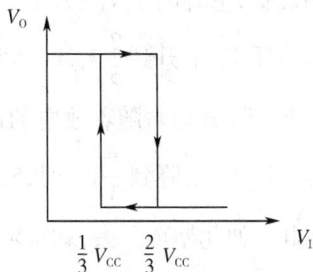

图 6.102　图 6.101 的电压
传输特性

为提高比较器参考电压 V_{R1} 和 V_{R2} 的稳定性,通常在 V_{CO} 端接有 0.01 μF 左右的滤波电容。根据 555 定时器的结构和功能可知:

① 当输入电压 $V_I = 0$ 时,$V_O = 1$;V_I 由 0 逐渐升高到 $\frac{2}{3}V_{CC}$ 时,V_O 由 1 变为 0。

② 当输入电压 V_I 从高于 $\frac{2}{3}V_{CC}$ 逐渐下降到 $\frac{1}{3}V_{CC}$ 时,V_O 由 0 变为 1。

由此得到 555 定时器构成的施密特触发器的正向阈值电压 $V_{T+} = \frac{2}{3}V_{CC}$,负向阈值电压 $V_{T-} = \frac{1}{3}V_{CC}$,回差电压 $\Delta V_T = V_{T+} - V_{T-} = \frac{1}{3}V_{CC}$。

如果参考电压由外接的电压 V_{CO} 供给,则不难看出这时 $V_{T+} = V_{CO}$,$V_{T-} = \frac{1}{2}V_{CO}$,$\Delta V_T = \frac{1}{2}V_{CO}$,通过改变 V_{CO} 值可以调节回差电压的大小。

3. 用 555 定时器构成多谐振荡器

先将 555 定时器接成施密特触发器,然后在施密特触发器的基础上改接成多谐振荡器。其电路及工作波形如图 6.103 所示。

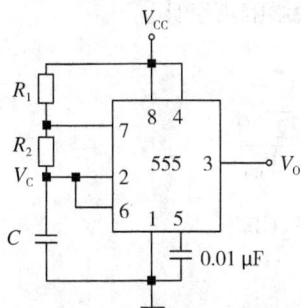

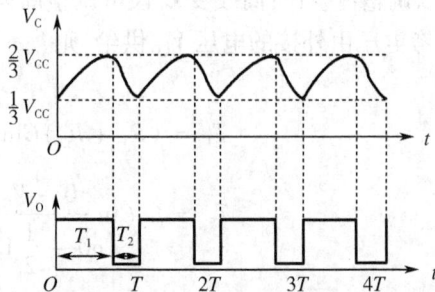

图 6.103　555 定时器构成的多谐振荡器电路及其工作波形

利用 555 定时器构成多谐振荡器的工作原理如下。

当 555 定时器输出为高电平时,三极管 T_D 截止,电源 V_{CC} 经过 R_1 和 R_2 对电容 C 充电。随着充电的进行,电容电压 V_C 按指数规律上升。

当电容电压 V_C 上升到 $\frac{2}{3}V_{CC}$ 时,555 定时器输出变为低电平,三极管 T_D 导通,此时电容 C 开始经过 R_2,T_D 放电。随着放电的进行,电容电压 V_C 按指数规律下降。

当电容电压 V_C 下降到 $\frac{1}{3}V_{CC}$ 时,555 定时器的输出又变为高电平,三极管 T_D 截止,电容 C 又开始充电。如此循环下去,就可输出幅度一定、周期一定的矩形脉冲波。输出信号的时间参数如下。

(1)正脉冲宽度(充电时间)

$$T_1 = (R_1 + R_2)C\ln\frac{V_C(\infty) - V_C(0)}{V_C(\infty) - V_C(T_1)}$$

$$= (R_1 + R_2)C\ln\frac{V_{CC} - \frac{1}{3}V_{CC}}{V_{CC} - \frac{2}{3}V_{CC}} = (R_1 + R_2)C\ln2 \tag{6.30}$$

$$\approx 0.695(R_1 + R_2)C$$

(2)负脉冲宽度(放电时间)

$$T_1 = R_2C\ln\frac{V_C(\infty) - V_C(0)}{V_C(\infty) - V_C(T_2)} = R_2C\ln\frac{0 - \frac{2}{3}V_{CC}}{0 - \frac{1}{3}V_{CC}} \tag{6.31}$$

$$= R_2C\ln2 \approx 0.695R_2C$$

(3)振荡周期

$$T = T_1 + T_2 = (R_1 + 2R_2)C\ln2 \approx 0.695(R_1 + 2R_2)C \tag{6.32}$$

(4)占空比

$$q = \frac{T_1}{T} = \frac{R_1 + R_2}{R_1 + 2R_2} > 50\% \tag{6.33}$$

由公式(6.32)和式(6.33)可以看出,改变 R_1,R_2 和 C 可以调整振荡周期,并且改变 R_1,R_2 还可以调整占空比;而改变 C 仅可调整周期,不会影响占空比。

如果参考电压由外接的电压 V_{CO} 供给,则

$$T_1 = (R_1 + R_2)C\ln\frac{V_{CC} - \frac{1}{2}V_{CO}}{V_{CC} - V_{CO}} \tag{6.34}$$

$$T_2 = R_2C\ln\frac{0 - V_{CO}}{0 - \frac{1}{2}V_{CO}} = R_2C\ln2 \tag{6.35}$$

由此可见,当 555 定时器的 5 管脚外接电源电压 V_{CO} 时,改变 V_{CO} 也可改变振荡周期和占空比。

为确保图 6.103 所示电路正常工作,在选取元件时应注意以下几点。

① 选 R_2 的最小值以不损坏放电三极管 T_D 为限。当 T_D 导通时,流过的电流灌入 T_D,为

不损坏 T_D 管应将此电流限制在 5 mA 以下。R_2 的最大值取决于阈值输入端所需的阈值电流,其值一般为 1 μA 左右。

② 电容 C 的最小值应大于分布电容,一般不宜小于 100 pF,从而可忽略分布电容;电容 C 的最大值受电容器漏电流的限制。

③ 负载的拉电流和灌电流都不应超过 200 mA。

④ 控制电压输入端 V_{CO} 在外加控制电压调节比较器的触发电平时,控制电压的值至少应比电源电压 V_{CO} 低 1/2 倍结电压值。

以上几点说明也同样适用于 555 定时器的其他应用。

4. 用 555 定时器构成的单稳态触发器

若输入的触发信号 V_I 由低触发端输入,并且触发信号为负脉冲,则 555 定时器构成的单稳态触发器电路和工作波形如图 6.104 所示。

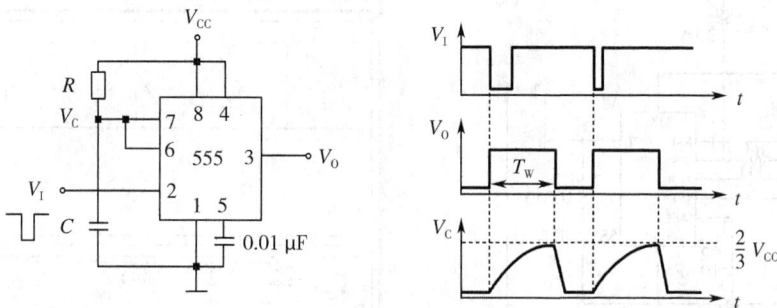

图 6.104　555 定时器构成的单稳态触发器电路及其工作波形

当没有触发信号时 V_I 处于高电平,那么稳态时电路一定处于 $V_O = 0$ 状态,此时 T_D 导通,SR 锁存器停在 $Q = 0$ 的状态。

当触发负脉冲到来时,$V_I < \frac{1}{3}V_{CC}$,使比较器 C_2 的输出 $V_{C2} = 0$,SR 锁存器被置 1,输出跳变为高电平 $V_O = 1$,电路进入暂态。与此同时,T_D 截止,V_{cc} 经 R 开始向电容 C 充电。

当电容充电至 $V_C = \frac{2}{3}V_{CC}$ 时,比较器 C_1 的输出变为 $V_{C1} = 1$。如果此时输入端的触发脉冲已经消失,V_I 回到了高电平,则 SR 锁存器被置 0,于是输出跳变为低电平 $V_O = 0$,同时 T_D 又变为导通状态,电容 C 经 T_D 迅速放电,直至 $V_C \approx 0$,电路恢复到稳态。

单稳态触发器的周期与它的触发信号周期相等,输出脉冲宽度 T_W 取决于外接电阻 R 和电容 C 的大小。由图 6.104 可知,T_W 等于电容电压在充电过程中从 0 上升到 $\frac{2}{3}V_{CC}$ 所需要的时间,因此得到

$$T_W = RC\ln\frac{V_C(\infty) - V_C(0)}{V_C(\infty) - V_C(T_W)} = RC\ln\frac{V_{CC} - 0}{V_{CC} - \frac{2}{3}V_{CC}} = RC\ln3 \approx 1.1RC \quad (6.36)$$

注意:

① 触发输入脉宽应小于输出脉宽,否则电路工作不正常。

② 通常 R 的取值在几百欧姆到几兆欧姆之间,电容的取值范围为几百皮法到几百微法,T_W 的范围为几微秒到几分钟。但必须注意,随着 T_W 的宽度增加它的精度和稳定度将随之下降。

5. 在 Multisim10 环境下 555 定时器的仿真方法

(1) 555 定时器构成的施密特触发器电路仿真实验

在混合元件库的 MIXED_VIRTUAL 系列(虚拟混合器件库)中选取 555_VIRTUAL,可以找到虚拟模式的 555 定时器,将其放置在图纸编辑区中,搭建如图 6.105 所示的电路图。该电路是一个由 555 定时器构成的施密特触发器仿真电路。将函数信号发生器中的输入信号频率设置为 100 Hz,幅度设置为 10 V 的三角波,由此来模拟输入电平的线性变化。按下仿真开关按钮,双击示波器面板,可以看到对应于输入三角波波形的输出波形为方波信号,如图 6.106 所示。

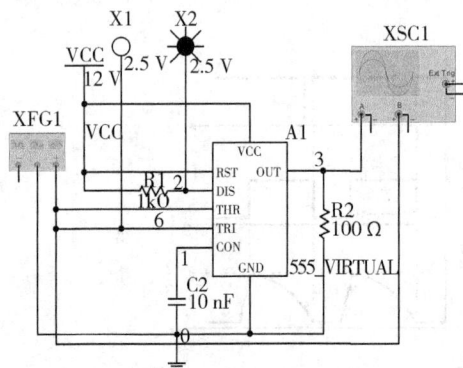

图 6.105 555 定时器构成的施密特触发器仿真电路

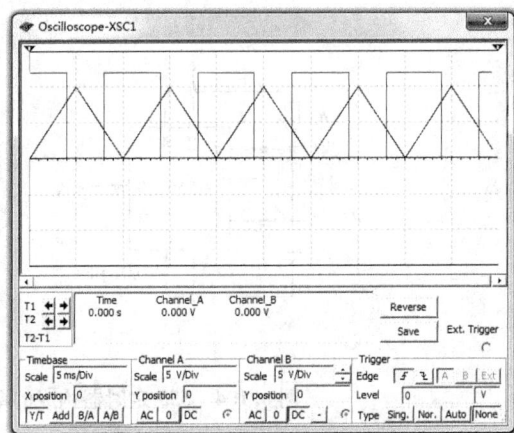

图 6.106 施密特触发器仿真波形

通过观察图 6.106 中所示工作电压的波形,可以分析并验证施密特触发器的功能。

(2) 555 定时器构成的单稳态触发器电路仿真实验

在图纸编辑区中搭建一个由 555 定时器构成的单稳态触发器仿真电路,如图 6.107 所示。其中,输入触发信号为方波信号,单稳态的持续时间 T_W 可以通过 R1,C1 的值来调整。

其中,单稳态脉冲的脉宽 $T_W = 1.1RC = 1.1 \times 45.45 \times 10^3 \times 500 \times 10^{-9} = 24.9975$ ms。按下仿真开关按钮,双击示波器面板就可以观察到如图 6.108 所示的单稳态触发器的仿真波形图。通过观察示波器波形的变化,分析单稳态触发器工作波形,并验

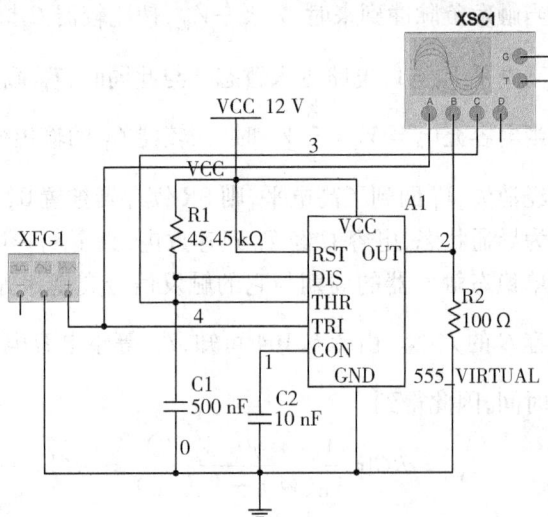

图 6.107 555 定时器构成的单稳态触发器仿真电路

证由 555 定时器构成的单稳态触发器的功能。

从图 6.108 中可以得出, x 轴每大格为 20 ms,所以输出脉冲的宽度为 25 ms 左右,仿真数据与根据电路参数计算所得数据基本一致。

（3）555 定时器构成的多谐振荡器电路仿真实验

在图纸编辑区中搭建一个由 555 定时器构成的多谐振荡器仿真电路,如图 6.109 所示。

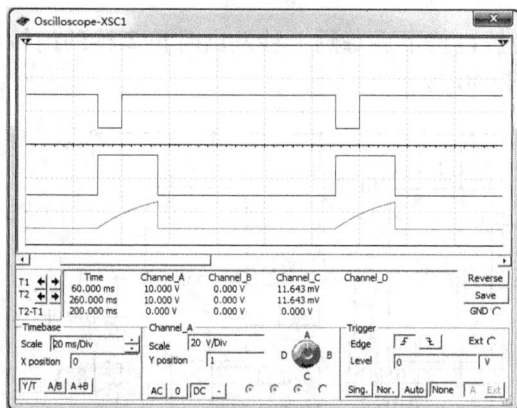

图 6.108 单稳态触发器仿真波形

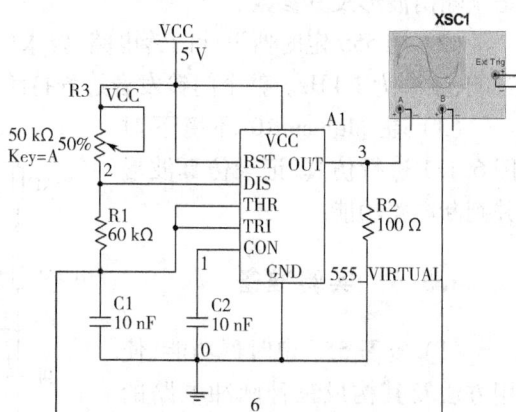

图 6.109 555 定时器构成的多谐
振荡器仿真电路

按下仿真开关按钮,双击示波器面板,可以观察到电容 C1 上的充放电波形和与之对应的矩形波输出,如图 6.110 所示。由此可以分析并验证多谐振荡器的功能。

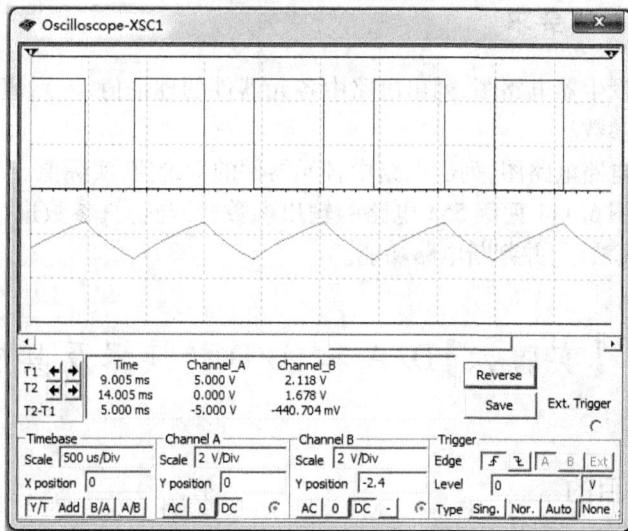

图 6.110 多谐振荡器仿真波形

6.5.3 实验设备与器件

（1）示波器 1 台。

（2）实验箱 1 台。

（3）555 定时器 3 片。

（4）电阻、电容、二极管及可调电位器若干。

（5）扬声器 1 枚。

（6）计算机 1 台。

6.5.4　实验内容

（1）用 555 定时器设计一个频率为 1 kHz，占空比可调的方波发生器，并用示波器观察、记录输出波形及其参数。

（2）用 555 定时器设计门铃电路，要求门铃按键按下后每隔 1 秒发出时长 2 秒的门铃音响，频率为 1 kHz。整个门铃发音过程持续时间 30 秒。

（3）在 Multisim10 环境下对图 6.111 进行仿真，记录仿真波形并判断电路功能。

6.5.5　实验准备

（1）复习 555 定时器功能、使用方法及其构成三种脉冲电路的原理。

（2）熟悉本实验所用到的硬件设备和 Multisim10 软件。

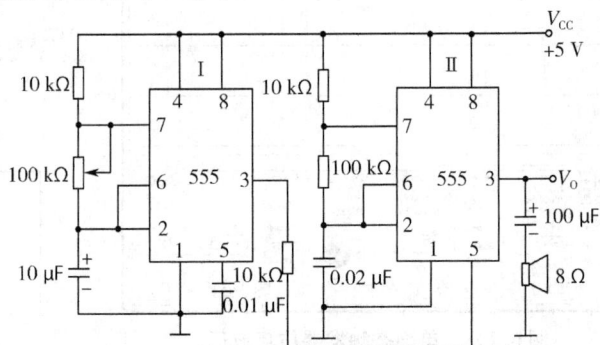

图 6.111　实验电路原理图

（3）选定设计方案，计算并确定元件参数。

6.5.6　实验报告要求

（1）画出方波发生器电路图，列出电路中各元器件的理论值、实际值；画出示波器观察到的输出波形及其参数。

（2）画出门铃电路电路图，列出电路中各元器件的理论值、实际值。

（3）分别计算图 6.111 两级 555 电路的输出参数，并与仿真参数进行比较。记录两级 555 电路的输出仿真波形，并判断电路功能。

6.6　【实验六】D/A 和 A/D 转换器及其应用

6.6.1　实验目的

（1）熟悉 D/A 和 A/D 转换器的转换过程和原理。

（2）掌握 D/A 转换器 DAC0832 和 A/D 转换器 ADC0804 的基本使用方法。

（3）掌握在 Multisim10 环境下 D/A 转换器、A/D 转换器的仿真方法。

6.6.2　实验原理

1. DAC0832 原理介绍

DAC0832 是八分辨率的 D/A 转换集成芯片,与微处理器完全兼容。这个芯片以其价格低廉、接口简单、转换控制容易等优点,在可编程系统中得到了广泛的应用。D/A 转换器由八位输入锁存器、八位 DAC 寄存器、八位 D/A 转换电路及转换控制电路构成。其内部原理图与电路封装图如图 6.112 所示。

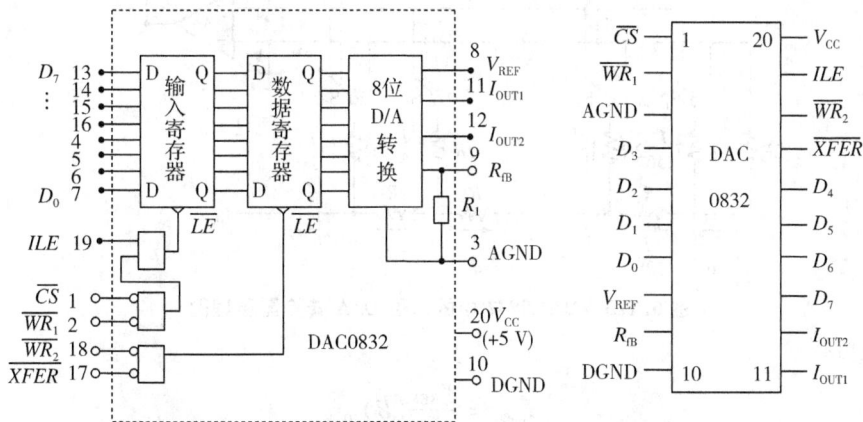

图 6.112　DAC0832 内部原理图与电路封装图

DAC0832 引脚描述如下。

$D_0 \sim D_7$:八位数据输入线,TTL 电平,有效时间应大于 90 ns。

ILE:数据锁存允许控制信号输入线,高电平有效。

$\overline{CS}$:片选信号输入线(选通数据锁存器),低电平有效。

$\overline{WR_1}$:数据锁存器写选通输入线,负脉冲(脉宽应大于 500 ns)有效。

$\overline{XFER}$:数据传输控制信号输入线,低电平有效,负脉冲(脉宽应大于 500 ns)有效。

$\overline{WR_2}$:DAC 寄存器选通输入线,负脉冲(脉宽应大于 500 ns)有效。

I_{OUT1}:电流输出端 1,其值随 DAC 寄存器的内容线性变化。

I_{OUT2}:电流输出端 2,其值与 I_{OUT1} 值之和为一常数。

R_{fB}:反馈信号输入线,改变 R_{fB} 端外接电阻值可调整转换满量程精度。

V_{CC}:电源输入端,V_{CC} 的范围为 5 V～15 V。

V_{REF}:基准电压输入线,V_{REF} 的范围为 – 10 V～10 V。

AGND:模拟信号地。

DGND:数字信号地。

DAC0832 中的八位 D/A 转换器是由倒 T 形电阻网络和电子开关组成的,内部没有参考电压,工作时需外接参考电压。并且该芯片为电流输出型 D/A 转换器件,要获得模拟电压输出时,需外加运算放大器组成模拟电压输出电路,如图 6.113 所示。

由图 6.113 可知

$$I = V_{REF}/R \tag{6.37}$$

$$I_{out1} = \frac{V_{REF}}{2^8 R}(2^7 D_7 + 2^6 D_6 + 2^5 D_5 + 2^4 D_4 + 2^3 D_3 + 2^2 D_2 + 2^1 D_1 + 2^0 D_0) \tag{6.38}$$

若用 B 来表示输入的八位二进制数即 $B = D_7 D_6 D_5 D_4 D_3 D_2 D_1 D_0$,则有

$$I_{\text{out1}} = \frac{V_{\text{REF}}}{2^8 R}(B)_{10} \tag{6.39}$$

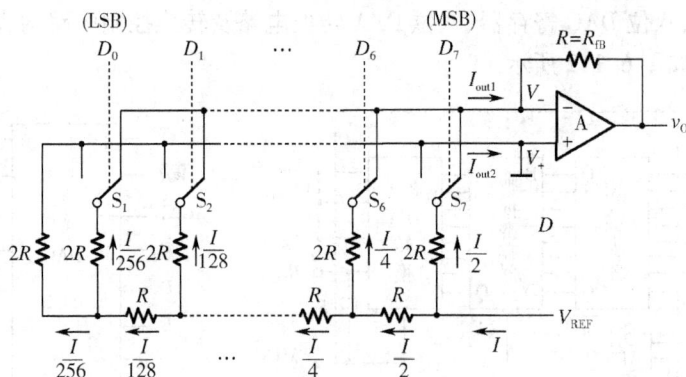

图 6.113   DAC0832 中的八位 D/A 转换器原理图

同理可得

$$I_{\text{out2}} = \frac{V_{\text{REF}}}{2^8 R}(\bar{B})_{10} \tag{6.40}$$

通过外接运算放大器将模拟电流输出变为模拟电压输出,其输出电压为

$$V_O = -I_{\text{out1}}R_{\text{fB}} = -I_{\text{out1}}R$$

$$= -\frac{V_{\text{REF}}}{2^8}(2^7 D_7 + 2^6 D_6 + 2^5 D_5 + 2^4 D_4 + 2^3 D_3 + 2^2 D_2 + 2^1 D_1 + 2^0 D_0) \tag{6.41}$$

由上式可知,当 V_{REF} 一定时,输出模拟电压是单极性的。如果想要产生双极性模拟输出,可通过加入其他外围电路使 DAC0832 变为双极性输出的转换器。而方法之一就是加入偏移电路,如图 6.114 所示。此电路的数字输入在控制信号 $\overline{WR_1}$ 为低电平时才能被装入输入寄存器,并经过 D/A 寄存器和 D/A 转换器转换为相应的模拟电压输出。

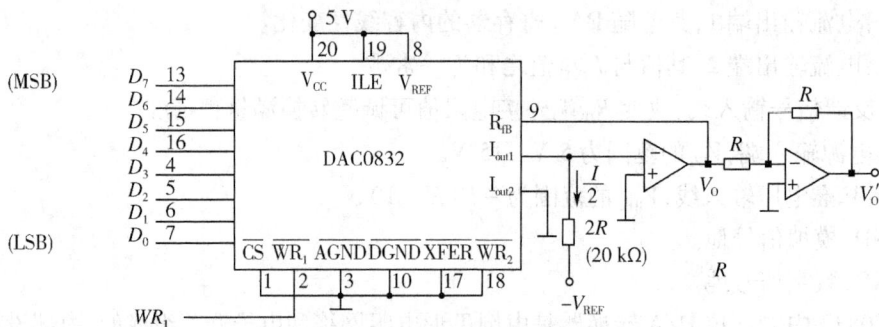

图 6.114   DAC0832 构成的偏移二进制码 D/A 转换电路

在图 6.114 所示的电路中,由外接负参考电压源($-V_{\text{REF}}$)产生一个与最高位权电流数量相等、极性相反的偏移电流($I/2$),把它送入运放求和点,运放产生的模拟输出电压为

$$V_O = -\left(I_{\text{out1}} - \frac{I}{2}\right) \cdot R_{\text{fB}} = -\frac{V_{\text{REF}}}{2^8}(2^7 D_7 + 2^6 D_6 + \cdots + 2^0 D_0) + \frac{V_{\text{REF}}}{2} \tag{6.42}$$

注意,如果转换器在单极性运用时输出模拟电压范围为 0 ~ 5 V,在双极性运用时则应为 −2.5 ~ 2.5 V。

由式(6.42)可知,在 V_{REF} 为负电压时,当输入的二进制数各位全部为"0"时,模拟输出应为负的最大值;数字输入各位全部为"1"时,模拟输出应为正的最大值;数字输入的最高位为"1",其余各位为"0"时,模拟输出应为零。但在 V_{REF} 为正电压时要想使输入和输出有相同的对应关系,则需要再加一个反相器,如图6.114所示,此时输出电压为

$$V_0 = \frac{V_{REF}}{2^8}(2^7 D_7 + 2^6 D_6 + \cdots + 2^0 D_0) - \frac{V_{REF}}{2} \tag{6.43}$$

2. 在 Multisim10 环境下 DAC 的仿真方法

Multisim 10 中的混合元件库中有两种 D/A 转换电路,一种是电流输出型 DAC(IDAC),另一种是电压输出型 DAC(VDAC)。在混合元件库中的 ADC_DAC(模数_数模转换器)系列中选取 VDAC 器件,放置在图纸编辑区中。在图纸编辑区搭建 D/A 转换器的仿真电路,如图6.115所示。取 $V_{REF} = 5$ V,输入的二进制数字量为11011011,则输出的模拟电压为

$$V_0 = \frac{V_{REF} \cdot D_{10}}{2^n} = \frac{5 \times (11011011)_2}{2^8} = \frac{5 \times (219)_{10}}{256} = 4.277\ 3\ V$$

按下仿真开关按钮,双击数字万用表仪器面板,就可以观察到测试数据,如图6.115所示。经过仿真实验可以分析并验证集成 DAC 元件的转换功能。

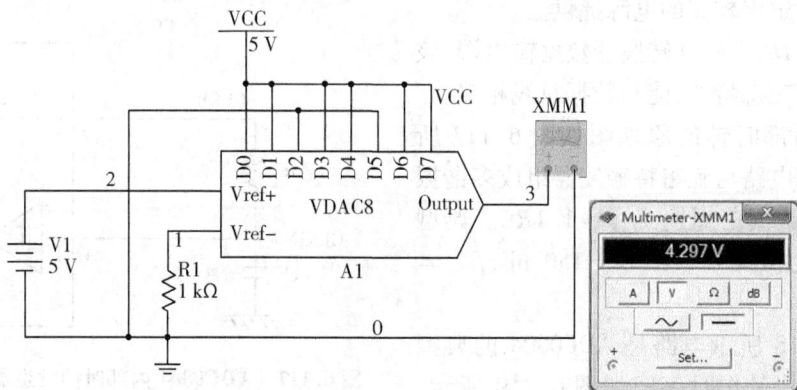

图6.115　D/A 转换器仿真电路

3. ADC0804 原理介绍

ADC0804 是美国 National Semiconductor 公司的一款八位并行逐次逼近式 A/D 转换器。ADC0804 是用 CMOS 集成工艺制成的逐次比较型模数转换芯片。其分辨率为八位,转换时间为100 μs,输入电压范围为 0~5 V。该芯片内有输出数据锁存器,转换电路的输出可以直接连接在数据总线上,无须附加逻辑接口电路。ADC0804 芯片封装图如图6.116所示。

ADC0804 引脚名称及意义如下。

$\overline{CS}$:片选信号输入端,低电平有效,一旦 $\overline{CS}$ 有效,表明 A/D 转换器被选中,可启动工作。

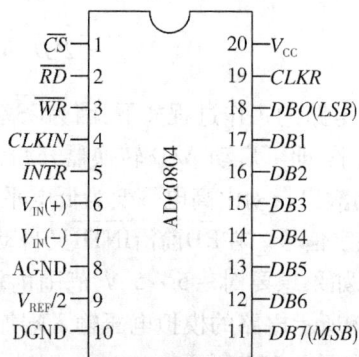

图6.116　ADC0804 芯片封装图

$\overline{RD}$:读信号输入,低电平有效,当$\overline{CS}$和$\overline{RD}$同时为低电平时,可读取转换输出数据。

$\overline{WR}$:写信号输入,接受微机系统或其他数字系统控制芯片的启动输入端,低电平有效,当$\overline{CS}$和$\overline{WR}$同时为低电平时,启动转换。

$CLKIN$:外部时钟脉冲输入端,当使用内部时钟时,该端接定时电容。

$CLKR$:内部时钟发生器外接电阻端,与$CLKIN$端配合,可由芯片自身产生时钟脉冲。

$V_{IN}(+)$、$V_{IN}(-)$:ADC0804的两模拟信号输出端,用以接受单极性、双极性和差模输入信号。当单端输入时,一端接地,另一端接输入电压。

$\overline{INTR}$:转换结束输出信号,低电平有效。输出低电平表示本次转换已完成。该信号常作为向微控制器发出的中断请求信号。

AGND:模拟信号地。

DGND:数字信号地。

V_{CC}:电源输入端,电源电压 +5V。

$V_{REF}/2$:参考电源输入端,其值对应输入电压范围的二分之一,该电压可由外部提供,也可由内部产生。当电源电压 V_{CC} 较稳定时,该端悬空,此时通过内部分压可以得到芯片电源电压的二分之一,即 2.5 V 的基准电源电压。当要求基准电源电压的稳定度较高时,$V_{REF}/2$则由外部稳定度较高的电源提供。

$DB0 \sim DB7$:A/D 转换器数据输出端,该输出端具有三态特性,能与数据总线相接。

产生内部时钟的原理图如图 6.117 所示,RC 积分电路与施密特触发器组成多谐振荡器,其自激振荡周期 $T_{CLK} \approx 1.1RC$。典型应用参数为 $R = 10$ kΩ,$C = 150$ pF,$f_{CLK} = 606$ kHz。

图 6.118 所示电路是 ADC0804 的典型应用电路,其工作时序图如图 6.119 所示。

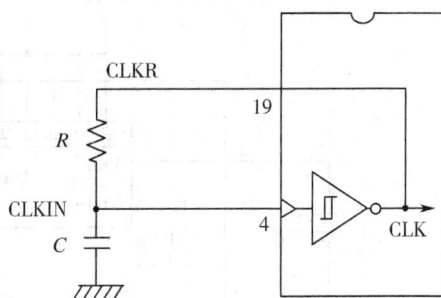

图 6.117 ADC0804 内部时钟发生器原理图

由于 ADC0804 是单端输入,输入电压范围为 $0 \sim 5$ V,所以将 $V_{IN}(-)$接地,$V_{IN}(+)$接输入模拟信号 V_{IN}。此外,由于 $V_{REF}/2$ 端悬空,则由内部电路提供参考电压 $V_{REF} = 5$ V。其转换公式为

$$(B)_{10} = 2^7 D_7 + 2^6 D_6 + \cdots + 2^1 D_1 + 2^0 D_0 = \frac{2^8}{V_{REF}} V_{IN} \tag{6.44}$$

电路的工作过程如下:因为$\overline{CS}$端接地,即片选信号始终有效,所以先使控制信号$\overline{WR}$为低电平,即可启动 A/D 转换器开始转换,在$\overline{WR}$上升沿后约 100 μs 转换完成,中断请求信号$\overline{INTR}$输出自动由高电平变为低电平;此后使控制信号$\overline{RD}$为低电平就可打开输出三态门,送出数字信号。在$\overline{RD}$前沿$\overline{INTR}$又自动变为高电平。

如果想要对 $-5 \sim 5$ V 范围内输入的双极性模拟信号实现八位 A/D 转换,只要在图 6.119所示电路的模拟电压输入端加上输入电压转换电路,将输入电压范围变为 $0 \sim 5$ V 即可,如图 6.120 所示。

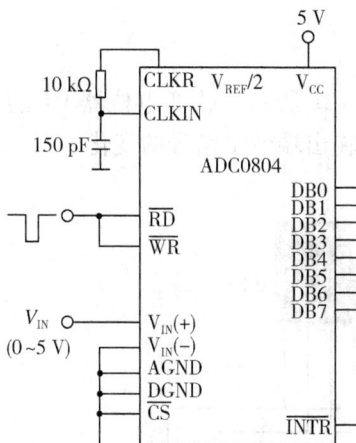

图 6.118　ADC0804 的典型电路

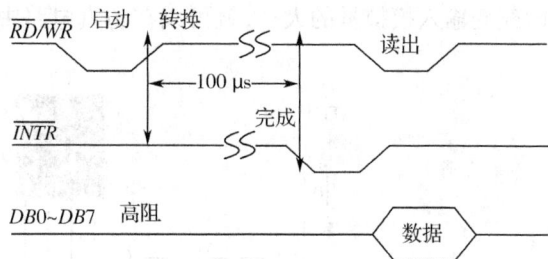

6.119　ADC0804 工作时序图

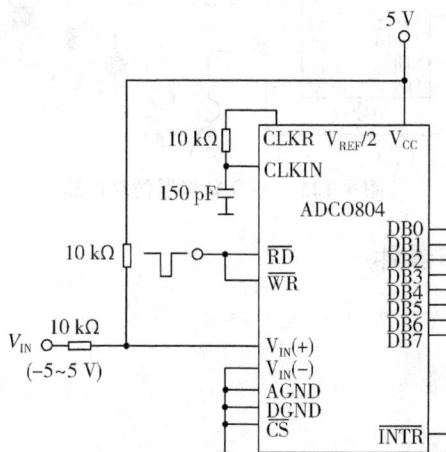

图 6.120　用 ADC0804 对 ±5 V 双极性模拟信号实现
A/D 转换电路

其转换公式为

$$(B)_{10} = 2^7 D_7 + 2^6 D_6 + \cdots + 2^1 D_1 + 2^0 D_0 = \frac{2^8}{V_{REF}}\left[\frac{1}{2}(V_{CC} + V_{IN})\right] \tag{6.45}$$

4. 在 Multisim10 环境下 ADC 的仿真方法

以 Multisim 10 中的元件为例进行电路仿真实验。在混合元件库中的 ADC_DAC(模数_数模转换器)系列中选取 ADC 器件,这就是所需的八位理想 A/D 转换器,将其放置在图纸编辑区中。ADC 是将输入的模拟信号转换成八位的数字信号输出,符号说明如下。

VIN:模拟电压输入端子。

$V_{REF}+$:参考电压" + "端子,要接直流参考源的正端,其大小视用户对量化精度的要求而定。

$V_{REF}-$:参考电压" − "端子,一般与地连接。

SOC:启动转换信号端子,只有端子电平从低电平变成高电平时,转换才开始,转换时间为 1 μs,期间 SOC 为低电平。

EOC:转换结束标志位端子,高电平表示转换结束。

OE:输出允许端子,可与 EOC 接在一起。

在图纸编辑区中搭建 A/D 转换器的仿真电路,如图 6.121 所示。改变电位器 R1 的大小,即改变输入模拟量的大小,就可以在仿真电路中观察到输出端数字信号的变化。

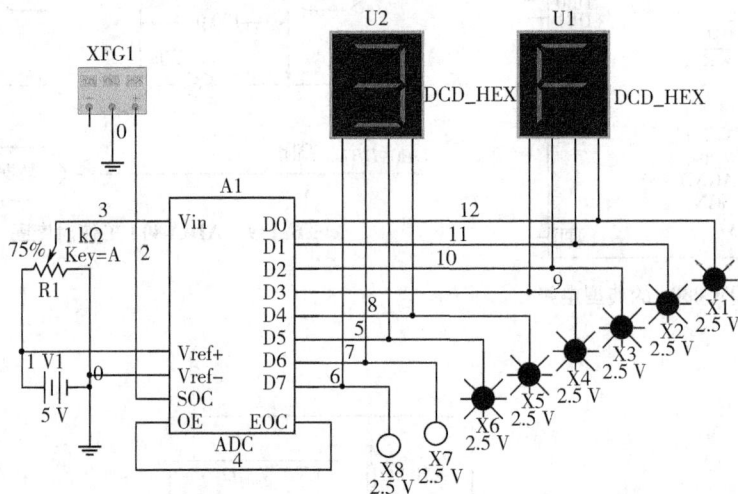

图 6.121　A/D 转换器仿真电路

6.6.3　实验设备与器件

(1) 实验箱 1 台。

(2) 示波器 1 台。

(3) 信号源 1 台。

(4) 稳压电源 1 台。

(5) DAC0832,ADC0804 各 1 片。

(6) μA741 运算放大器 2 片。

(7) 电位器 1 只,电阻、电容若干。

(8)万用表及工具 1 套。

(9)计算机一台。

6.6.4　实验内容

1. 用 DAC0832 实现 D/A 转换

按图 6.114 所示连接好电路,然后在输入数字信号的不同取值下,测试模拟输出电压值,并记入表 6.35 中。

表 6.35

数字输入代码								模拟电压输出(Vo)	
D_7	D_6	D_5	D_4	D_3	D_2	D_1	D_0	计算值	测量值
0	0	0	0	0	0	0	0		
0	0	0	1	1	1	1	0		
0	0	1	1	0	0	1	1		
0	1	0	0	1	1	0	1		
0	1	1	0	0	1	1	0		
1	0	0	0	0	0	0	0		
1	0	0	1	1	0	1	0		
1	0	1	0	0	0	1	1		
1	1	0	0	1	1	0	1		
1	1	1	1	0	1	1	0		

2. 在 Multisim10 环境下实现锯齿波信号发生器

利用 74161 搭建成 256 进制加法计数器,用其输出控制电压型 D/A 转换器输入,在仿真环境下用示波器例化元件观察输出,并记录波形数据。

3. 用 ACD0804 实现 A/D 转换

按图 6.118 所示连接好电路,然后在输入模拟电压 V_{IN} 的不同取值下,测试 ADC0804 的输出数字信号,并记入表 6.36 中。

表 6.36

输入电压 /V	输出数字量															
	计算值								测量值							
	DB7	DB6	DB5	DB4	DB3	DB2	DB1	DB0	DB7	DB6	DB5	DB4	DB3	DB2	DB1	DB0
5																
4.5																
4																
3.5																
3																
2.5																
2																
1.5																
1																
0																

4. 在 Multisim10 环境下实现 A/D 转换

按图 6.120 所示连接好电路,然后在输入模拟电压 V_{IN} 的不同取值下,测试 A/D 转换电路的输出数字信号,并记入表 6.37 中。

表 6.37

模拟输入 电压/V	测量值							
	DB7	DB6	DB5	DB4	DB3	DB2	DB1	DB0
5								
4								
3								
2								
1								
0								
−1								
−2								
−3								
−4								
−5								

6.6.5 实验准备

(1) 复习 D/A,A/D 转换器的功能、使用方法及其应用电路的原理。

(2) 熟悉本实验所用到的硬件设备和 Multisim10 软件。

(3) 设计出实现锯齿波信号发生器的电路。

6.6.6 实验报告要求

(1) 将实验数据记录到相应的表格中,记录波形数据。

(2) 对实验数据进行分析。

6.7 【实验七】综合逻辑电路的设计与测试

综合逻辑电路的设计是在前几次教学实验的基础上进行的一次大规模综合设计性实验,借此来培养学生的综合设计能力和检验学生是否能够把学到的理论知识综合地运用到一些较复杂的数字逻辑电路系统中去,使学生在实验基本技能方面得到一次系统的锻炼。

6.7.1 数字系统的设计方法简介

数字电路系统通常是由组合逻辑、时序逻辑功能部件组成的,而这些功能部件又可以由各种各样的 SSI(小规模)、MSI(中规模)、LSI(大规模)器件组成。数字电路系统的设计方法有试凑法和自上而下法。下面就分别介绍这两种方法。

1. 数字系统设计的试凑法

这种方法的基本思想是:把系统的总体方案分成若干个相对独立的功能部件,然后用组合逻辑电路和时序逻辑电路的设计方法分别设计并构成这些功能部件,或者直接选择合适的 SSI,MSI,LSI 器件实现上述功能,最后把这些已经确定的部件按要求拼接组合起来,这样就构成了完整的数字系统。

近几年来,随着中、大规模集成电路的迅猛发展,许多功能部件如数据选择器、译码器、计数器和移位寄存器等器件已经大量生产和广泛使用。没有必要再按照组合逻辑电路、时序逻辑电路的设计方法来设计这些电路,可以直接用这些部件来构成完整的数字系统。对于一些规模不大、功能不太复杂的数字系统,选用中、大规模器件,采用试凑法设计,具有设计过程简单、电路调试方便、性能稳定可靠等优点。因此目前试凑法仍被广泛使用。

试凑法并不是盲目的,通常按下述具体步骤进行。

(1)分析系统的设计要求,确定系统的总体方案。根据设计任务书,明确系统的功能,如数据的输入输出方式,系统需要完成的处理任务等;拟定算法即选定实现系统功能所遵循的原理和方法。

(2)划分逻辑单元,确定初始结构,建立总体逻辑方框图。逻辑单元划分可采用由粗到细的方法,先将系统分为处理器和控制器,再按处理任务或控制功能逐一划分。逻辑单元大小要适当,以功能比较单一、易于实现、便于进行方案比较为原则。

(3)选择功能部件去构建单元电路,可将上面划分的逻辑单元进一步分解成若干相对独立的模块,以便直接选用标准 SSI,MSI,LSI 器件来实现。器件的选择应尽量选用 MSI,LSI。这样可提高电路的可靠性,便于安装调试,简化电路设计。

(4)将功能部件组成数字系统,连接各个模块,绘制总体电路图。画图时应综合考虑各功能之间的配合问题,如时序的协调,负载的匹配,竞争与冒险的消除,初始状态的设置,电路的启动等。

2. 数字系统自上而下的设计方法

自上而下(自顶而下)的设计方法适合于规模较大的数字系统。由于系统的输入变量、状态变量和输出变量的数目较多,很难用真值表、卡诺图、状态表、状态转换图来完整地、清晰地描述系统的逻辑功能,需要借助某些工具对所设计的系统功能进行描述。

通常采用的工具有逻辑流程图、算法状态机 ASM(Algorithmic State Machine chart)图、助记文件状态图等。

这种方法的基本思想是:把规模较大的数字系统在逻辑上划分为控制电路和受控电路两大部分。采用逻辑流程图、ASM 图、助记文件状态图中的一种来描述控制器的控制过程,并根据控制器电路、受控制器电路的逻辑功能,选择适当的 SSI 和 MSI 功能器件来实现。而控制器、受控制器本身又分别可以看成一个子系统,所以逻辑划分的工作还可以在控制器电路、受控制器电路内部多重进行。按照这种设计思想一个大的数字系统,首先被分割成属于不同层次的许多子系统,再用具体的硬件实现这些子系统,最后把它们连接起来,得到所要求的完整的数字系统。

自上而下设计方法的步骤如下:

(1)明确设计系统的逻辑功能;

(2)拟订数字系统的总体方案;

(3)逻辑划分,即把系统划分成控制电路、受控电路两大部分,并规定其具体的逻辑要求,但不涉及具体的硬件电路;

(4)设计控制电路、受控电路。受控电路可以根据其逻辑功能选择合适的 SSI,MSI,LSI

功能部件来实现,而控制器由于是一个较复杂的时序逻辑系统,很难用传统的状态图、状态表来描述其逻辑功能。如果采用 ASM 图、MDS 图来描述控制器的逻辑功能,再通过程序设计反复比较判断各种方案,导出控制器的最佳方案。现代数字系统的设计,可以用 EDA 工具、选样 PLD 器件实现电路设计。这时可以将上面的描述直接转换成 EDA 工具使用硬件描述语言送入计算机,由 EDA 完成逻辑描述、逻辑综合及仿真等工作,完成电路设计。

自上而下的设计过程并非是一个线性过程,在下一级定义和描述中往往会发现上一级的定义和描述中的缺陷或错漏,因此必须对上一级的定义和描述加以修正,使其更真实地反映系统的要求和客观的可能性。整个设计过程是一个反复修改和补充的过程,是设计者追求自己的设计日臻完善的积极努力的过程。

6.7.2 实验目的

(1) 掌握简单数字系统的分析和设计方法。

(2) 能够熟练地、合理地选用集成电路器件。

(3) 提高电路布局、布线及检查和排除故障的能力。

6.7.3 综合逻辑电路设计范例

本设计范例以电子密码锁为例简述数字系统设计的方法及流程。电子密码锁具有保密性强、防盗性好等优点。随着对其产品的开发研制,电子密码锁在日用锁具中所占比重日益增加。电子密码锁具有机械锁无法比拟的优越性,它不仅可以完成锁本身的功能,还可以兼有多种功能,如记忆、识别、报警等。另外主人还不需要随身携带钥匙,只需记住开锁密码即可。如果密码泄露,主人还可以随时变换密码,不会造成不应有的损失。

1. 任务要求

(1) 设计一个电子密码锁,其密码为八位二进制代码,密码输入与密码设置均采用串行输入方式。

(2) 当输入密码与预设密码一致时锁被打开。

(3) 当输入密码与预设密码不一致时,则报警。

2. 数字密码锁的基本工作原理

电子锁的锁体一般由电磁线圈、锁栓、弹簧和锁框等组成。当有开锁信号时,电磁线圈有电流通过,于是线圈产生磁场吸住锁栓,锁便打开。当无开锁信号时,线圈无电流通过,锁栓被弹入锁框,门被锁上。为方便实现,我们用发光二极管代替锁体,绿灯亮代表密码正确成功开锁,红灯亮代表密码不正确并报警。应做到输入八位代码后才出现比较结果,一致时则开锁,不一致时则报警。

数字密码锁可以分成密码设置模块、密码输入模块、密码比较模块、输出控制模块、分频器模块、消抖模块。其原理框图如图 6.122 所示。

(1) 分频模块

实验平台晶振主频为 50 MHz,在分频模块中将主频分频成 500 Hz,以供消抖模块使用。分频方式采用串行进位方式。分频电路图如图 6.123 所示,分频电路例化模块如图 6.124 所示。

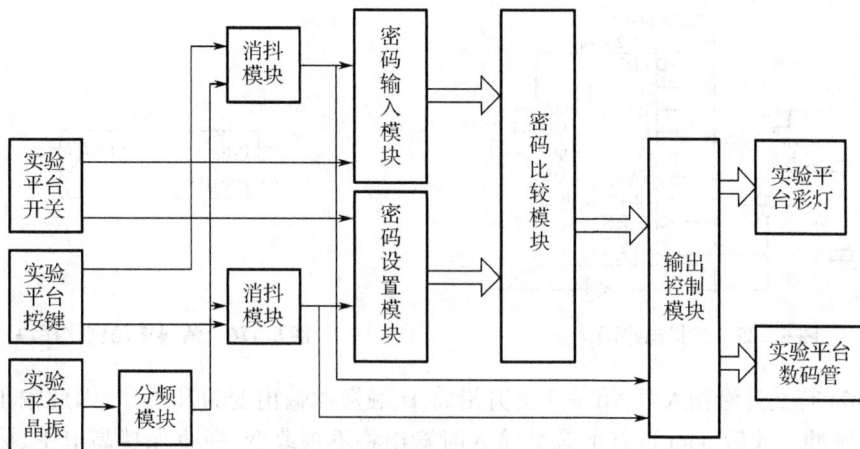

图 6.122　数字密码锁原理框图

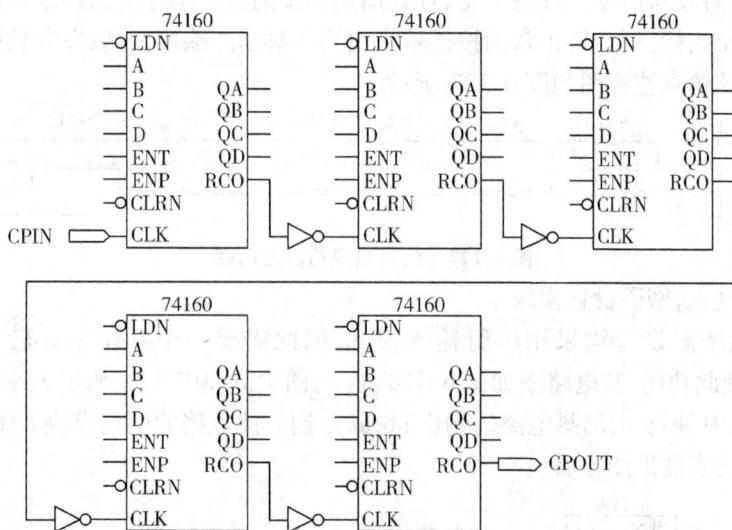

图 6.123　分频电路图

图 6.124　分频电路例化模块

此电路用的是串行进位方式构成的十万分频分频器,由于篇幅有限,不附其仿真波形图。

(2) 消抖模块

本次设计需要用到按键,但按键本身存在机械抖动,如果将按键直接作用于输入端,过多的机械抖动会产生多次误操作。因此需要设计消抖电路,设 pbin 为按键输入,pbout 为消抖输出,cpout 为 500 Hz 消抖脉冲输入。

消抖电路图如图 6.125 所示,消抖电路例化模块如图 6.126 所示。

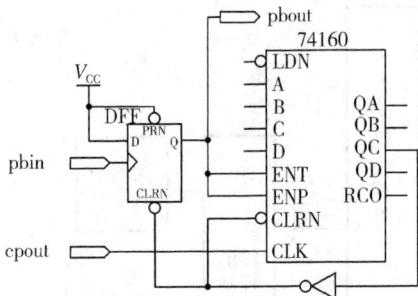

图 6.125　消抖电路图

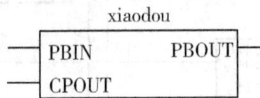

图 6.126　消抖电路例化模块

当 pbin 有上升沿输入时,第一个上升沿将 D 触发器输出变为高电平,因此输出就得到了一个正脉冲。此后 pbin 再有上升沿输入时输出将不再改变,一直保持高电平,因此达到了消抖效果。由于 pbout 为高电平,74160 处于计数状态,当机械抖动消失后,计数器的输出反馈将计数器、触发器清零。理论上说,计数周期越多消抖频率越低消抖效果越好。但如果过度追求这两个指标,则会将正常的按键输入也当作抖动滤除掉,所以在参数设定上应注意平衡。消抖电路仿真波形图如图 6.127 所示。

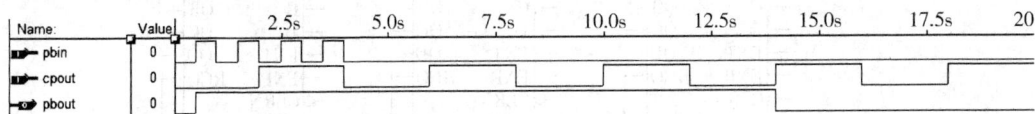

图 6.127　消抖电路仿真波形图

(3) 密码输入、密码设置模块

密码输入、密码设置均采用串行输入模式,因此需要一个八位串并转换器,用两片 74194 级联实现此功能,其电路图如图 6.128 所示,图中 in 为串行密码输入端,rst 为系统复位控制端,输入时钟 cp 由消抖电路的输出 pbout 控制。此电路的例化模块如图 6.129 所示,其具体操作及仿真波形图参看例 6.15。

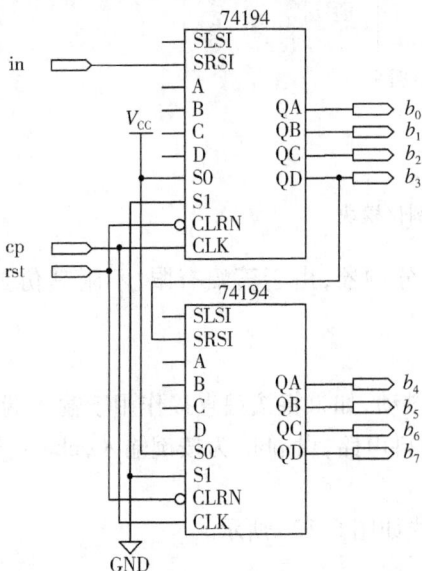

图 6.128　密码输入、密码设置电路图

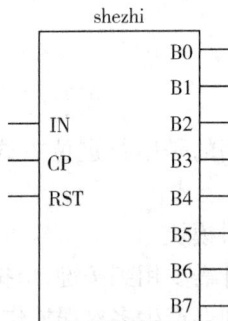

图 6.129　图 6.128 所示电路例化模块

（4）密码比较模块

将密码输入模块、密码设置模块的并行八位二进制数在此比较。将两片 7485 四位数值比较器级联成八位数值比较器。由于此模块只需要比较两个八位密码是否相等，而并不需要比较其大小，只需将两组八位密码按位连接好即可。如比较相等输出信号 right 为高电平，如比较不相等信号 wrong 为高电平。密码比较模块电路图如图 6.130 所示，其例化模块如图 6.131 所示，其仿真波形图如图 6.132 所示。

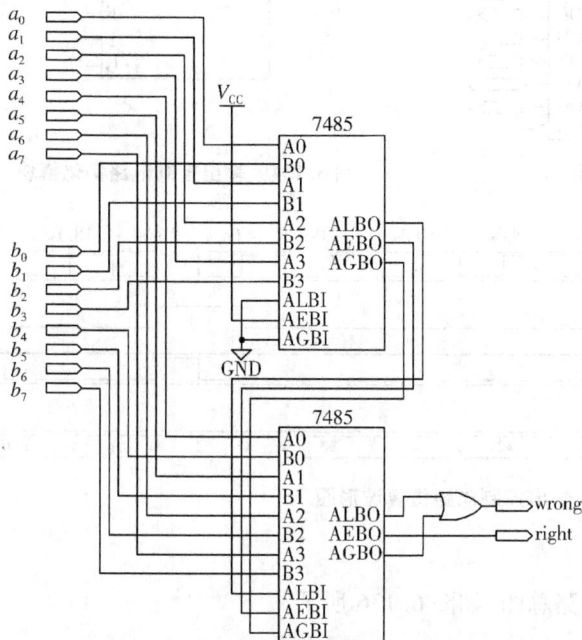

图 6.130　密码比较模块电路图　　　　图 6.131　密码比较电路例化模块

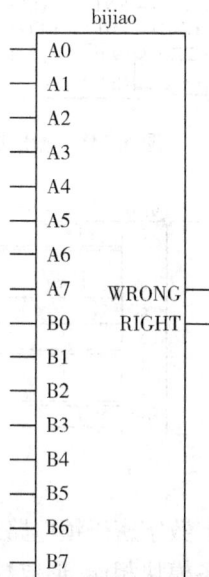

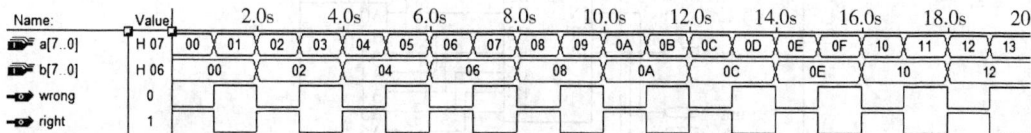

图 6.132　密码比较电路仿真波形图

（5）输出控制模块

输出控制模块具有如下两种功能。

① 显示输入了几位密码。

② 当输入密码达到八位时，将密码比较模块的比较结果送给输出，比较相等绿灯为高电平，比较不相等红灯为高电平。若密码输入不足八位或超过八位时，不显示比较结果，绿灯、红灯均为低电平。

输出控制模块的电路图、例化模块及仿真波形图分别如图 6.133、图 6.134 和图 6.135 所示。

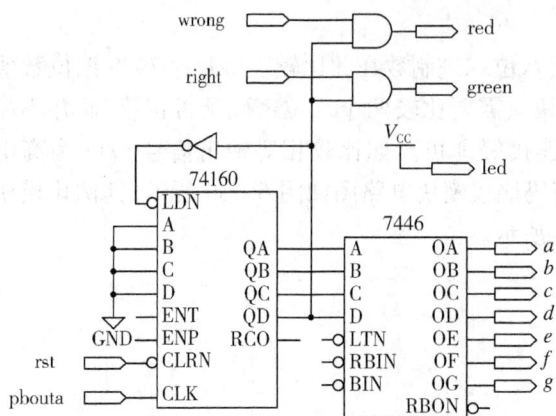

图 6.133　输出控制模块电路图　　　　图 6.134　输出控制电路例化模块

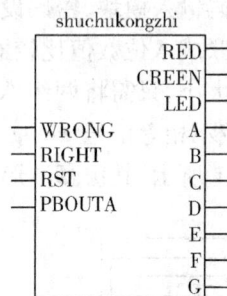

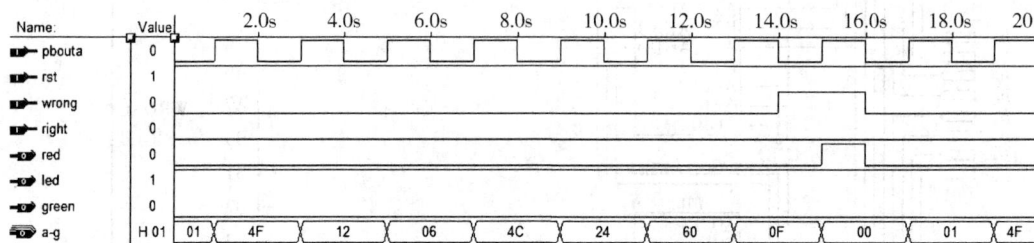

图 6.135　输出控制电路仿真波形图

（6）数字密码锁电路总图

将各模块相连,形成数字密码锁电路总图,如图 6.136 所示。

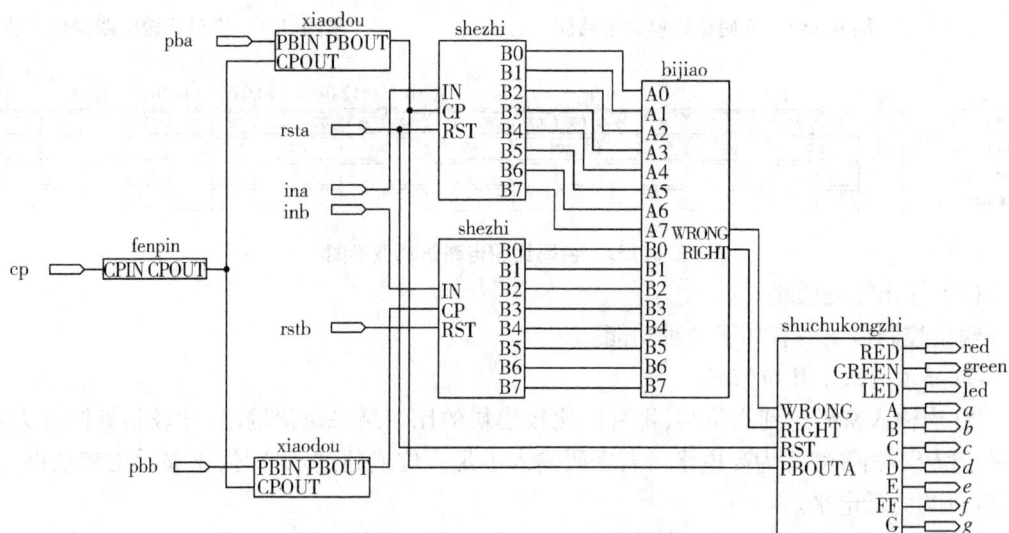

图 6.136　数字密码锁电路总图

电路图中 ina,inb 用开关控制,ina 作为输入密码高低电平使用,inb 作为设置密码高低电平使用。

电路图中 pba 和 pbb 用按键控制,pba 每按一次将 ina 所设置的高低电平送入到输入密码串并转换电路,pbb 每按一次将 inb 所设置的高低电平送入到设置密码串并转换电路。

电路图中 rsta 和 rstb 用按键控制;rsta 控制密码输入串并转换电路、输出控制电路,用作在密码输入过程中的复位操作;rstb 控制密码设置串并转换电路,用作消除预设密码的操作。

另外,cp 为 50 MHz 晶振输入,red 为红灯输出,green 为绿灯输出,数码管阴极由输出 $a \sim g$ 控制,数码管阳极由 led 控制。

若将消抖电路、分频电路略去,得到数字密码锁仿真波形图,如图 6.137 所示。

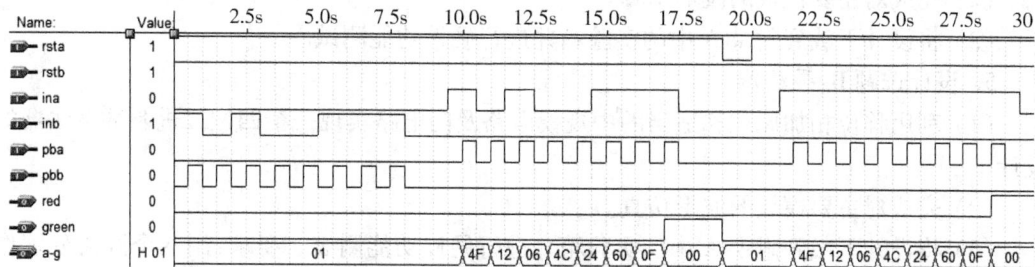

图 6.137　数字密码锁仿真波形图

从仿真波形图可以看出,当输入密码与预置密码相等时绿灯为高电平,不相等时红灯为高电平,因此本设计符合设计要求。

6.7.4　设计任务

1. 设计选题 A、B:彩灯控制器

(1) 用适当的中、小规模集成电路设计一个 12 路彩灯控制器。

A 要求:12 路彩灯顺时针匀速依次点亮,每个彩灯点亮的持续时间为 1 s。

B 要求:12 路彩灯可以顺时针、逆时针两个方向依次点亮,转动速度可调(至少有两种转速)。

(2) 完成对逻辑设计的波形仿真。

(3) 将设计下载到附录 A 中的实验箱并进行硬件功能测试。要求:彩灯控制器的控制输入由开关控制。

2. 设计选题 A:累加器

(1) 用适当的中、小规模集成电路实现一个四位并行累加器的设计,要求具有异步清零控制和累加使能控制(高电平允许累加,低电平输出数据保持),并且输入的四位二进制数据为 8421BCD 码(即对多个任意十进制数进行累加求和),累加器具有溢出(累加结果超过 99)报警功能。

(2) 完成对逻辑设计的波形仿真。

(3) 将设计下载到附录 A 中的实验箱并进行硬件功能测试。要求:用六个按键开关分别作为四位输入数据、异步清零控制和累加使能控制,用两位 LED 数码管显示累加结果,声响作为溢出报警。

3. 设计选题 A:m 序列发生器

(1) 用适当的中、小规模集成电路设计一个周期为 7 的 m 序列发生器,m 序列串行输出频率为 1 Hz。

（2）完成对逻辑设计的波形仿真。

（3）将设计下载到附录 A 中的实验箱并进行硬件功能测试。要求：利用串并转换原理将 m 序列串行输出转换成七位并行数据显示在彩灯上。

4．设计选题 B：点阵显示控制器

（1）设计一个点阵显示控制器。要求：在 16×16 点阵屏上实现四个汉字或图形的滚动显示，滚动速度为 1 Hz。

（2）完成对主要模块的波形仿真。

（3）将设计下载到附录 A 中的实验箱并进行硬件功能测试。

5．设计选题 B：乘法器

（1）利用移位相加原理和适当的中规模电路及门电路实现一个四位二进制数乘法器的设计。

（2）完成对主要模块的波形仿真。

（3）将设计下载到附录 A 中的实验箱并进行硬件功能测试。要求：用八个开关分别作为两个四位输入数据。

6．设计选题 C：数字钟

（1）设计一个具有显示小时、分钟、秒的数字钟，并可以用按键调节时间，可以整点报时，可以设置闹钟时间，到达设定时间以声音方式提示。

（2）完成对主要模块的波形仿真。

（3）将设计下载到附录 A 中的实验箱并进行硬件功能测试。要求：用六位数码管显示，用按键调节时间，用开关切换正常计时时钟模式与闹钟模式。

7．设计选题 C：简单计算器

（1）利用 lpm 例化元件、适当的中规模时序电路、适当的中规模组合电路和适当的门电路实现一个四位简易计算器的设计，分别利用中规模电路、lpm 例化元件实现两个四位二进制数的加、减、乘、除运算。

（2）完成对主要模块的波形仿真。

（3）将设计下载到附录 A 中的实验箱并进行硬件功能测试。要求：用八个开关分别作为两个四位输入数据，并将结果显示在数码管上。

8．设计选题 C：交通灯自动控制器

（1）设计一个交通灯自动控制器。要求：通常情况下，大道的交通灯绿灯亮，小道的交通灯红灯亮。若小道来车，大道经 6 秒变黄灯；再经 4 秒大道变红灯，同时小道由红灯变为绿灯。小道变绿灯后，若大道来车不足 3 辆，25 秒后小道绿灯变黄灯，再过 4 秒后黄灯变红灯，同时大道红灯变绿灯。小道变绿灯后，若大道来车超过 3 辆在等候，小道应立即绿灯变黄灯，再过 4 秒后黄灯变红灯，同时大道红灯变绿灯。

（2）完成对主要模块的波形仿真。

（3）将设计下载到附录 A 中的实验箱并进行硬件功能测试。要求：大道来车、小道来车均用按键模拟，将时间显示在二位数码管上。

9．设计选题 C：自动售票机

（1）设计一个自动售票机。自动售票机只出售 1 角、2 角、5 角和 1 元四种邮票，且只接收 1 角、5 角和 1 元三种硬币,每次只能出售一张邮票。若投入硬币钱数不足,将硬币退出并报警,报警时长 3 s。若钱数足够,送出邮票,若有余额自动送出。该自动售票机具有累加卖钱额的功能。

(2) 完成对主要模块的波形仿真。

(3) 将设计下载到附录 A 中的实验箱并进行硬件功能测试。要求:所有的钱数用数码管显示出来,三种硬币的输入用按键模拟,四种邮票的送出用四个不同位置的发光二极管模拟。

10. 设计选题 C:多功能波形发生器

(1) 利用 lpm_rom 及适当的中、小规模集成电路实现一个多功能波形发生器,该发生器可以输出方波、三角波、锯齿波和正弦波。

(2) 完成对主要模块的波形仿真。

(3) 将设计下载到附录 A 中的实验箱并进行硬件功能测试。要求:用开关作为波形间的切换控制,用 lpm_rom 的输出结果控制 DAC0832 实现波形发生器,在示波器上观测结果。

11. 设计选题:用硬件描述语言设计综合逻辑电路

(1) 从上述综合逻辑电路设计选题中选择一个设计选题,用 VHDL 或 Verilog HDL 硬件描述语言来完成设计选题的逻辑设计。

(2) 完成对逻辑设计的波形仿真。

(3) 将设计下载到附录 A 中的实验箱并进行硬件功能测试。

6.7.5　实验准备

《设计报告》的书写可参考附录 C 中的实验报告样本和 6.7.3,其余同 6.2.5。

6.7.6　实验报告要求

同 6.2.6。

第 7 章

数字系统典型应用模块设计实例

编者搜集、整理、编写了一系列数字系统典型应用模块设计实例,希望通过这些实例同学们能拓展视野,开阔设计思路,为今后的工程实践打好基础。

7.1 矩阵键盘键值识别模块

当键盘中按键数量较多时,为了减少 I/O 口的占用,通常将按键排列成矩阵形式。在矩阵式键盘中,每条水平线和垂直线在交叉处不直接连通,而是通过一个按键加以连接,如图 7.1 所示。这样,八个 I/O 口就可以构成 $4 \times 4 = 16$ 个按键,比直接将 I/O 用于按键控制矩阵键盘所用的 I/O 口减少了 1/2 倍,而且线数越多,优势越明显。由此可见,当键数需要比较多时,采用矩阵法来做键盘是合理的。

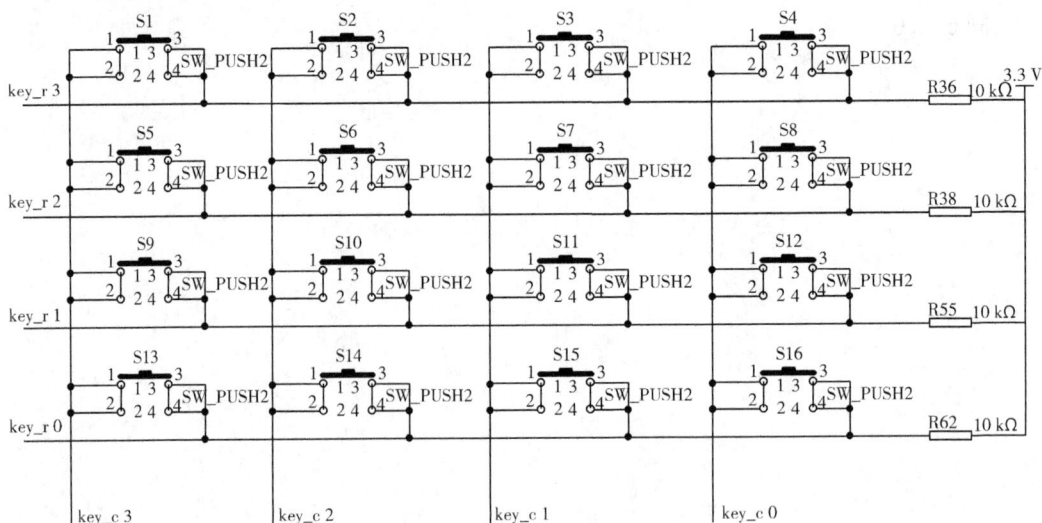

图 7.1 矩阵键盘原理图

　　矩阵式结构的键盘显然比直接法要复杂一些,识别也要复杂一些,行线所接的 FPGA 的 I/O 口作为输出端,而列线所接的 I/O 口则作为输入端。行扫描法又称为逐行(或列)扫描查询法,是一种最常用的矩阵键盘识别方法,具体过程如下。

　　将全部行线 key_r 3 ~ key_r 0 置低电平,然后检测列线 key_c 3 ~ key_c 0 的状态。只要有一列的电平为低,则表示键盘中有键被按下,而且闭合的键位于低电平线与四根行线相交叉的四个按键之中。若所有列线均为高电平,则键盘中无键按下。

　　在确认有键按下后,即可进入确定具体闭合键的过程。其方法是:依次将行线置为低电平,即在置某根行线为低电平时,其他线为高电平。在确定某根行线为低电平后,再逐行检测各列线的电平状态。若某列为低电平,则该列线与置为低电平的行线交叉处的按键就是闭合的按键。

　　例 7.1　以下例程实现的功能为:16 个按键分别对应 0 ~ F 等 16 个键值,当按下某个按键时,在数码管上显示其键值。

```
library ieee;
use ieee. std_logic_1164. all;
use ieee. std_logic_unsigned. all;
entity test is
port ( clk:in std_logic;
key_r:out std_logic_vector(3 downto 0);
key_c:in std_logic_vector(3 downto 0);
wei:out std_logic: = '1';
duan:out std_logic_vector
(7 downto 0): = "11000000");
end entity;
architecture aa of test is
signal vv:std_logic_vector(21 downto 0);
signal v:std_logic_vector(7 downto 0);
signal num:std_logic_vector(7 downto 0);
signal biao_zhi:std_logic;
signal data:std_logic_vector
(3 downto 0): = "1111";
begin
process(clk)
begin
if( clk'event and clk = '1') then
vv < = vv +1;
end if;
end process;
process (vv(5))
begin
if( vv(5)'event and vv(5) = '1') then
if( biao_zhi = '0') then
key_r < = "0000";

if( key_c/ = "1111") then
v < = v + 1;
if( v > "00001110") then
biao_zhi < = '1';
end if;
else
biao_zhi < = '0';
v < = "00000000";
end if;
else
case data is
when "1111" = > key_r < = "0111"; data < = "0111";
when "0111" = > key_r < = "1011"; data < = "1011";
if( key_c/ = "1111") then
case key_c is
when "1110" = > num < = "11000000";
when "1101" = > num < = "11111001";
when "1011" = > num < = "10100100";
when "0111" = > num < = "10110000";
when others = > null;
end case;
end if;
when "1011" = > key_r < = "1101"; data < = "1101";
if( key_c/ = "1111") then
case key_c is
when "1110" = > num < = "10011001";
when "1101" = > num < = "10010010";
```

```
when "1011" = > num < = "10000010";
when "0111" = > num < = "11111000";
when others = > null;
end case;
end if;
when " 1101" = > key _ r < = " 1110"; data < = "
1110";
if( key_c/ = "1111" ) then
case key_c is
when "1110" = > num < = "10000000";
when "1101" = > num < = "10010000";
when "1011" = > num < = "10001000";
when "0111" = > num < = "10100001";
when others = > null;
end case;
end if;
when " 1110" = > key _ r < = " 1111"; data < = "
1111";
if( key_c/ = "1111" ) then
case key_c is
when "1110" = > num < = "11110000";
when "1101" = > num < = "10100001";
when "1011" = > num < = "10000110";
when "0111" = > num < = "10001110";
```

```
when others = > null;
end case;
end if;
when others = > data < = "1111";
end case;
end if;
if( biao_zhi = '1' ) then
if( key_c = "1111" ) then
v < = v + 1;
if( v = "00001111" ) then
biao_zhi < = '0';
end if;
end if;
end if;
end if;
end process;
process( biao_zhi )
begin
if( biao_zhi'event and biao_zhi = '0' ) then
duan < = num;
end if;
end process;
end aa;
```

7.2 ADC0804 电压转换模块

ADC0804 典型应用电路如图 7.2 所示。

例7.2 以下例程实现的功能为:将 A/D 转换器的八位转换结果在数码管上以两位十六进制数表示出来。

```
library ieee; -- 定义库函数
library LPM;
use ieee. std_logic_1164. all;
use ieee. std_logic_arith. all;
use ieee. std_logic_unsigned. all;
use LPM. lpm_components. all;
entity adc0804 is
port( q:in std_logic_vector(23 downto 0);
clk:in std_logic;
ad_data:in std_logic_vector(7 downto 0);
qdata:out std_logic_vector(7 downto 0);
```

```
rd,wr,adcs:out std_logic;
led:out std_logic_vector(5 downto 0));
end entity ;
architecture miao of adc0804 is
signal m:integer range 0 to 9999;
signal n1:integer range 0 to 5;
signal n2:integer range 0 to 3;
signal n3:integer range 0 to 99;
signal clk_2k,clk_10,en:std_logic;
signal data:std_logic_vector(3 downto 0);
signal addr:std_logic_vector(7 downto 0);
```

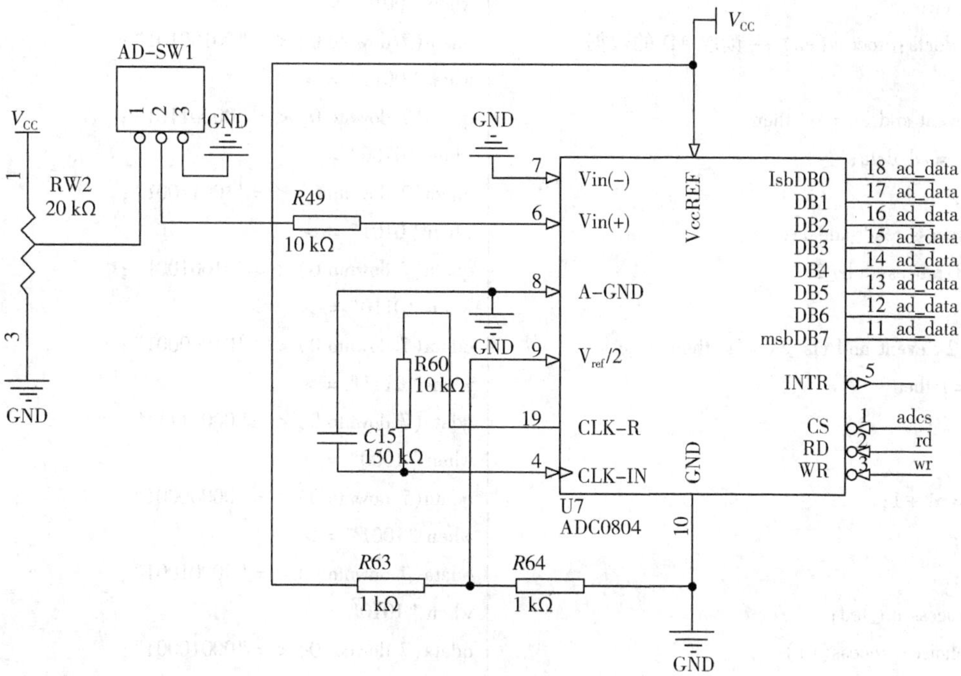

图 7.2　**ADC0804 电路原理图**

```
begin
clock_2k:process( clk)  —— 分频得到 2KHz
begin
if clk′event and clk = ′1′ then
if m = 9999 then
m < = 0;
clk_2k < = not clk_2k;
else
m < = m + 1;
end if;
end if;
end process clock_2k;
clock_10:process( clk_2k)  —— 分频得到 10Hz
begin
if clk_2k′event and clk_2k = ′1′ then
if n3 = 99 then
n3 < = 0;
clk_10 < = not clk_10;
else
n3 < = n3 + 1;
end if;
end if;
end process clock_10;
```

```
adcs < = ′0′;
process( clk_10)
begin
if clk_10′event and clk_10 = ′1′ then
if n2 = 0 then
wr < = ′0′;
en < = ′1′;
n2 < = n2 + 1;
elsif n2 = 1 then
wr < = ′1′;
en < = ′1′;
n2 < = n2 + 1;
elsif n2 = 2 then
wr < = ′1′;
en < = ′0′;
n2 < = n2 + 1;
else
wr < = ′1′;
en < = ′1′;
n2 < = 0;
end if;
end if;
end process ;
```

```
rd < = en;
read_addata:process(en) -- 读取 AD 的数据
begin
if en'event and en = '1' then
addr < = ad_data;
end if;
end process read_addata;
en_led:process(clk_2k)
begin
if clk_2k'event and clk_2k = '1' then
if n1 = 1 then
n1 < = 0;
else
n1 < = n1 + 1;
end if;
end if;
end process en_led;
data_choise:process(n1)
begin
if n1 = 0 then
led < = "100000";
data < = addr(7 downto 4);
else
led < = "010000";
data < = addr(3 downto 0);
end if;
end process data_choise;
display:process(data)
begin
case data is
when "0000" = >
qdata(7 downto 0) < = "00000011"; -- h - a
when "0001" = >
qdata(7 downto 0) < = "10011111";
when "0010" = >
qdata(7 downto 0) < = "00100101";
when "0011" = >
qdata(7 downto 0) < = "00001101";
when "0100" = >
qdata(7 downto 0) < = "10011001";
when "0101" = >
qdata(7 downto 0) < = "01001001";
when "0110" = >
qdata(7 downto 0) < = "01000001";
when "0111" = >
qdata(7 downto 0) < = "00011111";
when "1000" = >
qdata(7 downto 0) < = "00000001";
when "1001" = >
qdata(7 downto 0) < = "00001001";
when "1010" = >
qdata(7 downto 0) < = "00010001";
when "1011" = >
qdata(7 downto 0) < = "11000001";
when "1100" = >
qdata(7 downto 0) < = "01100011";
when "1101" = >
qdata(7 downto 0) < = "10000101";
when "1110" = >
qdata(7 downto 0) < = "01100001";
when "1111" = >
qdata(7 downto 0) < = "01110001";
when others = >
qdata(7 downto 0) < = "00000011";
end case;
end process display;
end miao;
```

7.3 TLC549 电压转换模块

TLC549 是 TI 公司生产的一种低价位、高性能的八位 A/D 转换器,它以八位开关电容逐次逼近的方法实现 A/D 转换,其转换时间小于 17 μs,最大转换频率为 40 kHz,4 MHz 内部系统时钟,电源电压为 3 ~ 6 V。它能方便地采用三线串行接口方式与各种微处理器连接,构成各种廉价的测控应用系统。TLC549 芯片封装图如图 7.3 所示。

TLC549 芯片外引脚名称及意义如下。

REF +：正基准电压输入范围为 2.5 V ≤ REF + ≤ V_{CC} + 10%。

REF −：负基准电压输入范围为 −0.1 V ≤ REF − ≤ 2.5 V，要求正负基准电压之差大于 1 V。

V_{CC}：系统电源，其范围为 3 V ≤ V_{CC} ≤ 6 V。

GND：接地端。

$\overline{CS}$：芯片选择输入端，要求输入高电平大于 2 V，输入低电平小于 0.8 V。

DATA OUT：转换数据串行输出端，与 TTL 电平兼容，输出时高位在前，低位在后。

ANALOGIN：模拟信号输入端，0 ≤ ANALOGIN ≤ V_{CC}；当 ANALOGIN ≥ REF + 时，转换结果全为"1"（FFH）；当 ANALOGIN ≤ REF − 时，转换结果全为"0"（00H）。

I/O CLOCK：外接输入/输出时钟输入端，用于同步芯片的输入/输出操作，无须与芯片内部系统时钟同步。

当 $\overline{CS}$ 变为低电平后，TLC549 芯片被选中，同时前次转换结果的最高有效位 MSB(A7) 自 DATA OUT 端输出，接着要求自 I/O CLOCK 端输入八个外部时钟信号，前七个 I/O CLOCK 信号的作用是配合 TLC549 输出前次转换结果的 A6 ~ A7 位，并为本次转换作准备。在第四个 I/O CLOCK 信号由高至低的跳变之后，片内采样/保持电路对输入模拟量采样开始，第八个 I/O CLOCK 信号的下降沿使片内采样/保持电路进入保持状态并启动 A/D 开始转换。转换时间为 36 个系统时钟周期，最大为 17 μs。直到 A/D 转换完成前的这段时间内，TLC549 的控制逻辑要求始终 $\overline{CS}$ 保持高电平，或者 I/O CLOCK 时钟端保持 36 个系统时钟周期的低电平。由此可见，在 TLC549 的 I/O CLOCK 端输入八个外部时钟信号期间需要完成的工作是：读入前次 A/D 转换结果，对本次转换的输入模拟信号采样并保持，启动本次 A/D 转换。TLC549 工作时序图如图 7.4 所示。

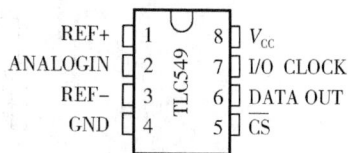

图 7.3　TLC549 芯片封装图

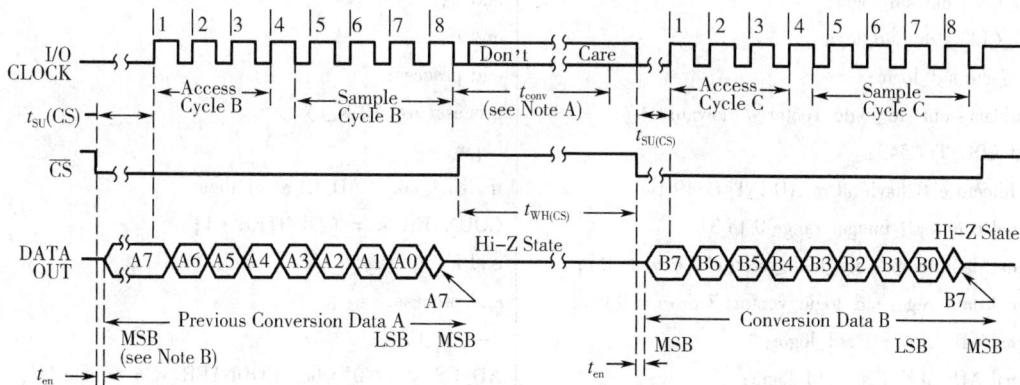

图 7.4　TLC549 工作时序图

TLC549 典型应用电路如图 7.5 所示。

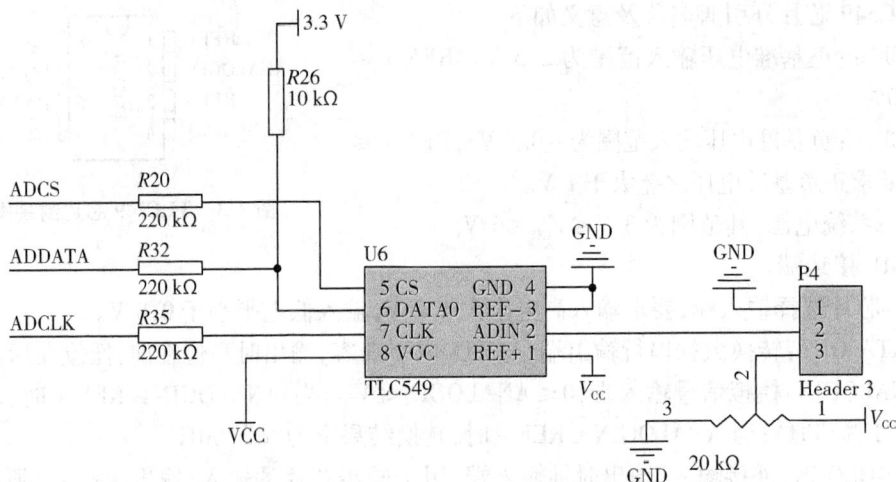

图 7.5　TLC549 典型应用电路

例 7.3　以下例程实现的功能为:将 A/D 转换器的八位串行数据转换为八位的并行数据,以便后续处理。

```
library IEEE;
use IEEE. STD_LOGIC_1164. ALL;
use IEEE. STD_LOGIC_ARITH. ALL;
use IEEE. STD_LOGIC_UNSIGNED. ALL;
entity ADC_TLC549 is
port(
AD_DATA : in std_logic;
read_n : in std_logic;
clk : in std_logic;
AD_CS : out std_logic;
AD_CLK : out std_logic;
irq : out std_logic;
readdata: out std_logic_vector(7 downto 0));
end ADC_TLC549;
architecture Behavioral of ADC_TLC549 is
signal counter : integer range 0 to 31;
signal data_temp : std_logic_vector(7 downto 0);
signal data_reg : std_logic_vector(7 downto 0);
signal AD_CLK_r : std_logic;
signal AD_CLK_EN : std_logic;
signal DCLK_DIV : integer range 0 to 50000000;
constant CLK_FREQ : integer : = 50000000;
constant DCLK_FREQ : integer : = 2000000; -- 产
1MHZ 的频率用于串行传输采集的数据
begin
readdata < = data_temp when read_n = '0' else "
00000000";
process(clk)
begin
if rising_edge(clk) then
if (DCLK_DIV < CLK_FREQ/DCLK_FREQ) then
DCLK_DIV < = DCLK_DIV +1;
else
DCLK_DIV < = 0;
AD_CLK_r < = not AD_CLK_r;
end if;
end if;
end process;
process(AD_CLK_r)
begin
if rising_edge(AD_CLK_r) then
COUNTER < = COUNTER +1;
end if;
end process;
-- AD_CS
AD_CS < = '0' when COUNTER < = 9 else '1';
AD_CLK_EN < = '1' when COUNTER > = 2 and
COUNTER < = 9 else '0';
AD_CLK < = AD_CLK_r when AD_CLK_EN = '1'
else '1';
--/*采集完毕输出一个中断请求
irq < = '0' when COUNTER = 10 else '1';
```

```
process( AD_CLK_r, AD_CLK_EN, data_reg)          data_temp < = data_reg ;
begin                                             end if;
if falling_edge( AD_CLK_r) then                   end if;
if ( AD_CLK_EN = '1') then  -- 串并转换            end process;
data_reg  < = data_reg(6 downto 0) & AD_DATA ;    end Behavioral;
else  -- 转换完成
```

7.4　PS2 接口键盘键值识别模块

读取基本的 PS2 接口键盘数据,控制器不需要发送任何数据,只需读取键盘发回来的数据即可,每次键盘发送 11 个时钟信号,我们需要做的事情就是在时钟的下降沿读取数据。PS2 接口协议时序图如图 7.6 所示。

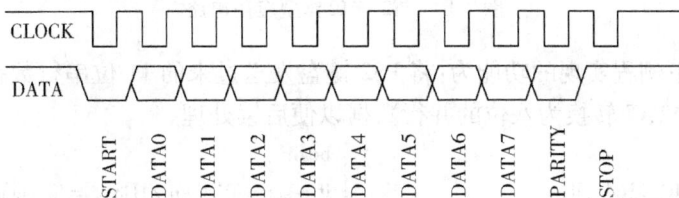

图 7.6　PS2 接口协议时序图

由图 7.6 可知,11 位数据第一位为起始位且总为低电平,其后接八位数据位且低位在前,之后是一位校验位且为奇校验位,最后一位为停止位且总为高电平。中间八位数据可由两位十六进制数来表示,具体键值对应如图 7.7 所示。

图 7.7　标准 PS2 键盘键值对应图

PS2 键盘接口典型应用电路如图 7.8 所示。

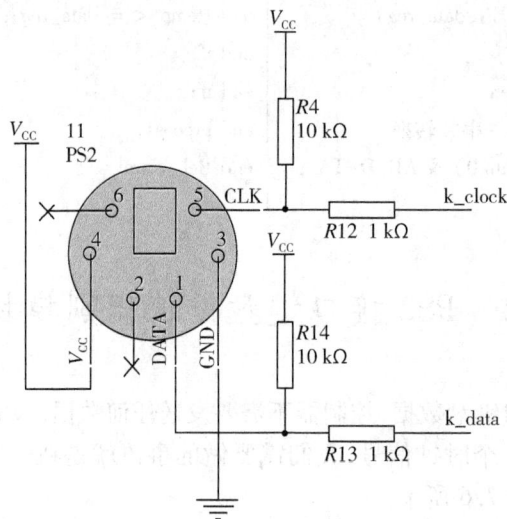

图 7.8 PS2 接口典型应用电路

例 7.4 以下例程实现的功能为:将 PS2 键盘发送过来的 11 位串行数据中的八位有效数据 DATA0 ~ DATA7 转换为八位的并行数据以便后续处理。

```
library IEEE;
use IEEE. STD_LOGIC_1164. all;
use IEEE. STD_LOGIC_UNSIGNED. ALL;
entity data_scanC is
PORT(
sys_clk : in STD_LOGIC;  -- 系统同步时钟
k_data : in STD_LOGIC;  -- 键盘数据
k_clock : in STD_LOGIC;  -- 键盘时钟
reset : in STD_LOGIC;
data : out STD_LOGIC_VECTOR
(7 DOWNTO 0);  -- 扫描码输出
PA : buffer STD_LOGIC_VECTOR
(7 DOWNTO 0);
ZHJS : buffer STD_LOGIC); -- 转换结束
end data_scanC;
architecture behav of data_scanC is
signal tmp : STD_LOGIC_VECTOR(11 downto 0) :
  = "000000000000"; -- 记录帧信号
signal ENABLE : std_logic : = '0'; -- 输出使能
signal now_kbclk,pre_kbclk : std_logic;
begin
process(reset,k_clock,sys_clk)
variable started:STD_LOGIC : = '0';
variable counter :integer range 0 to 11 : = 0;

begin
if reset = '0' then ZHJS < = '0';counter: = 0;
elsif rising_edge(sys_clk) then
pre_kbclk < = now_kbclk;
now_kbclk < = k_clock;
if(pre_kbclk > now_kbclk) then  -- 消抖
tmp(counter) < = k_data;
if counter = 10 then ZHJS < = '0';
else ZHJS < = '1';
end if;
if counter = 11 then counter: = 1;
else counter: = counter + 1;
end if;
end if;
end if;
if(counter > 1 and counter < 10) then started: = '1';
else started: = '0';
end if;
enable < = started;
end process;
PA < = "00000000" when enable = '1' else tmp(8
downto 1);
data < = PA;
end behav;
```

7.5 串行接口通信模块

可编程器件串行通信常采用异步传送方式,异步传送方式每个字符都按照一个独立的整体进行发送,字符的间隔时间可以任意变化,即每个字符作为独立的信息单位(帧)可以随机地出现在数据流中。所谓异步,就是指通信时两个字符之间的间隔事先不能确定,也没有严格的定时要求。在异步传送中,串口通信遵循以下规定。

1. 字符格式

字符格式是指字符的编码形式及其规定。例如,规定每个串行字符由四个部分组成,即1 个起始位,5~8 个数据位,1 个奇偶校验位以及1~2 个停止位,如图7.9 所示。

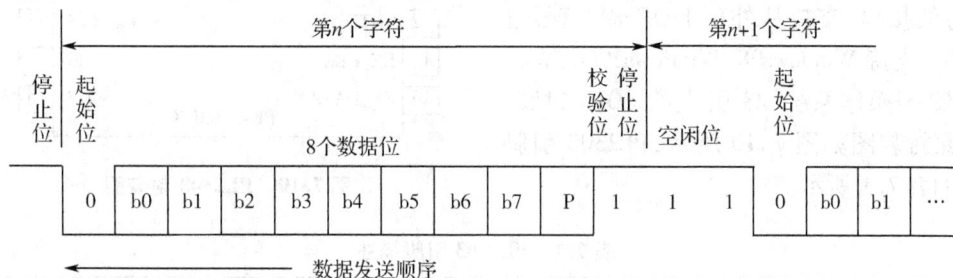

图7.9 串行通信协议时序图

2. 传输速率

传输速率是指每秒钟传送的二进制位数,通常称为波特率(Band Rate)。国际上规定了标准波特率系列,最常用的标准波特率为:110,300,600,1 200,1 800,2 400,4 800,9 600,115 200 波特等。

3. 字符速率

字符速率是指每秒钟传送的字符数,它与波特率是两个相关但表达意义不相同的概念。例如,若异步通信的数据格式由1 位起始位、8 位数据位、1 位奇偶校验位1 位停止位组成,波特率为9 600 b/s,则每秒钟最多能够传送 9600/(1 +8 +1 +2) =800 个字符。

采用异步通信格式的优点是:控制简单,不需收发双方时钟频率保持完全一致,可以有偏差,纠错方便。其缺点是:一旦传输出错,则需要重发,传输效率低,信息冗余大。

最常见的串口通信器件为九孔(或针)串行接口。但由于大多数笔记本电脑及部分台式电脑不配备串行接口,因此USB 转串口芯片得到了广泛的应用,PL2303 就是其中之一。

PL2303 是 Prolific 公司生产的一种高度集成的 RS232 – USB 接口转换器,可提供一个RS232 全双工异步串行通信装置与 USB 功能接口便利连接的解决方案。该器件内置 USB功能控制器、USB 收发器、振荡器和带有全部调制解调器控制信号的 UART,只需外接几只电容就可实现 USB 信号与 RS232 信号的转换,能够方便嵌入到各种设备。该器件作为USB/RS232 双向转换器,一方面从主机接收 USB 数据并将其转换为 RS232 信息流格式发送给外设,另一方面从 RS232 外设接收数据转换为 USB 数据格式传送回主机。这些工作全部由器件自动完成,开发者无需考虑固件设计。

PL2303 的高兼容驱动可在大多操作系统上模拟成传统 COM 端口,并允许 COM 端口转换成 USB 接口应用,通信波特率高达 6 Mb/s,在工作模式和休眠模式时都具有低功耗。该器件具有以下特征:完全兼容 USB1.1 协议;可调节 3 ~ 5 V 输出电压,满足 3 V,3.3 V 和 5 V 不同应用需求;支持完整的 RS232 接口,可编程设置的波特率为 75 b/s ~ 6 Mb/s,并为外部串行接口提供电源;512 字节可调节双向数据缓存;支持默认的 ROM 和外部 EEPROM 存储设备配置信息,具有 I^2C 总线接口,支持从外部 MODEM 信号远程唤醒;支持 Windows98,Windows2000,WindowsXP 等操作系统,28 引脚的 SOIC 封装。其电路封装图如图 7.10 所示,PL2303 引脚描述如表 7.1 所示。

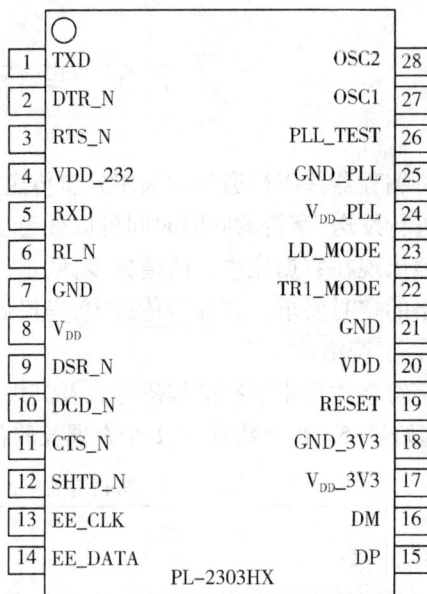

1	TXD	OSC2	28
2	DTR_N	OSC1	27
3	RTS_N	PLL_TEST	26
4	VDD_232	GND_PLL	25
5	RXD	V_{DD}_PLL	24
6	RI_N	LD_MODE	23
7	GND	TR1_MODE	22
8	V_{DD}	GND	21
9	DSR_N	VDD	20
10	DCD_N	RESET	19
11	CTS_N	GND_3V3	18
12	SHTD_N	V_{DD}_3V3	17
13	EE_CLK	DM	16
14	EE_DATA	DP	15

PL-2303HX

图 7.10　PL2303 封装图

表 7.1　PL2303 引脚描述

标号	名称	方向	描述
1	TXD	输出	数据输出到串口
2	DTR_N	输出	数据终端准备好,低电平有效
3	RST_N	输出	发送请求,低电平有效
4	VDD_232		电源引脚;当串口为 3.3 V,这应该是 3.3 V;当串行端口是 2.5 V,这应该是 2.5 V
5	RXD	输入	串口数据输入
6	RI_N	输入/输出	串行端口(环指示器)
7	GND		接地
8	V_{DD}		电源
9	DSR_N	输入/输出	串行端口(数据集就绪)
10	DCD_N	输入/输出	串行端口(数据载波检测)
11	CTS_N	输入/输出	串行端口(清除发送)
12	SHTD_N	输出	控制 RS232 收发器关机
13	EE_CLK	输入/输出	串行 EEPROM 时钟
14	EE_DATA	输入/输出	串行 EEPROM 数据
15	DP	输入/输出	USB 端口 D + 信号
16	DM	输入/输出	USB 端口 D - 信号

表 7.1(续)

标号	名称	方向	描述
17	V_{DD}_3V3	输出	常规 3.3 V 电源输出
18	GND_3V3		接地
19	RESET	输入	系统复位
20	VDD	电源	USB 端口的 5 V 电压电源
21	GND		接地
22	TRI_MODE	输入	三态控制端
23	LD_MODE	输入/输出	载入模式
24	V_{DD}_PLL		PLL 电源 5 V
25	GND_PLL		PLL 地
26	PLL_TEST	输入	PLL 测试控制
27	OSC1	输入	晶振输入
28	OSC2	输出	晶振输出

串行通信接口原理图如图 7.11 所示。

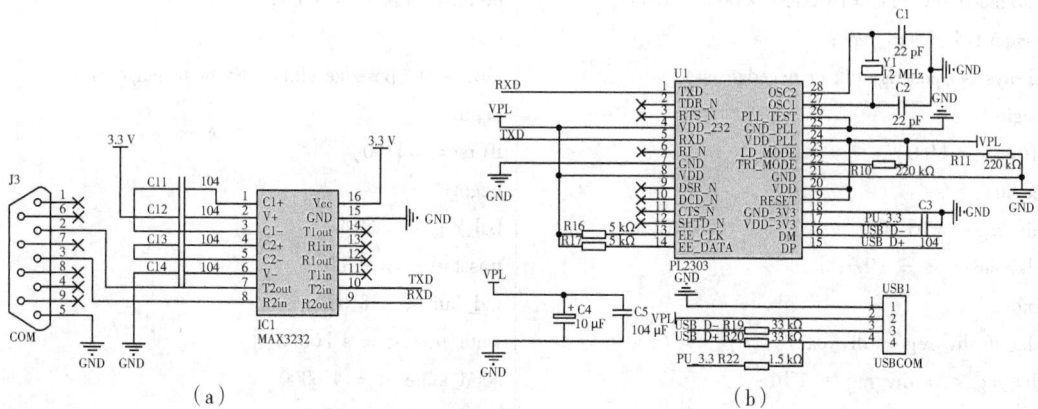

图 7.11　串行通信接口电路原理图

(a) 九孔串口通信电路原理图；　(b) USB 转串口通信电路原理图

　　例 7.5　本例程的功能是验证和实现 PC 机进行基本串口通信的功能。需要在 PC 机上安装一个串口调试工具来验证程序的功能。程序实现了一个收发一帧 10 个 bit(即无奇偶校验位)的串口控制器,即 1 个起始位,8 个数据位,1 个结束位。串口的波特率由程序中定义的 div_par 参数决定,更改该参数可以实现相应的波特率。程序当前设定的 div_par 的值是 27 = 50M/115200/8,对应的波特率是 115 200。用一个 8 倍波特率的时钟将发送或接收每一位 bit 的周期时间划分为 8 个时隙以便通信同步。程序的工作过程是:每按一下 reset,FPGA 向 PC 发送"welcome"字符串。

```
module test ( clk, rst,rxd,txd) ;        input rst;
input clk ;                              input rxd;
```

```verilog
output txd;
reg [15:0] div_reg; //分频得 8 倍波特率时钟
reg [2:0] div8_tras_reg;//发送时当前时隙数
reg [3:0] div8_rec_reg;//收时当前的时隙数
reg [3:0] state_tras; // 发送状态寄存器
reg [3:0] state_rec; //接受状态寄存器
reg clkbaud_tras;//以波特率为频率发送信号
reg clkbaud_rec;//以波特率为频率接受信号
reg clkbaud8x;//将一个 bit 时钟分为 8 个时隙
reg recstart; //开始发送标志
reg recstart_tmp;//开始接受标志
reg trasstart;
reg rxd_reg1; //接收寄存器 1
reg rxd_reg2; //接收寄存器 2
reg txd_reg; //发送寄存器
reg [7:0] rxd_buf; //接受数据缓存
reg [7:0] txd_buf; //发送数据缓存
reg [3:0] send_state;//发送状态寄存器
reg key_entry2; //确定有键按下标志
parameter div_par = 16'b0000000000011011;
assign txd = txd_reg ;
always @ ( posedge clk or negedge rst)
begin
if( rst = = 1'b0)
begin
div_reg < = 16'h00;
clkbaud8x < = 1'b0;
end
else if( div_reg < div_par)
div_reg < = div_reg + 1'b1;
else
begin
div_reg < = 16'h0000;
clkbaud8x < = ~ clkbaud8x;
end
end
always @ ( posedge clkbaud8x or negedge rst)
begin
if( rst = = 1'b0)
div8_rec_reg < = 3'b000;
else if( recstart = = 1'b1)
div8_rec_reg < = div8_rec_reg +1'b1;
end

always @ ( posedge clkbaud8x or negedge rst)
begin
if( rst = = 1'b0)
div8_tras_reg < = 3'b000;
else if( trasstart = = 1'b1)
div8_tras_reg < = div8_tras_reg + 1'b1;
end
always @ ( div8_rec_reg)
begin
if( div8_rec_reg = = 3'b111)
clkbaud_rec < = 1'b1;
else
clkbaud_rec < = 1'b0;
end
always @ ( div8_rec_reg)
begin
if( div8_tras_reg = = 3'b111)
clkbaud_tras < = 1'b1;
else
clkbaud_tras < = 1'b0;
end
always @ ( posedge clkbaud8x or negedge rst)
begin
if( rst = = 1'b0)
begin
txd_reg < = 1'b1;
trasstart < = 1'b0;
txd_buf < = 8'h00;
state_tras < = 4'b0000;
send_state < = 4'b0000;
key_entry2 < = 1'b1;
txd_buf < = 8'b00000000;//8'b01110111;//"w"
end
else
case( state_tras)
4'b0000: begin //发送起始位
if( ! trasstart&&( send_state < 4'b1000))
trasstart < = 1'b1;
else if( send_state < 4'b1000)
if ( clkbaud_tras = = 1'b1)
begin
txd_reg < = 1'b0;
state_tras < = state_tras + 1'b1;
```

```verilog
end
else
begin
key_entry2 < = 1'b0;
state_tras < = 4'b0000;
end
end
4'b0001: begin //发送第一位
if( clkbaud_tras = = 1'b1)
begin
txd_reg = txd_buf[0];
txd_buf[6:0] = txd_buf[7:1];
state_tras = state_tras +1'b1;
end
end
4'b0010: begin
if ( clkbaud_tras = = 1'b1)
begin
txd_reg < = txd_buf[0];
txd_buf[6:0] < = txd_buf[7:1];
state_tras < = state_tras +1'b1;
end
end
4'b0011: begin
if ( clkbaud_tras = = 1'b1)
begin
txd_reg < = txd_buf[0];
txd_buf[6:0] < = txd_buf[7:1];
state_tras < = state_tras +1'b1;
end
end
4'b0100: begin
if ( clkbaud_tras = = 1'b1)
begin
txd_reg < = txd_buf[0];
txd_buf[6:0] < = txd_buf[7:1];
state_tras < = state_tras +1'b1;
end
end
4'b0101: begin
if ( clkbaud_tras = = 1'b1)
begin
txd_reg < = txd_buf[0];
txd_buf[6:0] < = txd_buf[7:1];
state_tras < = state_tras +1'b1;
end
end
4'b0110: begin
if ( clkbaud_tras = = 1'b1)
begin
txd_reg < = txd_buf[0];
txd_buf[6:0] < = txd_buf[7:1];
state_tras < = state_tras +1'b1;
end
end
4'b0111: begin
if ( clkbaud_tras = = 1'b1)
begin
txd_reg < = txd_buf[0];
txd_buf[6:0] < = txd_buf[7:1];
state_tras < = state_tras +1'b1;
end
end
4'b1000: begin //发送第 8 位
if ( clkbaud_tras = = 1'b1)
begin
txd_reg < = txd_buf[0];
txd_buf[6:0] < = txd_buf[7:1];
state_tras < = state_tras +1'b1;
end
end
4'b1001: begin //发送停止位
if ( clkbaud_tras = = 1'b1)
begin
txd_reg < = 1'b1;
txd_buf < = 8'b01010101;
state_tras < = state_tras +1'b1;
end
end
4'b1111:begin
if ( clkbaud_tras = = 1'b1)
begin
state_tras < = state_tras + 1'b1;
send_state < = send_state + 1'b1;
trasstart < = 1'b0;
case (send_state)
```

```
4′b0000:txd_buf  < =8′b01110111;//"w"
4′b0001:txd_buf  < =8′b01100101;//"e"
4′b0010:txd_buf  < =8′b01101100;//"l"
4′b0011:txd_buf  < =8′b01100011;//"c"
4′b0100:txd_buf  < =8′b01101111;//"o"
4′b0101:txd_buf  < =8′b01101101;//"m"
4′b0110:txd_buf  < =8′b01100101;//"e"
default:txd_buf  < =8′b00000000;
endcase
end
end
```

```
default:begin
if ( clkbaud_tras  = = 1′b1 )
begin
state_tras  < = state_tras + 1′b1;
trasstart  < = 1′b1;
end
end
endcase
end
endmodule
```

本程序对应的波特率是9600。实现的功能是:将 PC 发送的 8 位字符串,在 FPGA 的外设上显示出来。

```
library ieee;
use ieee. std_logic_1164. all;
use ieee. std_logic_unsigned. all;
entity receive is
port ( clk:in std_logic;
receive:in std_logic;
led:out std_logic_vector (3 downto 0));
end entity;
architecture aa of receive is
signal v:std_logic_vector(9 downto 0);
signal vv:std_logic_vector(7 downto 0);
signal receive_data:std_logic_vector(3 downto 0);
signal data:std_logic_vector(9 downto 0);
signal receive_buf:std_logic_vector(2 downto 0);
signal biao_zhi:std_logic;
begin
process ( clk )
begin
if( clk′event and clk = ′1′) then
if( biao_zhi = ′1′) then
v < = v + ′1′;
if( v > "0001100111" ) then
vv < = vv + ′1′;
v < = "0000000000";
end if;
if( vv > "00110001" ) then
if( receive_data < = "1001" ) then
data(9) < = ( receive_buf(0) and receive_buf(1) ) or
( receive_buf(1) and receive_buf(2) ) or ( receive_buf
```

```
(0) and receive_buf(2) );
receive_data < = receive_data + ′1′;
vv < = "00000000";
data(8 downto 0) < = data(9 downto 1);
else
receive_data < = "0000";
biao_zhi < = ′0′;
vv < = "00000000";
led < = data(4 downto 1);
end if;
else
if( vv = "00000110" ) then
receive_buf(0) < = receive;
end if;
if( vv = "00001100" ) then
receive_buf(1) < = receive;
end if;
if( vv = "00010010" ) then
receive_buf(2) < = receive;
end if;
end if;
else
if( receive = ′0′) then
biao_zhi < = ′1′;
end if;
end if;
end if;
end process;
end aa;
```

7.6 HS0038 红外信号接收模块

HS0038 塑封一体化红外线接收器是一种集红外线接收、放大、整形于一体的集成电路,不需要任何外接元件就能完成红外线接收信号的工作,没有红外遥控信号时为高电平,收到红外信号时为低电平,而且体积和普通的塑封三极管大小一样,它适合于各种红外线遥控和红外线数据传输。

用于无线传输的红外线频率一般为 38 kHz ~ 40 kHz,所以发射端的命令码必须通过调制才能被发射管以红外线的形式释放到开放空间。脉冲个数编码可以很方便地实现对载波频率的幅度调制,其原理如图 7.12 所示。命令码与载波信号的乘积便是可以用于发射的已调信号。

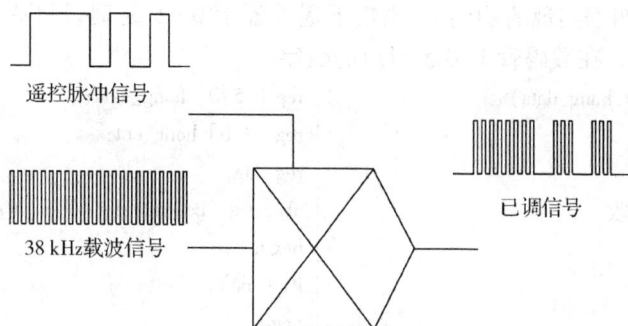

图 7.12 发射信号幅度调制原理图

红外数据格式包括引导码、用户码、数据码和数据码反码,编码总共占 32 位。数据反码是数据码取反后的编码,编码时可用于对数据的纠错,如图 7.13 所示。

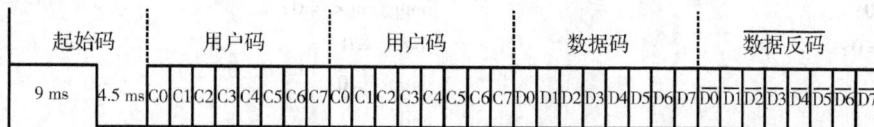

图 7.13 红外信号数据格式图

用户码或数据码中的每一个位可以是位"1",也可以是位"0",用脉冲的时间间隔来区分。这种编码方式称为脉冲位置调制方式,英文简称 PPM。位"1"和位"0"的时间间隔如图 7.14 所示。

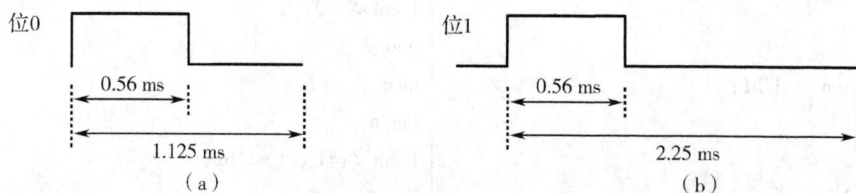

图 7.14 红外信号数据位表示方式

(a)位 0 时间间隔; (b)位 1 时间间隔

HS0038 电路原理图如图 7.15 所示。

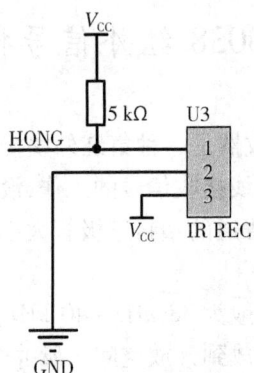

图 7.15　HS0038 原理图

例 7.6　以下例程实现的功能为:当按下遥控器上 0~9 键时,FPGA 将 HS0038 所传送来的信号进行解调并在数码管上显示对应的数字。

```verilog
module hongwai(clk,rst,hong,data);
input clk;
input rst;
input hong; // 红外接收
output [7:0] data;
reg [8:0] num;//分频
reg div_clk;
always@ (posedge clk or negedge rst)
begin
if(! rst)
begin
num <= 0;
div_clk <= 0;
end
else
begin
if(num == 9'd499)
begin
div_clk <= ~ div_clk;
num <= 0;
end
else
num <= num + 1'b1;
end
end
reg [7:0] data;
reg [1:0] mod;
reg [7:0] h_cnt,l_cnt;

reg [15:0] hong_data;
reg [3:0] hong_cnt;
reg flag;
always@ (posedge div_clk or negedge rst)
begin
if(! rst)
begin
mod <= 0;
h_cnt <= 0;
l_cnt <= 0;
hong_data <= 0;
hong_cnt <= 0;
flag <= 0;
data <= 0;
end
else
begin
if(hong)
begin
h_cnt <= h_cnt + 1'b1;
l_cnt <= 0;
end
else
begin
l_cnt <= l_cnt + 1'b1;
h_cnt <= 0;
end
case(mod)
```

```verilog
2'd0:
begin
if( ~hong)
begin
mod < = 2'd1;
end
hong_cnt < =0;
end
2'd1:
begin
if( hong)
begin
if( ( l_cnt >8'd4) &&( l_cnt <8'd12) )
begin
mod < = 2'd2;
end
else
mod < = 2'd3;
end
end
2'd2:
begin
if( ~hong)
begin
if( ( h_cnt >8'd14) &&( h_cnt <8'd24) )
begin
hong_data[0] < =0;
hong_data[15:1] < = hong_data[14:0];
hong_cnt < = hong_cnt +1'b1;
if( hong_cnt = =4'd15)
begin
flag < =1;
mod < = 2'd3;
end
```

```verilog
else
mod < = 2'd1;
end
else
begin
if( ( h_cnt >8'd38) &&( h_cnt <8'd50) )
begin
hong_data[0] < =1;
hong_data[15:1] < = hong_data[14:0];
hong_cnt < = hong_cnt +1'b1;
if( hong_cnt = =4'd15)
begin
flag < =1;
mod < = 2'd3;
end
elsemod < =2'd1;
end
elsemod < =2'd3;
end
end
end
2'd3:
begin
if( hong)
begin
flag < =0;
if(flag) data < = hong_data[7:0];
if( h_cnt >8'd150) mod < = 2'd0;
end
end
endcase
end
end
endmodule
```

7.7　1602 液晶控制模块

1602 字符液晶控制电路如图 7.16 所示。

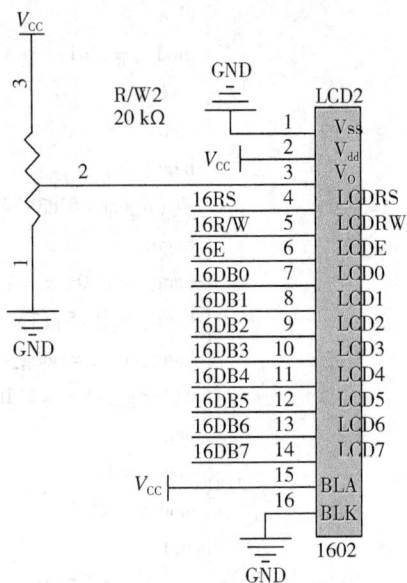

图 7.16　1602 字符液晶控制电路原理图

1602 各引脚功能描述如表 7.2 所示。

表 7.2　1602 字符液晶接口信号说明

引脚号	符号	状态功能
1	Vss	电源地
2	V_{dd}	+5 V 逻辑电源
3	V_o	液晶驱动电源
4	RS	输入寄存器选择：1 数据，0 指令
5	R/W	输入读写操作选择：1 读，0 写
6	E	输入使能信号 MDLS40466 未用符号 NC
7	DB0	三态数据总线 LSB
8	DB1	三态数据总线
9	DB2	三态数据总线
10	DB3	三态数据总线
11	DB4	三态数据总线
12	DB5	三态数据总线
13	DB6	三态数据总线
14	DB7	三态数据总线 MSB
15	BLA	背光源正极
16	BLK	背光源负极

1. 基本操作时序(见图 7.17~图 7.19)

(1) 读状态

输入:RS = L,R/W = H,E = H。

输出:D0~07 = 状态字。

(2) 写指令

输入:RS = L,R/W = L,D0~07 = 指令码,E = 正脉冲。

输出:无。

(3) 读数据

输入:RS = H,R/W = H,E = H。

输出:D0~07 = 数据。

(4) 写数据

输入:RS = H,R/W = L,D0~07 = 数据,E = 正脉冲。

输出:无。

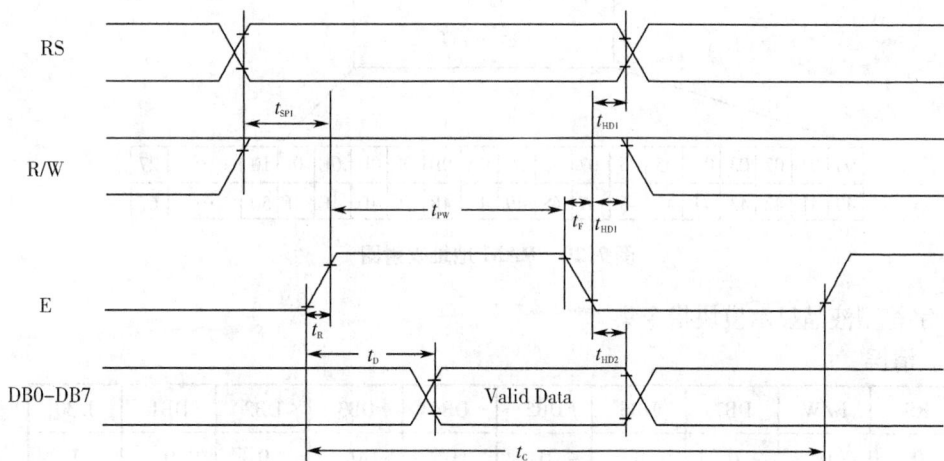

图 7.17　1602 写操作时序图

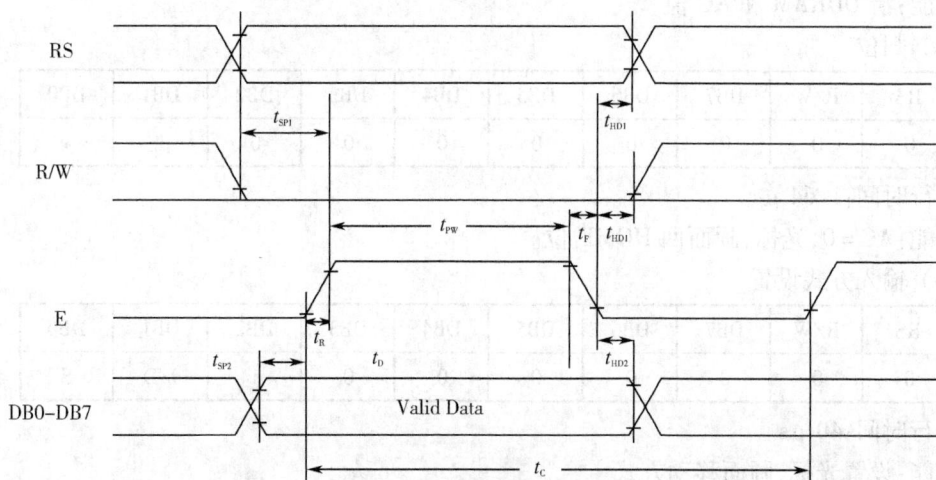

图 7.18　1602 读操作时序图

时序参数	符号	极限值			单位	测试条件
		最小值	典型值	最大值		
E 信号周期	t_c	400	–	–	ns	引角 E
E 脉冲宽度	t_{PW}	150	–	–	ns	
E 上升沿/下降沿时间	t_R, t_F	–	–	25	ns	
地址建立时间	t_{SP1}	30	–	–	ns	引角 E,RS,R/W
地址保持时间	t_{HD1}	10	–	–	ns	
数据建立时间(读操作)	t_D	–	–	100	ns	引角 DB0~DB7
数据保持时间(读操作)	t_{DH2}	20	–	–	ns	
数据建立时间(写操作)	t_{SP2}	40	–	–	ns	
数据保持时间(写操作)	t_{HD2}	10	–	–	ns	

图 7.19　1602 时序参数图

控制器内部带有 80×8 位(80 字节)的 RAM 缓冲区,对应关系如图 7.20 所示。

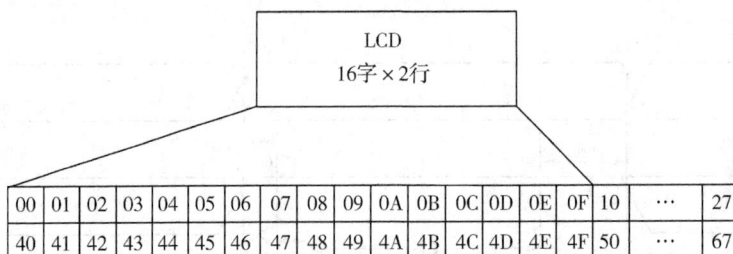

图 7.20　RAM 地址映射图

2. 字符型液晶显示模块指令集

(1) 清屏

RS	R/W	DB7	DB6	DB5	DB4	DB3	DB2	DB1	DB0
0	0	0	0	0	0	0	0	0	1

运行时间:1.64 μs。

功能:清 DDRAM 和 AC 值。

(2) 归位

RS	R/W	DB7	DB6	DB5	DB4	DB3	DB2	DB1	DB0
0	0	0	0	0	0	0	0	1	*

运行时间:1.64 μs。

功能:AC=0,光标、画面回 HOME 位。

(3) 输入方式设置

RS	R/W	DB7	DB6	DB5	DB4	DB3	DB2	DB1	DB0
0	0	0	0	0	0	0	1	I/D	S

运行时间:40 μs。

功能:设置光标、画面移动方式。

其中:I/D=1,数据读、写操作后,AC 自动增一;

I/D = 0,数据读、写操作后,AC 自动减一;

S = 1,数据读、写操作画面平移;

S = 0,数据读、写操作画面不动。

（4）显示开关控制

RS	R/W	DB7	DB6	DB5	DB4	DB3	DB2	DB1	DB0
0	0	0	0	0	0	1	D	C	B

运行时间:40 μs。

功能:设置显示光标及闪烁开关。

其中:D 表示显示开关,D = 1 开,D = 0 关;

C 表示光标开关,C = 1 开,C = 0 关;

B 表示闪烁开关,B = 1 开,B = 0 关。

（5）光标、画面位移

RS	R/W	DB7	DB6	DB5	DB4	DB3	DB2	DB1	DB0
0	0	0	0	0	1	S/C	R/L	*	*

运行时间:40 μs。

功能:光标、画面移动,不影响 DDRAM。

其中:S/C = 1,画面平移一个字符位;

S/C = 0,光标平移一个字符位;

R/L = 1,右移;

R/L = 0,左移。

（6）功能设置

RS	R/W	DB7	DB6	DB5	DB4	DB3	DB2	DB1	DB0
0	0	0	0	1	DL	N	F	*	*

运行时间:40 μs。

功能:工作方式设置(初始化指令)。

其中:DL = 1,八位数据接口;

DL = 0,八位数据接口;

N = 1,两行显示;

N = 0,一行显示;

F = 1,5 × 10 点阵字符;

F = 0,5 × 7 点阵字符。

（7）CGRAM 地址设置

RS	R/W	DB7	DB6	DB5	DB4	DB3	DB2	DB1	DB0
0	0	0	1	A5	A4	A3	A2	A1	A0

运行时间:40 μs。

功能:设置 CGRAM 地址,A5 ~ A0 = 0 ~ 3FH。

（8）DDRAM 地址设置

RS	R/W	DB7	DB6	DB5	DB4	DB3	DB2	DB1	DB0
0	0	1	A6	A5	A4	A3	A2	A1	A0

运行时间:40 μs。

功能:设置 DDRAM 地址, $N=0$, 一行显示, A6 ~ A0 = 0 ~ 4FH; $N=1$, 两行显示, 首行 A6 ~ A0 = 00H ~ 2FH, 次行 A6 ~ A0 = 40H ~ 67H。

（9）读 BF 及 AC 值

RS	R/W	DB7	DB6	DB5	DB4	DB3	DB2	DB1	DB0
0	1	DF	AC6	AC5	AC4	AC3	AC2	AC1	AC0

功能:读忙 BF 值和地址计数器 AC 值。

其中:BF = 1,忙;

BF = 0,准备好。

此时 AC 值意义为最近一次地址设置(CGRAM 或 DDRAM)。

（10）写数据

RS	R/W	DB7	DB6	DB5	DB4	DB3	DB2	DB1	DB0
1	0	数据							

运行时间:40 μs。

功能:根据最近设置的地址性质,数据写入 DDRAM 或 CGRAM 内。

（11）读数据

RS	R/W	DB7	DB6	DB5	DB4	DB3	DB2	DB1	DB0
1	1	数据							

运行时间:40 μs。

功能:根据最近设置的地址性质,从 DDRAM 或 CGRAM 读出数据。

例 7.7 以下例程实现的功能为:在 1602 液晶上显示两行滚动字符。

```
library IEEE;
use IEEE. STD_LOGIC_1164. ALL;
use IEEE. STD_LOGIC_ARITH. ALL;
use IEEE. STD_LOGIC_UNSIGNED. ALL;
entity lcd is
Port ( clk : in std_logic;
reset : in std_logic;
lcd_rs : out std_logic;
lcd_rw : out std_logic;
lcd_e : buffer std_logic;
data : out std_logic_vector(7 downto 0);
close_data : out std_logic_vector(5 downto 0));
end lcd;
architecture Behavioral of lcd is
constant IDLE : std_logic_vector
(10 downto 0) : = "00000000000";
constant CLEAR : std_logic_vector
(10 downto 0) : = "00000000001";
Constant RETURNCURSOR : std_logic_vector
(10 downto 0) : = "00000000010";
constant SETMODE : std_logic_vector
(10 downto 0) : = "00000000100";
constant SWITCHMODE : std_logic_vector
(10 downto 0) : = "00000001000";
constant SHIFT : std_logic_vector
(10 downto 0) : = "00000010000";
constant SETFUNCTION : std_logic_vector
(10 downto 0) : = "00000100000";
```

```
constant SETCGRAM : std_logic_vector                    10001001110001000000" ;16′b1001_1100_0100_0000
(10 downto 0) : = "00001000000" ;                       signal clkdiv: std_logic;
constant SETDDRAM : std_logic_vector                    signal tc_clkcnt: std_logic;
(10 downto 0) : = "00010000000" ;                       begin
constant READFLAG : std_logic_vector                    process(clk, reset)
(10 downto 0) : = "00100000000" ;                       begin
constant WRITERAM : std_logic_vector                    close_data < = "000000" ;
(10 downto 0) : = "01000000000" ;                       if(reset = ′0′) then
constant READRAM : std_logic_vector                     clkcnt < = "000000000000000000000" ;
(10 downto 0) : = "10000000000" ;                       elsif(clk′event and clk = ′1′) then
constant cur_inc : std_logic : = ′1′;                   if(clkcnt = divcnt) then
constant cur_dec : std_logic : = ′0′;                   clkcnt < = "000000000000000000000" ;
constant cur_shift : std_logic : = ′1′;                 else
constant cur_noshift : std_logic : = ′0′;               clkcnt < = clkcnt + 1 ;
constant open_display : std_logic : = ′1′;              end if;
constant open_cur : std_logic : = ′0′;                  end if;
constant blank_cur : std_logic : = ′0′;                 end process;
constant shift_display : std_logic : = ′1′;             tc_clkcnt < = ′1′ when clkcnt = divcnt else ′0′;
constant shift_cur : std_logic : = ′0′;                 process(tc_clkcnt, reset)
constant right_shift : std_logic : = ′1′;               begin
constant left_shift : std_logic : = ′0′;                if(reset = ′0′) then
constant datawidth8 : std_logic : = ′1′;                clkdiv < = ′0′;
constant datawidth4 : std_logic : = ′0′;                elsif(tc_clkcnt′event and tc_clkcnt = ′1′) then
constant twoline : std_logic : = ′1′;                   clkdiv < = not clkdiv;
constant oneline : std_logic : = ′0′;                   end if;
constant font5x10 : std_logic : = ′1′;                  end process;
constant font5x7 : std_logic : = ′0′;                   process(clkdiv, reset)
signal state : std_logic_vector(10 downto 0) ;          begin
signal counter : integer range 0 to 127 ;               if(reset = ′0′) then
signal div_counter : integer range 0 to 15 ;            clk_int < = ′0′;
signal flag : std_logic;                                elsif(clkdiv′event and clkdiv = ′1′) then
constant DIVSS : integer : = 15 ;                       clk_int < = not clk_int;
signal char_addr : std_logic_vector(5 downto 0) ;       end if;
signal data_in : std_logic_vector(7 downto 0) ;         end process;
component char_ram                                      process(clkdiv, reset)
port( address : in std_logic_vector(5 downto 0) ;       begin
data : out std_logic_vector(7 downto 0)) ;              if(reset = ′0′) then
end component;                                           lcd_e < = ′0′;
signal clk_int: std_logic;                              elsif(clkdiv′event and clkdiv = ′0′) then
signal clkcnt: std_logic_vector(20 downto 0) ;          lcd_e < = not lcd_e;
constant divcnt: std_logic_vector(20 downto 0) : = "     end if;
010001001110001000000    " ;      —  — "             end process;
10001111010001000111    " ;      —  — "             aa: char_ram
```

```vhdl
port map( address = > char_addr, data = > data_in);
lcd_rs < = '1' when state = WRITERAM or state =
READRAM else '0';
lcd_rw < = '0' when state = CLEAR or state = RE-
TURNCURSOR or state = SETMODE or state =
SWITCHMODE or state = SHIFT or state = SETFUNC-
TION or state = SETCGRAM or state = SETDDRAM or
state = WRITERAM else '1';
data < = "00000001" when state = CLEAR else
"00000010" when state = RETURNCURSOR else
"000001" & cur_inc & cur_noshift when state = SET-
MODE else
"00001" & open_display &open_cur & blank_cur when
state = SWITCHMODE else
"0001" & shift_display &left_shift &"00" when state
= SHIFT else
"001" & datawidth8 & twoline &font5x10 & "00"
when state = SETFUNCTION else
"01000000" when state = SETCGRAM else
"10000000" when state = SETDDRAM and counter =
0 else
"11000000" when state = SETDDRAM and counter /
= 0 else
data_in when state = WRITERAM elsc
"ZZZZZZZZ";
char_addr < = conv_std_logic_vector( counter, 6)
when state = WRITERAM and counter < 40 else
conv_std_logic_vector( counter - 41 + 8, 6) when state =
WRITERAM and counter > 40 and counter < 81 - 8 else
conv_std_logic_vector( counter - 81 + 8, 6) when state
= WRITERAM and counter > 81 - 8 and counter < 81
else "000000";
process( clk_int, Reset)
begin
if( Reset = '0') then
state < = IDLE;
counter < = 0;
flag < = '0';
div_counter < = 0;
elsif( clk_int'event and clk_int = '1') then
case state is
when IDLE = >
if( flag = '0') then

state < = SETFUNCTION;
flag < = '1';
counter < = 0;
div_counter < = 0;
else
if( div_counter < DIVSS ) then
div_counter < = div_counter + 1;
state < = IDLE;
else
div_counter < = 0;
state < = SHIFT;
end if;
end if;
when CLEAR = > state < = SETMODE;
when SETMODE = > state < = WRITERAM;
when RETURNCURSOR = >
state < = WRITERAM;
when SWITCHMODE = > state < = CLEAR;
when SHIFT = > state < = IDLE;
when SETFUNCTION = >
state < = SWITCHMODE;
when SETCGRAM = > state < = IDLE;
when SETDDRAM = >
state < = WRITERAM;
when READFLAG = > state < = IDLE;
when WRITERAM = >
if( counter = 40) then
state < = SETDDRAM;
counter < = counter + 1;
elsif( counter/ = 40 and counter < 81) then
state < = WRITERAM;
counter < = counter + 1;
else
state < = SHIFT;
end if;
when READRAM = >
state < = IDLE;
when others = >
state < = IDLE;
end case;
end if;
end process;
end Behavioral;
```

7.8　步进电机控制模块

步进电机是将电脉冲信号转变为角位移或线位移的开环控制元件。在非超载的情况下,电机的转速、停止的位置只取决于脉冲信号的频率和脉冲数,而不受负载变化的影响。当步进驱动器接收到一个脉冲信号时,它就驱动步进电机按设定的方向转动一个固定的角度,该角度称为"步距角",电机的旋转是以固定的角度一步一步运行的。可以通过控制脉冲个数来控制角位移量,从而达到准确定位的目的;同时也可以通过控制脉冲频率来控制电机转动的速度和加速度,从而达到调速的目的。步进电机控制电路原理图如图 7.21 所示。

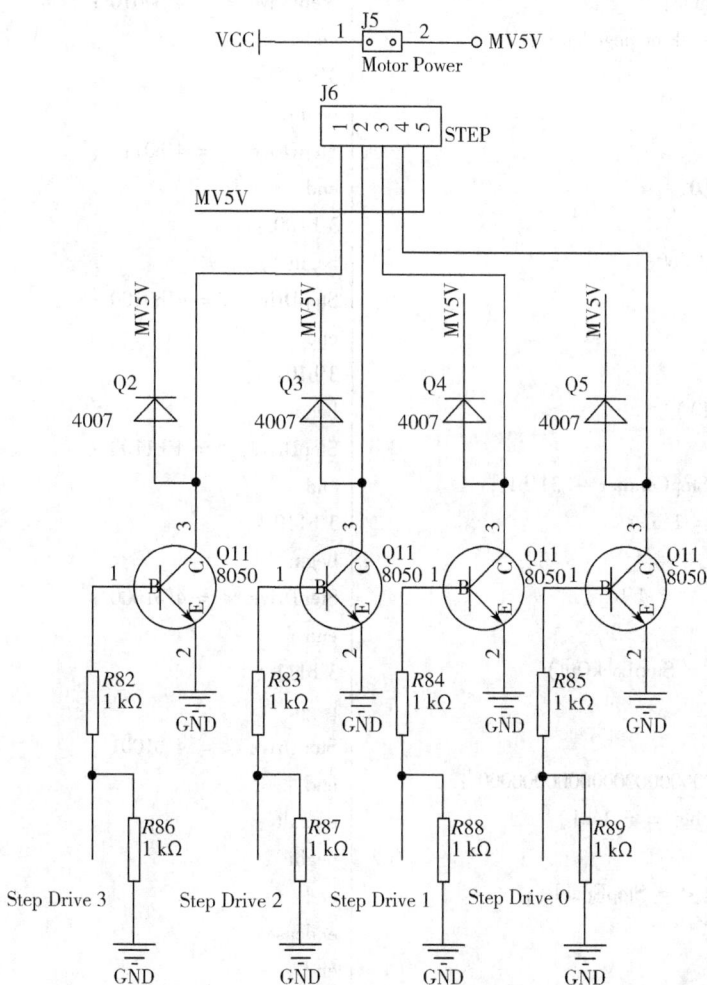

图 7.21　步进电机原理图

例 7.8　以下例程实现的功能为:按键 StepEnable 控制转动、停止,按键 Dir 控制正转、反转。

```verilog
module StepMotorPorts (StepDrive, clk, Dir, StepEn-
able, rst);
input clk;
input Dir;
input StepEnable;
input rst;
output[3:0] StepDrive;
reg[3:0] StepDrive;
reg[2:0] state;
reg[31:0] StepCounter = 32'b0;
parameter[31:0] StepLockOut = 32'd19500;
reg InternalStepEnable;
always @ (posedge clk or negedge rst)
begin
if ( ! rst)
begin
StepDrive  <  = 4'b0;
state <  = 3'b0;
StepCounter  <  = 32'b0;
end
else
begin
if (((clk  = = 1'b1)))
begin
StepCounter  <  = StepCounter + 31'b1 ;
if (StepEnable  = = 1'b1)
begin
InternalStepEnable  <  = 1'b1 ;
end
if (StepCounter  >  = StepLockOut)
begin
StepCounter  <  =
32'b00000000000000000000000000000000 ;
if (InternalStepEnable  = = 1'b1)
begin
InternalStepEnable  <  = StepEnable ;
if (Dir  = = 1'b1)
begin
state  <  = state + 3'b001 ;
end
if (Dir  = = 1'b0)
begin
state  <  = state - 3'b001 ;
end

case (state)
3'b000 :
begin
StepDrive  <  = 4'b0001 ;
end
3'b001 :
begin
StepDrive  <  = 4'b0011 ;
end
3'b010 :
begin
StepDrive  <  = 4'b0010 ;
end
3'b011 :
begin
StepDrive  <  = 4'b0110 ;
end
3'b100 :
begin
StepDrive  <  = 4'b0100 ;
end
3'b101 :
begin
StepDrive  <  = 4'b1100 ;
end
3'b110 :
begin
StepDrive  <  = 4'b1000 ;
end
3'b111 :
begin
StepDrive  <  = 4'b1001 ;
end
default :
begin
end
endcase
end
end
end
end
end
endmodule
```

7.9　DAC0832 控制模块

DAC0832 一般用做电流型 D/A 转换器,若将 DAC0832 作为电压开关应用,其中的 R – 2R网络作为电压开关网络操作。在这种模式下,参考电压是连接到电流输出端之一,输出电压是来自于正常的 VREF 输入。D/A 转换器输出是一个范围为 0 ~ 255/256VREF 的电压。此应用的优点在于输出是一个电压值,所以就不需要添加一个外部的运放,但是 DAC 的输出阻抗比较高。DAC0832 电路原理图如图 7.22 所示。

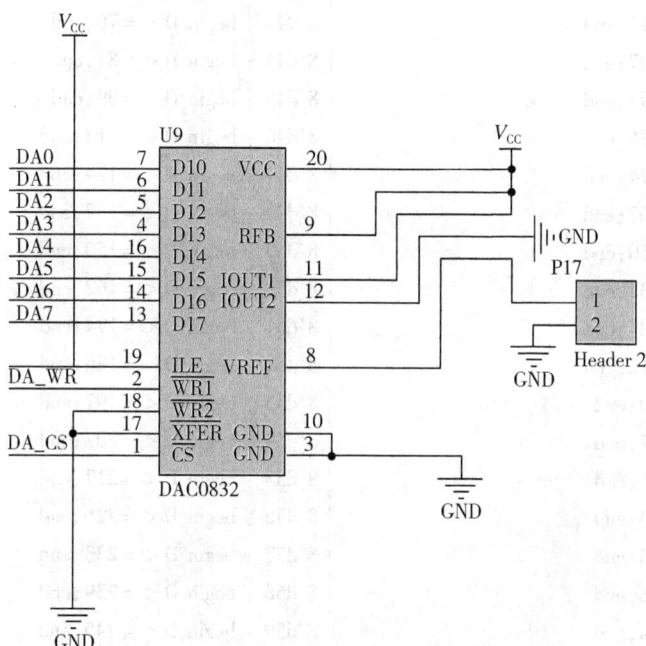

图 7.22　DAC0832 电路原理图

例 7.9　以下例程实现的功能为:通过在程序内预存的正弦波表,使 DAC0832 输出正弦波。

```
module da(D,CLK,CS,WR);
input CLK;
output CS;
output WR;
output[7:0] D;
reg[5:0] Q;
reg[7:0] D;
reg FSS;
reg [17:0] COUNT12;
assign CS = 1'b0;
assign WR = 1'b0;
always @ ( posedge CLK)

if( COUNT12 = = 18'b000000100000000000)
begin
COUNT12 < = 18'b000000000000000000;
FSS < = 1'b1;
end
else
begin
COUNT12 < = COUNT12 +1;
FSS < = 1'b0;
end
always @ ( posedge FSS)
begin
```

```
Q < = Q + 1;
case(Q)
8'd00 : begin D < =255;end
8'd01 : begin D < =254;end
8'd02 : begin D < =252;end
8'd03 : begin D < =249;end
8'd04 : begin D < =245;end
8'd05 : begin D < =239;end
8'd06 : begin D < =233;end
8'd07 : begin D < =225;end
8'd08 : begin D < =217;end
8'd09 : begin D < =207;end
8'd10 : begin D < =197;end
8'd11 : begin D < =186;end
8'd12 : begin D < =174;end
8'd13 : begin D < =162;end
8'd14 : begin D < =150;end
8'd15 : begin D < =137;end
8'd16 : begin D < =124;end
8'd17 : begin D < =112;end
8'd18 : begin D < =99;end
8'd19 : begin D < =87;end
8'd20 : begin D < =75;end
8'd21 : begin D < =64;end
8'd22 : begin D < =53;end
8'd23 : begin D < =43;end
8'd24 : begin D < =34;end
8'd25 : begin D < =26;end
8'd26 : begin D < =19;end
8'd27 : begin D < =13;end
8'd28 : begin D < =8;end
8'd29 : begin D < =4;end
8'd30 : begin D < =1;end
8'd31 : begin D < =0;end
8'd32 : begin D < =0;end
8'd33 : begin D < =1;end
8'd34 : begin D < =4;end
8'd35 : begin D < =8;end
8'd36 : begin D < =13;end
8'd37 : begin D < =19;end
8'd38 : begin D < =26;end
8'd39 : begin D < =34;end
8'd40 : begin D < =43;end
8'd41 : begin D < =53;end
8'd42 : begin D < =64;end
8'd43 : begin D < =75;end
8'd44 : begin D < =87;end
8'd45 : begin D < =99;end
8'd46 : begin D < =112;end
8'd47 : begin D < =124;end
8'd48 : begin D < =137;end
8'd49 : begin D < =150;end
8'd50 : begin D < =162;end
8'd51 : begin D < =174;end
8'd52 : begin D < =186;end
8'd53 : begin D < =197;end
8'd54 : begin D < =207;end
8'd55 : begin D < =217;end
8'd56 : begin D < =225;end
8'd57 : begin D < =233;end
8'd58 : begin D < =239;end
8'd59 : begin D < =245;end
8'd60 : begin D < =249;end
8'd61 : begin D < =252;end
8'd62 : begin D < =254;end
8'd63 : begin D < =255;end
default : begin end
endcase
end
endmodule
```

7.10　TLC5620 控制模块

TLC5620 是八位电压输出型数模转换器,由单 5 V 电源供电,工作在 0 ℃ ~70 ℃。数字是由三线串行总线控制的,11 位命令字,8 个数据位。TLC5620 管脚封装图如图 7.23 所示。

TLC5620 管脚说明如下。

CLK：串行时钟,下降沿时输入数据被移入串行接口。

DACA,*DACB*,*DACC*,*DACD*：模拟量输出通道。

DATA：串行接口数据输入,时钟下降沿时,数据位被
移入寄存器。

LDAC：加载 DAC,DAC 的输出只有在 *LDAC* 由高电
平跳变到低电平时发生。

LOAD：串行接口负荷控制,当 *LDAC* 引脚为低电平
时,负载的下降沿信号锁存到输出锁存器的数据。

REFA,*REFB*,*REFC*,*REFD*：输入到 DAC 的参考
电压。

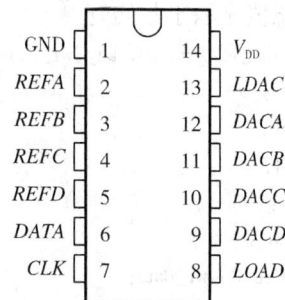

图 7.23　TLC5620 管脚封装图

工作原理:*LOAD* 保持高电平,每当 *CLK* 的下降沿到来时,数据锁存在 *DATA* 端;当所有
的数据都被锁存时,*LOAD* 变为低电平,串行数据输入到选定的寄存器;当 *LDAC* 和 *LOAD* 同
为低电平时,选定的 DAC 输出电压变低,DAC 输出 *LDAC* 引脚的电压;当 *LDAC* 为高电平
时,新值转移到 DAC 的输出脉冲 *LDAC* 引脚上,将数据转换为模拟电压输出。TLC5620 工
作时序图如图 7.24 所示。

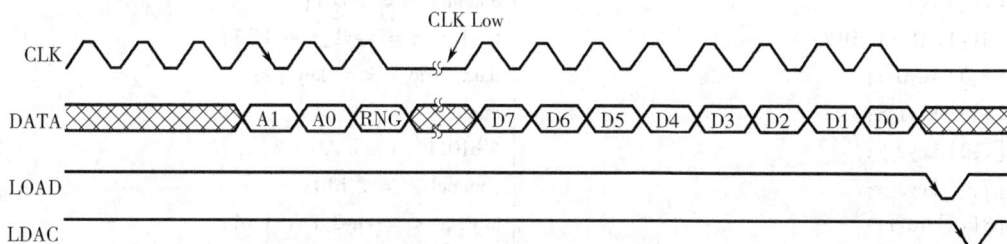

图 7.24　TLC5620 工作时序图

TLC5620 电路原理图如图 7.25 所示。

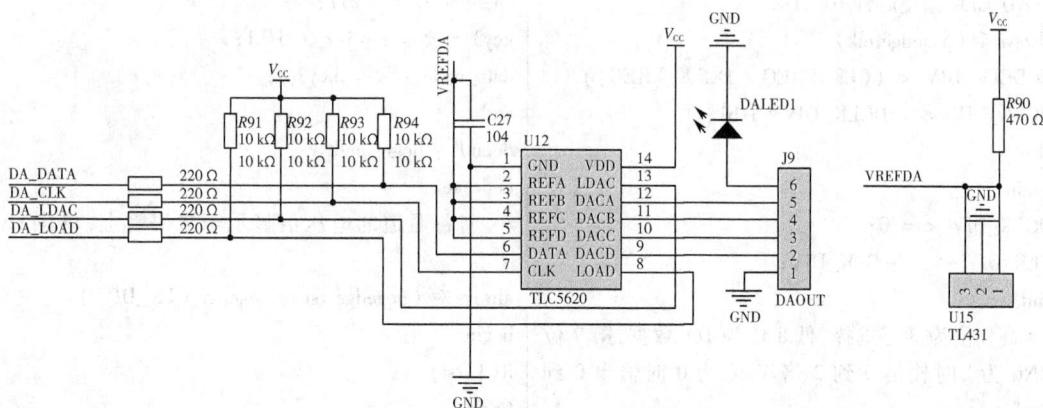

图 7.25　TLC5620 电路原理图

例 7.10　以下例程实现的功能为:按 key1 键,通道 D 的电压值递增;按 key2 键,通道 C
的电压值递增;按 key3 键,通道 B 的电压值递增;按 key4 键,通道 A 的电压值递增;各通道

的电压值显示于数码管。

```verilog
module dac_test(clk,rst,key,wr_n,wr_data,seg_com,
seg_data);
input clk;
input rst;
input[3:0] key;
output wr_n;
output [10:0] wr_data;
output [7:0]seg_data;
output [5:0]seg_com;
reg [7:0]outdata;
reg [7:0]datain[7:0];
reg [5:0]seg_com;
reg [7:0]seg_data;
reg [7:0]bcd_led;
reg [31:0] count;
reg [7:0] data_code_r;
reg [1:0] channel;
reg CLK_DIV;
reg [31:0] DCLK_DIV;
reg [7:0] key0_r;
reg [7:0] key1_r;
reg [7:0] key2_r;
reg [7:0] key3_r;
reg [31:0] vo_r;
parameter CLK_FREQ = 'D20_000_000;
//系统时钟50MHZ
parameter DCLK_FREQ = 'D10;
//AD_CLK 输出时钟 10/2HZ
always @ (posedge clk)
if( DCLK_DIV < (CLK_FREQ / DCLK_FREQ))
DCLK_DIV <= DCLK_DIV +1'b1;
else
begin
DCLK_DIV <= 0;
CLK_DIV <= ~ CLK_DIV;
end
/*高2位为通道选择,低8位为DA数据,第9位
RNG为1时输出0到2倍Vref,为0时输出0到
Vref*/
assign wr_data = {channel,1'b1,data_code_r};
assign wr_n = 1'b0;
/*根据按键不同,选择不同的DA通道,其值递增
*/
always @ ( posedge CLK_DIV or negedge rst )
if(! rst)
begin
key0_r <= 8'h00;
key1_r <= 8'h00;
key2_r <= 8'h00;
key3_r <= 8'h00;
data_code_r <= 8'h00;
end
else
case(key)
4'b1110 : begin //key4
channel <= 2'b00;
key0_r <= key0_r + 1'b1;
data_code_r <= key0_r;
end
4'b1101 : begin //key3
channel <= 2'b01;
key1_r <= key1_r + 1'b1;
data_code_r <= key1_r;
end
4'b1011 : begin //key2
channel <= 2'b10;
key2_r <= key2_r + 1'b1;
data_code_r <= key2_r;
end
4'b0111 : begin //key1
channel <= 2'b11;
key3_r <= key3_r + 1'b1;
data_code_r <= key3_r;
end
default : begin end
endcase
/*将各通道的电压值显示于数码管上,单位 mv
*/
always @ ( negedge rst or negedge CLK_DIV )
begin
if(! rst)
begin
datain[0] <=6'b000000;
datain[1] <=6'b000000;
datain[2] <=6'b000000;
datain[3] <=6'b000000;
```

```verilog
datain[4] <= 6'b000000;
datain[5] <= 6'b000000;
datain[6] <= 6'b000000;
datain[7] <= 6'b000000;
end
else begin
//电压值 Vo = Vref * (RNG + 1) * CODE / 256
datain[0] <= data_code_r[3:0];
datain[1] <= data_code_r[7:4];
datain[2] <= 0;
datain[3] <= 0;
end
end
always @ (posedge clk)
begin
count = count + 1;
end
always @ (count[14:12])
begin
case(count[14:12])
3'b000:
begin
bcd_led = datain[0];
seg_com = 6'b000001;
end
3'b001:
begin
bcd_led = datain[1];
seg_com = 6'b000010;
end
3'b010:
begin
bcd_led = datain[2];
seg_com = 6'b000100;
end
3'b011:
begin
bcd_led = datain[3];
seg_com = 6'b001000;
end
3'b100:
begin
bcd_led = datain[4];
```

```verilog
seg_com = 6'b010000;
end
3'b101:

begin
bcd_led = datain[5];
seg_com = 6'b100000;
end
3'b110:
begin
bcd_led = datain[6];
seg_com = 6'b000000;
end
3'b111:
begin
bcd_led = datain[7];
seg_com = 6'b000000;
end
endcase
end
always @ (seg_com or bcd_led)
begin
case(bcd_led[3:0])
4'h0:seg_data = 8'hc0;
4'h1:seg_data = 8'hf9;
4'h2:seg_data = 8'ha4;
4'h3:seg_data = 8'hb0;
4'h4:seg_data = 8'h99;
4'h5:seg_data = 8'h92;
4'h6:seg_data = 8'h82;
4'h7:seg_data = 8'hf8;
4'h8:seg_data = 8'h80;
4'h9:seg_data = 8'h90;
4'ha:seg_data = 8'h88;
4'hb:seg_data = 8'h83;
4'hc:seg_data = 8'hc6;
4'hd:seg_data = 8'ha1;
4'he:seg_data = 8'h86;
4'hf:seg_data = 8'h8e;
endcase
end
endmodule
```

数字电路教学实验箱

数字电路教学实验箱 ZXS - 1 是哈尔滨工程大学电工电子实验教学中心开发和研制的第三代更新产品。它是一种与美国 ALTERA 公司的 Quartus Ⅱ 可编程器件设计工具软件配套使用的高级硬件仿真工具。它既能支持初学者学习 CPLD 和 FPGA 大规模可编程器件的使用,也能支持电子工程师使用电子设计自动化(EDA)工具和大规模可编程器件进行应用电子系统的设计、研究与开发工作。它在使用时要通过下载电缆与 PC 机的 USB 口相接,并在美国 ALTERA 公司的 Quartus Ⅱ 可编程器设计工具软件的支持下运行。ZXS - 1 数字电路教学实验箱如图A. 1所示。

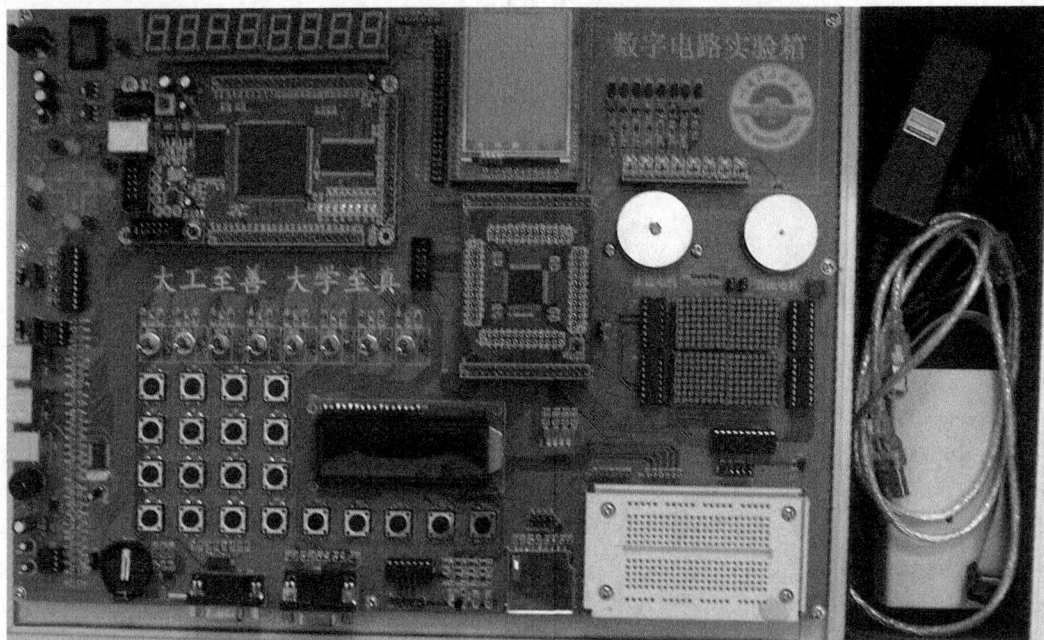

图A.1　ZXS -1 数字电路教学实验箱

此实验箱由美国 ALTERA 公司 Cyclone Ⅱ 系列器件中的 EP2C5Q208C8N 芯片和可供设计者选择的丰富的外围接口器件组成。

EP2C5Q208C8N 芯片采用 50 MHz 的石英晶体振荡器作为主时钟信号源。此实验箱不仅支持 JTAG 下载方式对 EP2C5Q208C8N 芯片进行编程和配置,还支持对 EP2C5Q208C8N 芯片附属的 EPCS1(E^{2}PROM)配置。

此实验箱的硬件布局如图 A.2 所示。它由以 EP2C5Q208C8N 为主芯片的 FPGA 核心系统板、以 EPM240T100C5N 为主芯片的 CPLD 核心系统板和包括大量外设资源的主电路板三部分组成。

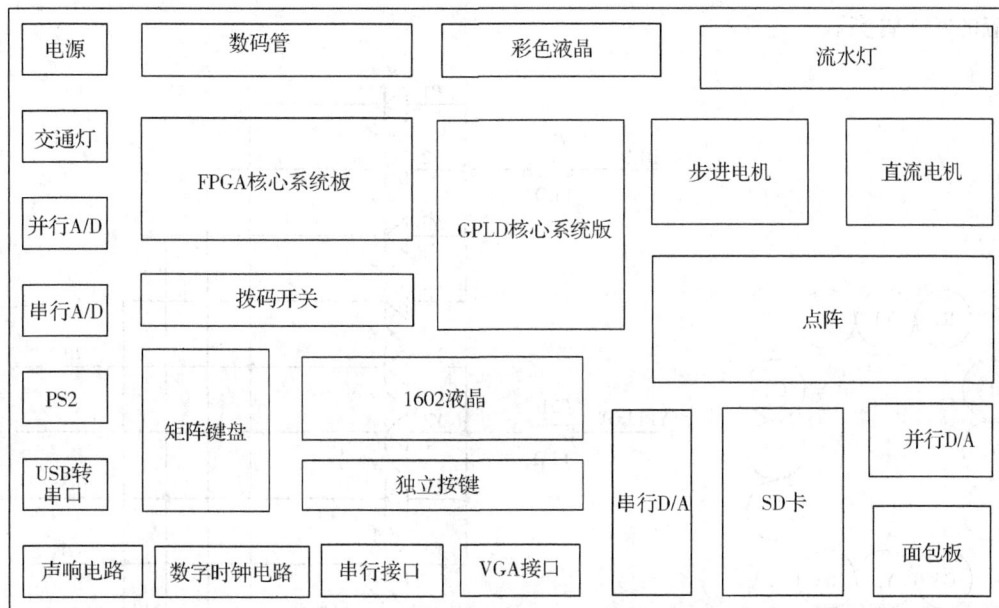

图 A.2　实验箱硬件布局图

1. 电源及连续脉冲源

(1) 实验平台电源采用 5 V 2 A 的开关电源,由船型开关控制电源开启与断开。

(2) 实验平台通过插座 P13 提供两种直流电压输出,分别为 5 V 和 3.3 V。

(3) EP2C5Q208C8N 主时钟脉冲信号源为 50 MHz 的石英晶体振荡器,此时钟直接驱动 EP2C5 的专用时钟管脚(第 23 脚);EPM240T100C5N 主时钟脉冲信号源为 20 MHz 的石英晶体振荡器,此时钟直接驱动 EPM240 的专用时钟管脚(第 12 脚)。

(4) 实验平台通过 EPM240T100C5N 在插座 P14 上提供六种常用输出连续脉冲源,分别为 CP1-1 Hz,CP2-10 Hz,CP3-100 Hz,CP4-1 kHz,CP5-10 kHz,CP6-100 kHz(也可通过对 EPM240T100C5N 的重新编程来取消或改变这些连续脉冲源)。连续脉冲源与 EPM240T100C5N 芯片管脚的连接关系见表 A.1。

表 A.1　连续脉冲源与 EPM240 管脚连接对照表

连续脉冲源	EPM240 的 I/O 管脚	连续脉冲源	EPM240 的 I/O 管脚
CP1	5	CP4	16
CP2	8	CP5	15
CP3	7	CP6	18

2. 彩灯电路

实验箱主板的彩灯电路由四组红(R)、黄(Y)、绿(G)发光二极管组成,共计 12 只,如图 A.3 所示。同颜色的四只发光二极管采取共阳极连接,而同组的三只发光二极管采取共阴极连接。该电路采用扫描控制方式,当行(阳极)为高电平、列(阴极)为低电平时电路中对应的发光管亮。

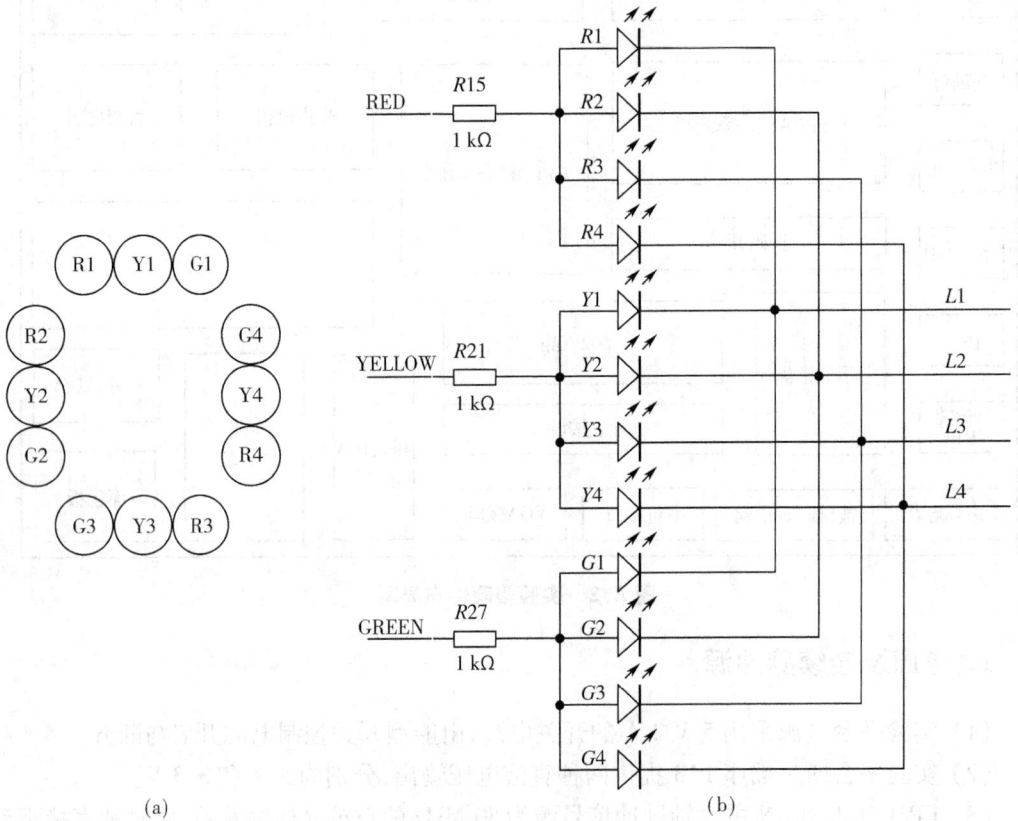

图 A.3 彩灯原理与布局图

(a) 布局图; (b) 原理图

彩灯电路与 EP2C5Q208C8N 芯片管脚的连接关系见表 A.2 所示。

表 A.2 彩灯电路与 EP2C5 管脚连接对照表

行	EP2C5 的 I/O 管脚	列	EP2C5 的 I/O 管脚
RED	13	L1	34
YELLOW	15	L2	30
GREEN	33	L3	12
		L4	14

3. 拨码开关电路

实验箱主板上有两组拨码开关电路。拨码开关 BM1 ~ BM8 可控制 EP2C5。当拨码开关拨到上方,对应的发光管点亮,电路输出高电平;当拨码开关拨到下方,对应的发光管熄灭,则电路输出低电平。这一组拨码开关经常用作系统的输入。拨码开关 BO1 ~ BO4(从左至右)可控制 EPM240。当拨码开关拨到下方,电路输出高电平;当拨码开关拨到上方,则电路输出低电平。这一组拨码开关用作实验平台 FPGA 和 CPLD 两大系统的互联控制。

拨码开关与 EP2C5Q208C8N 和 EPM240T100C5N 芯片管脚的连接关系如表 A.3 所示。

表 A.3 拨码开关与 EP2C5 和 EPM240 管脚连接对照表

拨码开关	EP2C5 的 I/O 管脚	拨码开关	EPM240 的 I/O 管脚
BM1	95	BO1	17
BM2	96	BO2	19
BM3	97	BO3	20
BM4	99	BO4	21
BM5	101		
BM6	102		
BM7	103		
BM8	104		

4. 单步脉冲电路

实验箱主板上有两组单步脉冲电路。单步脉冲按键 SW1 ~ SW4 可控制 EP2C5,单步脉冲按键每按动按键一次,电路便产生一个负的脉冲输出,脉冲信号没有经过消抖就与 EP2C5Q208C8N 芯片的 I/O 接口相连。这一组单步脉冲按键经常用作系统的输入。单步脉冲按键 SW5 可控制 EPM240,功能同上不再赘述。此脉冲按键一般用作调试 EPM240。

单步脉冲电路输出端与 EP2C5Q208C8N 和 EPM240T100C5N 芯片管脚的连接关系如表 A.4 所示。

表 A.4 单步脉冲与 EP2C5 和 EPM240 管脚连接对照表

按键	EP2C5 的 I/O 管脚	按键	EPM240 的 I/O 管脚
SW1	56	SW5	44
SW2	145		
SW3	144		
SW4	143		

5. 八位数码管显示电路

动态扫描数字显示电路由八位共阳极数码管组成,采用并入并出锁存器 74HC573 驱动。同位的发光二极管采用共阳极连接,而同段的发光二极管则采用共阴极连接。位选择时采用高电平控制方式,段选择时采用低电平控制方式。

八位共阳极数码管排列顺序从左至右分别为 LED1 ~ LED8。动态扫描数字显示电路与 EP2C5Q208C8N 芯片管脚的连接关系如表 A.5 所示。

表 A.5　动态扫描数字显示电路与 EP2C5 管脚连接对照表

位	EP2C5 的 I/O 管脚	段	EP2C5 的 I/O 管脚
LED1	200	a	11
LED2	203	b	8
LED3	206	c	5
LED4	208	d	205
LED5	152	e	201
LED6	198	f	10
LED7	199	g	6
LED8	36	p	207

6. 音响电路

实验箱主板的音响器电路由蜂鸣器和扬声器组成。实验箱主板的音响电路受 EP2C5Q208C8N 芯片的第 58 管脚控制。音响电路可通过短路子 P3 的选择分别控制蜂鸣器与扬声器。蜂鸣器可由第 58 管脚的高电平通过三极管 9013 或 8050 来驱动;扬声器可由第 58 管脚的交变数字信号经过 LM386 进行功率放大来驱动并发出声音。

7. 矩阵键盘电路

当键盘中按键数量较多时,为了减少 I/O 口的占用,通常将按键排列成矩阵形式。在矩阵式键盘中,每条水平线和垂直线在交叉处不直接连通,而是通过一个按键加以连接。矩阵键盘电路与 EP2C5Q208C8N 芯片管脚的连接关系如表 A.6 所示。

表 A.6　矩阵键盘电路与 EP2C5 管脚连接对照表

行线	EP2C5 的 I/O 管脚	列线	EP2C5 的 I/O 管脚
KX1	84	KY1	114
KX2	86	KY2	113
KX3	87	KY3	106
KX4	88	KY4	105

8. 并行 A/D 转换器

实验箱主板上并行 A/D 转换器采用 ADC0804,其输入模拟电压范围为 0 ~ 5 V。本实验平台可通过选择 AD – SW1 的连接方式来决定 A/D 转换器的输入是电位器分压输入还是外部电压输入,还是低电平输入。ADC0804 与 EP2C5Q208C8N 芯片管脚的连接关系如表 A.7 所示。

表 A.7   ADC0804 与 EP2C5 管脚连接对照表

数据	EP2C5 的 I/O 管脚	控制	EP2C5 的 I/O 管脚
AD0	168	AD_CS	182
AD1	165	AD_RD	181
AD2	164	AD_WR	180
AD3	163		
AD4	162		
AD5	161		
AD6	160		
AD7	37		

9. 串行 A/D 转换器

实验箱主板上的串行 A/D 转换器采用 TLC549,其输入模拟电压范围为 0~5 V。本实验平台可通过选择 P4 的连接方式来决定 A/D 转换器的输入是电位器分压输入还是外部电压输入,还是低电平输入。TLC549 与 EP2C5Q208C8N 芯片管脚的连接关系如表 A.8 所示。

表 A.8   TLC549 与 EP2C5 管脚连接对照表

控制	EP2C5 的 I/O 管脚
ADCS	195
ADDATA	43
ADCLK	40

10. 键盘 PS2 接口

实验箱主板上有两路 PS2 接口,PS2 接口与 EP2C5Q208C8N 芯片管脚的连接关系如表 A.9 所示。

表 A.9   PS2 接口与 EP2C5 管脚连接对照表

J1	EP2C5 的 I/O 管脚	J2	EP2C5 的 I/O 管脚
PS2_CLK	39	PS2_CLK1	44
PS2_DATA	41	PS2_DATA1	35

11. 串行通信接口

实验箱主板上有两种串行通信接口电路,分别为九孔串口与 USB 转串口。两路串行通信接口与 EP2C5Q208C8N 芯片管脚的连接关系如表 A.10 所示。

表 A.10   串行通信接口与 EP2C5 管脚连接对照表

九孔串口	EP2C5 的 I/O 管脚	USB 转串口	EP2C5 的 I/O 管脚
TXD1	64	TXD	45
RXD1	63	RXD	47

12. I²C 存储电路

实验箱主板上采用 AT24C02 作为 I²C 存储电路，AT24C02 与 EP2C5Q208C8N 芯片管脚的连接关系如表 A.11 所示。

表 A.11 I²C 存储电路与 EP2C5 管脚连接对照表

I²C	EP2C5 的 I/O 管脚	I²C	EP2C5 的 I/O 管脚
Ⅱ C_SCL	48	Ⅱ C_SDA	57

13. DS1302 时钟电路

实验箱主板上采用 DS1302 作为数字时钟电路，DS1302 与 EP2C5Q208C8N 芯片管脚的连接关系如表 A.12 所示。

表 A.12 DS1302 与 EP2C5 管脚连接对照表

I²C	EP2C5 的 I/O 管脚	I²C	EP2C5 的 I/O 管脚
SZSCLK	59	SZIO	16
SZCE	60		

14. DS18B20 测温电路

实验箱主板上采用 DS18B20 作为测温电路，由 EP2C5 的 170 管脚控制 DS18B20 的第 2 脚。

15. 红外传感电路

实验箱主板上采用 HS0038 作为红外传感电路，由 EP2C5 的 197 管脚控制 HS0038 的第 1 脚。

16. VGA 显示器接口

实验箱主板上具有 15 孔 VGA 接口。VGA 接口与 EP2C5Q208C8N 芯片管脚的连接关系如表 A.13 所示。

表 A.13 VGA 接口与 EP2C5 管脚连接对照表

接口	EP2C5 的 I/O 管脚	接口	EP2C5 的 I/O 管脚
VGAR	169	VGAHS	89
VGAG	94	VGAVS	90
VGAB	92		

17. ILI9320 彩色液晶控制电路

实验箱上的彩色液晶内嵌的主控芯片为 ILI9320，与 EP2C5Q208C8N 芯片管脚的连接关系如表 A.14 所示。彩色液晶控制需要添加 SOPC 内核,具体操作较为复杂,由于篇幅有限本书不再赘述。

表 A.14 彩色液晶控制电路与 EP2C5 管脚连接对照表

端口	EP2C5 的 I/O 管脚	端口	EP2C5 的 I/O 管脚	端口	EP2C5 的 I/O 管脚
LD0	76	LD8	175	LCS	81
LD1	72	LD9	173	LRS	82
LD2	74	LD10	171	LWR	77
LD3	46	LD11	179	LRD	80
LD4	192	LD12	185	LRES	75
LD5	189	LD13	188		
LD6	187	LD14	191		
LD7	176	LD15	193		

18. SD 卡控制电路

实验箱上的 SD 卡控制电路与 EP2C5Q208C8N 芯片管脚的连接关系如表 A.15 所示。SD 卡控制需要添加 SOPC 内核,具体操作较为复杂,由于篇幅有限本书不再赘述。

表 A.15 SD 卡控制电路与 EP2C5 管脚连接对照表

端口	EP2C5 的 I/O 管脚	端口	EP2C5 的 I/O 管脚
SD_CS	68	SD_SCK	70
SD_MOSI	67	SD_MISO	69

19. FPGA 与 CPLD 间的通信

FPGA(EP2C5)管脚数量有限不能驱动主板上的所有硬件资源,因此外扩一片 CPLD(EPM240T)作为 FPGA 的管脚扩展。两系统间共由 14 个 I/O 相连,如表 A.16 所示。当拨码开关 BO1~BO4 有一个为低电平,两系统间联系将被中断。

表 A.16 FPGA 与 CPLD 间的互联管脚连接对照表

标号	EP2C5 的 I/O 管脚	描述	标号	EPM240 的 I/O 管脚	描述
IO1	142	地址	IO1	88	地址
IO2	141	地址	IO2	87	地址
IO3	137	地址	IO3	86	地址
IO4	135	数据	IO4	85	数据
IO5	134	数据	IO5	84	数据
IO6	133	数据	IO6	83	数据

表 A.16（续）

标号	EP2C5 的 I/O 管脚	描述	标号	EPM240 的 I/O 管脚	描述
IO7	128	数据	IO7	82	数据
IO8	127	数据	IO8	81	数据
IO9	120	数据	IO9	77	数据
IO10	119	数据	IO10	78	数据
IO11	118	数据	IO11	75	数据
IO12	117	数据	IO12	76	数据
IO13	115	数据	IO13	74	数据
IO14	116	数据	IO14	73	数据

如表 A.16 所示，前 3 个 I/O 口为地址控制线，后 11 个 I/O 口为数据传输线。当地址线为不同值时，FPGA 间数据通过 CPLD 传送给不同的外设。地址与外设的对应如表 A.17 所示。

表 A.17 FPGA 与 CPLD 间的互联管脚连接对照表

地址(IO3,IO2,IO1)	外设	地址(IO3,IO2,IO1)	外设
000	点阵	100	直流电机
001	1602 液晶	101	DAC0832
010	12864 液晶（流水灯）	110	TLC5620
011	步进电机		

20. 点阵显示电路

实验箱主板上有一个由四个 8×8 点阵拼成的 16×16 点阵。点阵的阴极（列线）由两片 74HC138 级联成 4 线－16 线译码器电路控制，只要控制该译码器的输入（A，B，C，D）在 0000～1111 间匀速变化，就可使译码器的 16 个输出 L0～L15 依次匀速出现低电平控制点阵的阴极。

点阵的阳极（行线）由两片 74HC595 级联成 16 位移位寄存器控制，DZ1 为串行数据输入口，DZ2 的上升沿将数据送进移位寄存器，DZ3 的上升沿将数据由移位寄存器送到并行接口输出。

为防止点阵在不工作的过程中，第一列长时间点亮造成不必要的损耗，可以调节 P11 的连接方式来启动或屏蔽点阵电路。以此方式驱动 16×16 点阵，只需七个 I/O 口，大大节省了硬件资源。

点阵显示电路与 EP2C5Q208C8N 和 EPM240T100C5N 芯片管脚的连接关系如表 A.18 和表 A.19 所示。

表 A.18　点阵显示电路与 EP2C5 管脚连接对照表

译码器控制	EP2C5 的 I/O 管脚	移位寄存器控制	EP2C5 的 I/O 管脚
A	135	DZ1	119
B	134	DZ2	120
C	133	DZ3	127
D	128		

表 A.19　点阵显示电路与 EPM240 管脚连接对照表

译码器控制	EPM240 的 I/O 管脚	移位寄存器控制	EPM240 的 I/O 管脚
A	68	DZ1	67
B	70	DZ2	38
C	71	DZ3	69
D	72		

21. 1602 字符液晶控制电路

实验箱上的 1602 字符液晶控制电路与 EP2C5Q208C8N 和 EPM240T100C5N 芯片管脚的连接关系如表 A.20 和表 A.21 所示。

表 A.20　1602 字符液晶控制电路与 EP2C5 管脚连接对照表

数据口	EP2C5 的 I/O 管脚	控制口	EP2C5 的 I/O 管脚
16DB0	128	16RS	135
16DB1	127	16RW	134
16DB2	120	16E	133
16DB3	119		
16DB4	118		
16DB5	117		
16DB6	115		
16DB7	116		

表 A.21　1602 字符液晶控制电路与 EPM240 管脚连接对照表

数据口	EPM240 的 I/O 管脚	控制口	EPM240 的 I/O 管脚
16DB0	91	16RS	90
16DB1	96	16RW	89
16DB2	95	16E	92
16DB3	2		
16DB4	99		
16DB5	100		
16DB6	97		
16DB7	98		

22. CPLD 扩展插孔

实验箱上的 CPLD 最小系统外扩 12 个 I/O 口,可通过 12DB0～12DB7 这八个数据口控制流水灯电路。另外也可驱动 12864 液晶控制电路,CPLD 扩展插孔与 EP2C5Q208C8N 和 EPM240T100C5N 芯片管脚的连接关系如表 A.22 和表 A.23 所示。

表 A.22　CPLD 扩展插孔与 EP2C5 管脚连接对照表

数据口	EP2C5 的 I/O 管脚	控制口	EP2C5 的 I/O 管脚
12DB0	128	12RS	133
12DB1	127	12RW	134
12DB2	120	12E	135
12DB3	119		
12DB4	118		
12DB5	117		
12DB6	115		
12DB7	116		

表 A.23　CPLD 扩展插孔与 EPM240 管脚连接对照表

数据口	EPM240 的 I/O 管脚	控制口	EPM240 的 I/O 管脚
12DB0	52	12RS	53
12DB1	49	12RW	54
12DB2	50	12E	51
12DB3	47	PSB	40
12DB4	48		
12DB5	41		
12DB6	42		
12DB7	39		

23. 步进电机控制电路

实验箱上的步进电机控制电路与 EP2C5Q208C8N 和 EPM240T100C5N 芯片管脚的连接关系如表 A.24 和表 A.25 所示。

表 A.24　步进电机与 EP2C5 管脚连接对照表

步进电机	EP2C5 的 I/O 管脚	步进电机	EP2C5 的 I/O 管脚
BUA	135	BUC	133
BUB	134	BUD	128

表 A.25　步进电机与 EPM240 管脚连接对照表

步进电机	EPM240 的 I/O 管脚	步进电机	EPM240 的 I/O 管脚
BUA	61	BUC	57
BUB	66	BUD	58

24. 直流电机控制电路

直流电机是能实现转换直流电能到机械能的电机。一般直流电机有两个引脚 ZH1 和 ZH2,ZH1 接直流电压,ZH2 接地,可驱动电机顺时针转动;ZH2 接直流电压,ZH1 接地,可驱动电机逆时针转动。实验箱上的直流电机控制电路与 EP2C5Q208C8N 和 EPM240T100C5N 芯片管脚的连接关系如表 A.26 所示。

表 A.26　直流电机管脚连接对照表

控制端	EP2C5 的 I/O 管脚	控制端	EPM240 的 I/O 管脚
ZH1	135	ZH1	55
ZH2	134	ZH2	56

25. 并行 D/A 转换器

本实验平台采用的并行 D/A 转换器为 DAC0832,模拟电压由 P17 的 OUT 端输出,DAC0832 与 EP2C5Q208C8N 和 EPM240T100C5N 芯片管脚的连接关系如表 A.27 和表 A.28 所示。

表 A.27　DAC0832 与 EP2C5 管脚连接对照表

数据口	EP2C5 的 I/O 管脚	控制口	EP2C5 的 I/O 管脚
DA0	115	DA_WR	134
DA1	117	DA_CS	135
DA2	118		
DA3	119		
DA4	120		
DA5	127		
DA6	128		
DA7	133		

表 A.28　DAC0832 与 EPM240 管脚连接对照表

数据口	EPM240 的 I/O 管脚	控制口	EPM240 的 I/O 管脚
DA0	34	DA_WR	36
DA1	33	DA_CS	37
DA2	30		
DA3	35		
DA4	29		
DA5	28		
DA6	27		
DA7	26		

26. 串行 D/A 转换器

本实验平台采用的串行 D/A 转换器为 TLC5620，模拟电压由 J8 的 1,2,3,4 端输出,另外 1 端可通过短路子控制二极管 DALED。TLC5620 与 EP2C5Q208C8N 和 EPM240T100C5N 芯片管脚的连接关系如表 A.29 和表 A.30 所示。

表 A.29　TLC5620 与 EP2C5 管脚连接对照表

端口	EP2C5 的 I/O 管脚	端口	EP2C5 的 I/O 管脚
DA_DATA	134	DA_LDAC	128
DA_CLK	135	DA_LOAD	133

表 A.30　TLC5620 与 EPM240 管脚连接对照表

端口	EPM240 的 I/O 管脚	端口	EPM240 的 I/O 管脚
DA_DATA	6	DA_LDAC	4
DA_CLK	3	DA_LOAD	1

集 成 电 路

1. CMOS、TTL 集成电路对照表（见表 B.1）

表 B.1　CMOS、TTL 集成电路对照表

CMOS		TTL	
74HC 系列	4000 系列	74LS 系列	功能描述
74HC00	MC14011B	74LS00	四 2 输入与非门
74HC02	MC14001B	74LS02	四 2 输入或非门
74HC03		74LS03	四 2 输入与非门（OC、OD）
74HC04	MC14069UB	74LS04	六倒相器
74HC05		74LS05	六倒相器（OC、OD）
74HC08	MC14081B	74LS08	四 2 输入与门
74HC107		74LS107	双 J－K 主从触发器（带清除端）
74HC109A		74LS109	双 J－K 主从触发器（带置位，清除，正触发）
74HC11	MC14073B	74LS11	三 3 输入与门
74HC112		74LS112	负沿触发双 J－K 触发器（带预置端和清除端）
74HC113		74LS113	负沿触发双 J－K 触发器（带预置端）
74HC123A	MC14528B	74LS123	可再触发双单稳态触发器（带清除端）
74HC125		74LS125	四总线缓冲门（三态输出）
74HC126		74LS126	六总线缓冲门（三态输出）
74HC132	MC14093B	74LS132	四 2 输入与非门（施密特触发）
74HC133		74LS133	13 输入端与非门
74HC137		74LS137	8 选 1 锁存译码器/多路转换器
74HC138		74LS138	3 线－8 线译码器/多路转换器

表 B.1 （续）

CMOS		TTL	
74HC 系列	4000 系列	74LS 系列	功能描述
74HC139		74LS139	双 2 线 – 4 线译码器/多路转换器
74HC14	MC14584UB	74LS14	六倒相器(施密特触发)
74HC147		74LS147	10 线 – 4 线优先编码器(BCD 输出)
74HC148		74LS148	8 线 – 3 线八进制优先编码器
74HC151		74LS151	8 选 1 数据选择器(互补输出)
74HC153	MC14555B	74LS153	双 4 选 1 数据选择器
74HC154	MC14514B	74LS154	4 线 – 16 线译码器
74HC155		74LS155	双 2 – 4 译码器/分配器(图腾柱输出)
74HC157		74LS157	四 2 选 1 数据选择器
74HC160	MC14160B	74LS160	可预置 BCD 计数器(异步清除)
74HC161	MC14161B	74LS161	可预置四位二进制计数器(异步清除)
74HC163	MC14163B	74LS163	可预置四位二进制计数器(异步清除)
74HC164		74LS164	八位并行输出串行移位寄存器
74HC165		74LS165	并行输入八位移位寄存器(补码输出)
74HC166		74LS166	八位移位寄存器(串/并行输入,串行输出)
74HC173		74LS173	四位 D 型寄存器(带清除端,三态输出)
74HC174		74LS174	六 D 触发器(带公共清除端)
74HC175		74LS175	四 D 触发器(带公共清除端)
74HC181		74LS181	四位算术逻辑单元/功能发生器
74HC182	MC14582B	74LS182	超前进位发生器
74HC190		74LS190	同步可逆计数器(单时钟,四位,二 – 十进制)
74HC191		74LS191	同步可逆计数器(单时钟,四位,二进制)
74HC192		74LS192	同步可逆计数器(双时钟,四位,二 – 十进制)
74HC193		74LS193	同步可逆计数器(双脉冲,四位,二进制)
74HC194	MC14035B	74LS194	四位双向通用移位寄存器(并行存取)
74HC195	MC14194B	74LS195	四位通用移位寄存器
74HC20	MC14012B	74LS20	双 4 输入与非门
74HC221A	MC14538B	74LS221	双单稳态触发器
74HC242		74LS242	八缓冲器/线驱动器/线接收器
74HC243		74LS243	4 同相三态总线收发器

表 B.1 （续）

CMOS		TTL	
74HC 系列	4000 系列	74LS 系列	功能描述
74HC244		74LS244	八缓冲器/线驱动器/线接收器(三态输出)
74HC245		74LS245	八双向总线收发器
74HC251		74LS251	8 选 1 数据选择器(三态输出)
74HC253		74LS253	双 4 选 1 数据选择器(三态输出)
74HC257		74LS257	四 2 选 1 数据选择器(三态输出)
74HC258		74LS258	四 2 选 1 数据选择器(三态反码输出)
74HC259		74LS259	8 位可寻址锁存器
74HC266A	MC14077B	74LS266	四 2 输入异或非门(OC、OD)
74HC27	MC14025B	74LS27	三 3 输入或非门
74HC273		74LS273	八 D 触发器
74HC280		74LS280	九位奇偶发生器/校验器
74HC283	MC14008B	74LS283	四位二进制全加器
74HC299		74LS299	八位双向通用移位寄存器(三态输出)
74HC30	MC14068B	74LS30	八输入与非门
74HC32	MC14071B	74LS32	四 2 输入或门
74HC34		74LS34	六缓冲器
74HC354		74LS354	八输入端多路转换器/数据选择器/寄存器(三态补码输出)
74HC356		74LS356	八输入端多路转换器/数据选择器/寄存器(三态补码输出)
74HC365		74LS365	六总线驱动器(三态输出)
74HC366	MC14502UB	74LS366	六反相三态缓冲器/线驱动器
74HC367	MC14503UB	74LS367	六同相三态缓冲器/线驱动器
74HC368		74LS368	六反相三态缓冲器/线驱动器
74HC373		74LS373	八 D 锁存器
74HC374		74LS374	八 D 触发器(三态同相)
74HC42		74LS42	4 线 - 10 线译码器(BCD 输入)
74HC423A	MC14548B	74LS423	可重复双单稳态触发器
74HC45	MC14028B	74LS45	BCD - 十进制译码器/驱动器
74HC46		74LS46	BCD - 七段译码器/驱动器

表 B.1 （续）

CMOS		TTL	
74HC 系列	4000 系列	74LS 系列	功能描述
74HC51		74LS51	二路 3 - 3 输入，二路 2 - 2 输入与或非门
74HC589		74LS589	八位有输入锁存的并入串出移位寄存器
74HC594		74LS594	带输出锁存的八位串入并出移位寄存器
74HC595		74LS595	八位输出锁存移位寄存器（三态输出）
74HC597		74LS597	八位输出锁存移位寄存器
74HC620		74LS620	八位三态总线发送接收器（反相）
74HC623		74LS623	八位总线收发器
74HC640		74LS640	反相总线收发器（三态输出）
74HC643		74LS643	八位三态总线发送接收器
74HC646		74LS646	八位双向总线收发器，寄存器（三态输出）
74HC648		74LS648	八位总线收发器/寄存器
74HC688		74LS688	双八位数值比较器
74HC73		74LS73	双 J - K 触发器（带清除端）
74HC74A	MC14013B	74LS74	双 D 型触发器（带预置端和清除端）
74HC75	MC14175B	74LS75	四 D 锁存器
74HC76	MC14027B	74LS76	双 J - K 触发器（带预置端和清除端）
74HC85	MC14585B	74LS85	四位数值比较器
74HC86	MC14070B	74LS86	四异或门

2. ALTERA 公司可编程逻辑芯片参数表（见表 B.2 ~ 表 B.7）

表 B.2 MAXII 系列产品的型号及特性表

特性	EPM240/G	EPM570/G	EPM1270/G	EPM2210/G
逻辑单元（LE）	240	570	1 270	2 210
等效宏单元（Macrocell）	192	440	980	1 700
最大用户 IO	80	160	212	272
内置 Flash 大小/bit	8k	8k	8k	8k
管脚到管脚延时/ns	3.6 ~ 4.5	3.6 ~ 5.5	3.6 ~ 6.0	3.6 ~ 6.5

表 B.3 Cyclone 系列产品的型号及特性表

型号(1.5 V)	逻辑单元	锁相环	M4K RAM 块
EP1C3	2 910	1	13
EP1C4	4 000	2	17
EP1C6	5 980	2	20
EP1C12	12 060	2	52
EP1C20	20 060	2	64

表 B.4 CycloneII 系列产品的型号及特性表

特性	EP2C5	EP2C8	EP2C20	EP2C35	EP2C50	EP2C70
逻辑单元(LE)	4 608	8 256	18 752	33 216	50 528	68 416
M4K RAM 块	26	36	52	105	129	250
RAM 总量	119 808	165 888	239 616	483 840	594 432	1 152 000
嵌入式 18×18 乘法器	13	18	26	35	86	150
锁相环(PLL)	2	2	4	4	4	4
最大可用 I/O 管脚	142	182	315	475	450	622

表 B.5 Stratix 系列产品的型号及特性表

1.5 V	逻辑单元 (LE)	512 bit RAM 块	4 kbit RAM 块	512 kbit MegaRAM 块	DSP 块	备注
EP1S10	10 570	94	60	1	6	
EP1S20	18 460	194	82	2	10	
EP1S25	25 660	224	138	2	10	每个 DSP 块可实现 4 个 9×9 乘法/累加器，RAM 块可以另加奇偶校验位
EP1S30	32 470	295	171	4	12	
EP1S40	41 250	384	183	4	14	
EP1S60	57 120	574	292	6	18	
EP1S80	79 040	767	364	9	22	
EP1S120	114 140	1118	520	12	28	

表 B.6 StratixⅡ 系列产品的型号及特性表

功能	EP2S15	EP2S30	EP2S60	EP2S90	EP2S130	EP2S180
自适应逻辑模块(ALM)	6 240	13 552	24 176	36 384	53 016	71 760
等效逻辑单元(LE)	15 600	33 880	60 440	90 960	132 540	179 400
M512 RAM 块(512 bit)	104	202	329	488	699	930
M4K RAM 块(4 kbit)	78	144	255	408	609	768
M - RAM 块(512 kbit)	0	1	2	4	6	9
总共 RAM/bit	419 328	1 369 728	2 544 192	4 520 448	6 747 840	9 383 040
DSP 块(每个 DSP 包含四个 18×18 乘法器)	12	16	36	48	63	96
锁相环(PLL)	6	6	12	12	12	12
最大可用 I/O 管脚	358	542	702	886	1 110	1 158

表 B.7 HardCopy 器件的系列型号与特性表

器件系列	HardCopy 工艺技术	定制层数量	电压(与 FPGA 相同)	FPGA 工艺技术
HardCopyⅡ	90 nm	2	1.2	90 nm
HardCopy Stratix	0.13 μm	2	1.5	0.13 μm
HardCopy APEX 20KC	0.18 μm(A1)	3	1.8	0.15 μm(全层铜)
HardCopy APEX 20KE	0.18 μm(A1)	3	1.8	0.18 μm(A1)

实验报告样本

实验报告书

实验名称： 实验二：组合逻辑电路设计与测试

班　　级：　　　×××

学　　号：　　　×××

姓　　名：　　　×××

时　　间：　　　×××

成　　绩：　　　×××

指导教师：　　　×××

电工电子教学中心

设计报告(预习报告)

一、实验目的

可参考 6.2.3。

二、实验设备与器件(略)

三、实验设计要求及方案设计

1. 设计选题 A:表决器

(1) 设计要求

① 用与非门设计一个三人表决电路,表决规则是少数服从多数,即当有两个或两个以上的人表示同意时,决议通过。

② 完成对逻辑设计的波形仿真。

③ 将设计下载到实验箱并进行硬件功能测试。要求:用三个开关作为三个输入变量;用一个 LED 彩灯(发光二极管)来显示输出的状态,"灯亮"表示输出为"高电平","灯灭"表示输出为"低电平"。

(2) 设计原理

① 设计过程或设计原理说明(参考例 6.1)

② 逻辑电路图(仿真电路图)

表决器逻辑电路图见图 C.1 所示。

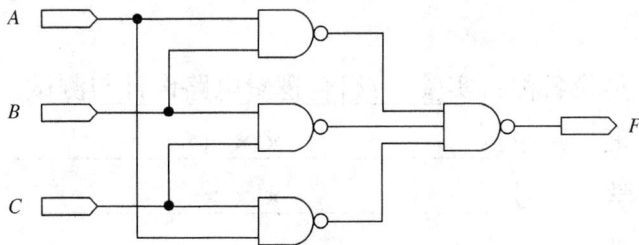

图 C.1　表决器逻辑电路图

注意:要写明图号,以便在下载电路中以框图的形式调用,避免重复画图。

(3) 分配方案设计

① 下载电路及其设计说明

根据下载要求和附录 A 中的实验箱结构,设计用开关 BM1,BM2,BM3 分别表示三个输入 A,B,C,用 L1 路的红灯 R1 来显示输出状态,则应将输出 Y 分配给红灯数据线(阳极) RED,同时将 L1 路的位线(共阴极线)接成低电平,而将其他三路的位线 L2,L3,L4 接高电平使其被封锁。因此表决器下载电路图如图 C.2 所示。

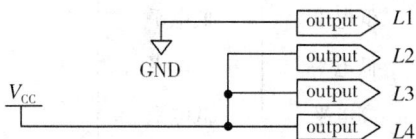

图 C.2 表决器下载电路图

② 管脚分配

A——95,B——96,C——97,Y——13,

L1——34,L2——30,L3——12,L4——14。

2. 设计选题 B(略)

其实验设计要求及方案设计参考设计选题 1。

3. 设计选题 C(略)

其实验设计要求及方案设计参考设计选题 1。

实验报告

一、设计方案修改

1. 设计选题:表决器

(1) 逻辑电路图(仿真电路)(略)

(2) 下载电路图(略)

(3) 管脚分配(略)

2. 设计选题(略)

3. 设计选题(略)

(注意:如果设计报告设计正确不需要更改,则此内容可以省略不必重复书写,只需说明"设计见设计报告"即可。)

二、实验数据及结论

1. 设计选题:表决器

(1) 仿真波形(见图 C.3)

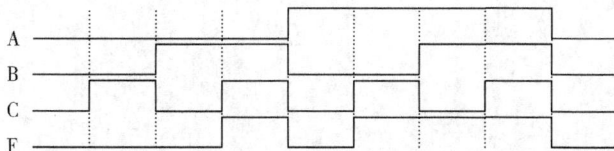

图 C.3 表决器仿真波形

（2）硬件测试情况（见表 C.1，表中的高、低电平也可用 0 和 1 表示）

表 C.1　表决器硬件测试数据

S1（A）	S2（B）	S3（C）	R1（Y）
低电平	低电平	低电平	灭
低电平	低电平	高电平	灭
低电平	高电平	低电平	灭
低电平	高电平	高电平	亮
高电平	低电平	低电平	灭
高电平	低电平	高电平	亮
高电平	高电平	低电平	亮
高电平	高电平	高电平	亮

（3）实验结论

由仿真波形和硬件测试表可知，表决器电路逻辑功能与真值表（见表 6.10）完全相符（或表决器的输出表达式为式（6.2）），说明表决器功能正确，设计符合要求。

2. 设计选题（略）

3. 设计选题（略）

三、实验总结与体会

1. _____

2. _____

（此部分应是关于实验中遇到的问题的分析、讨论以及解决方法，实验收获、体会和建议等内容）

注意：

1. 每个实验中的图号和表序按照实验序号编排，如实验二的第一个图的图号为"图 2.1"，第一个表格的序号为"表 2.1"。

2. 对于选做内容，报告中只写实验中真正完成了的选做内容，没做的不必写。

参 考 文 献

[1] 阎石. 数字电子技术基础[M]. 北京:高等教育出版社,2006.

[2] 江国强. 新编数字逻辑电路习题、实验与实训[M]. 北京:北京邮电大学出版社,2008.

[3] 周润景,图雅,张丽敏. 基于 Quartus Ⅱ 的 FPGA/CPLD 数字系统设计实例[M]. 北京:电子工业出版社,2007.

[4] 褚振勇,齐亮,田红心,等. FPGA 设计及应用[M]. 西安:西安电子科技大学出版社,2006.

[5] 王冠华. Multisim10 电路设计及应用[M]. 北京:国防工业出版社,2008.

[6] 刘刚,王丽香. Multisim & Ultiboard 10 原理图与 PCB 设计[M]. 北京:电子工业出版社,2009.

[7] 高文焕,张尊侨,徐振英,等. 电子电路实验[M]. 北京:清华大学出版社,2008.

[8] 刘宝琴,王德生,罗嵘. 逻辑设计与数字系统[M]. 北京:清华大学出版社,2005.

[9] 江国强. PLD 在电子电路设计中的应用[M]. 北京:清华大学出版社,2007.

[10] 宋万杰,罗丰,吴顺君. CPLD 技术及其应用[M]. 西安:西安电子科技大学出版社,1999.

[11] 罗胜钦. 系统芯片(SOC)设计原理[M]. 北京:机械工业出版社,2007.

[12] 蒋璇. 数字系统设计与 PLD 应用技术[M]. 北京:电子工业出版社,2001.

[13] (美) Parag K. Lala. 现代数字设计与 VHDL[M]. 乔庐峰,尹廷辉,译. 北京:电子工业出版社,2010.

[14] 王金明. 数字系统设计与 Verilog HDL[M]. 北京:电子工业出版社,2005.

[15] 侯伯亨. VHDL 硬件描述语言与数字逻辑电路设计[M]. 西安:西安电子科技大学出版社,1999.

[16] 罗苑棠. CPLD/FPGA 常用模块与综合系统设计实例精讲[M]. 北京:电子工业出版社,2007.

[17] 付文红,花汉兵. EDA 技术与实验[M]. 北京:机械工业出版社,2007.